农业重大科学研究成果专著

基于产量反应和农学效率的作物推荐施肥方法

Fertilizer Recommendation Based on Yield Response and Agronomic Efficiency

何 萍 徐新朋 周 卫等 著

科学出版社

北 京

内 容 简 介

本书以水稻、玉米、小麦和大豆为研究对象，构建了基于产量反应和农学效率的推荐施肥方法。重点阐述了水稻、玉米、小麦和大豆养分吸收、产量反应、土壤基础养分供应及农学效率等特征参数，建立了基于产量反应和农学效率的推荐施肥模型和养分专家系统，并通过田间多年多点试验对养分专家系统进行了验证与优化。通过以上研究提出了作物持续高产和农田可持续利用的高效施肥的理论和方法，为水稻、玉米、小麦和大豆主产区节肥增效与保障农田可持续利用提供理论基础与技术支撑。

本书可供土壤学、植物营养学、肥料学、环境与生态学及农学领域的科研工作者、学生、农技推广人员及相关管理部门工作人员阅读和参考。

图书在版编目（CIP）数据

基于产量反应和农学效率的作物推荐施肥方法/何萍等著. —北京：科学出版社, 2018.1

（农业重大科学研究成果专著）

ISBN 978-7-03-054994-5

Ⅰ.①基… Ⅱ.①何… Ⅲ. ①作物–施肥 Ⅳ.①S147.2

中国版本图书馆 CIP 数据核字(2017)第 262198 号

责任编辑：罗 静 付丽娜 / 责任校对：张凤琴
责任印制：肖 兴 / 封面设计：刘新新

科学出版社 出版
北京东黄城根北街 16 号
邮政编码：100717
http://www.sciencep.com

北京通州皇家印刷厂 印刷

科学出版社发行 各地新华书店经销

*

2018 年 1 月第 一 版 开本：787×1092 1/16
2018 年 1 月第一次印刷 印张：12 1/4
字数：275 000

定价：98.00 元

(如有印装质量问题，我社负责调换)

《基于产量反应和农学效率的作物推荐施肥方法》著者名单

主著：何　萍　徐新朋　周　卫

著者：（以姓氏笔画为序）

丁文成　马进川　王　芳　王　寅　王宏庭
王宜伦　仇少君　艾　超　邢月华　刘　奕
刘双全　刘迎夏　刘孟朝　孙克纲　孙静文
李大明　李双来　李书田　李玉影　李有宏
李明悦　李录久　杨富强　串丽敏　何　萍
何文天　余喜初　张成军　张佳佳　陈　防
易　琼　金继运　周　卫　赵士诚　赵同科
赵蓉蓉　胡　诚　柳开楼　侯云鹏　姜　蓉
聂　军　贾良良　徐亚新　徐新朋　高　伟
高　强　高贤彪　涂仕华　崔荣宗　谢　坚
谢佳贵　谭金芳　魏　丹　魏建林

前　　言

众所周知，肥料在保障我国粮食安全中一直起着不可替代的支撑作用。然而，近年来，化肥过量和不合理施用问题突出，不仅导致肥料利用率低、养分资源浪费严重，还对环境造成潜在威胁，过量的氮肥和磷肥施用甚至引起水体富营养化或地下水硝酸盐含量超标，直接影响到农田的可持续利用。因此，建立科学合理的施肥方法对于作物高产、优质、高效，以及提高肥料利用率和保护环境具有重要意义。

我国农业主要以小农户经营为主体，复种指数高，作物种植茬口紧，依据土壤测试指导农民施肥存在测试推荐不及时和成本高等难题。因此，在国家973计划、国家重点研发计划、国际植物营养研究所（IPNI）国际合作、现代农业产业技术体系、国家自然科学基金及中国农业科学院科技创新工程等项目的支持下，中国农业科学院农业资源与农业区划研究所研创了水稻、小麦、玉米和大豆基于作物产量反应和农学效率的推荐施肥方法。同时结合计算机软件技术，建立问答式界面，把复杂的施肥原理简化成为农技推广部门和农民方便使用的养分专家系统，其英文名字为Nutrient Expert，简称NE系统。NE系统通过了解农户过去3～5年的产量水平和施肥历史就可以完成施肥推荐。该方法既适合当前我国以小农户为主体的国情，又适合大面积区域推荐施肥，可以在没有土壤测试的条件下应用，是一种轻简化的推荐施肥方法。

基于产量反应和农学效率的推荐施肥原理是，用不施肥小区的养分吸收或产量水平来表征土壤基础肥力，地块施肥后作物产量反应越大，土壤基础肥力则越低，肥料推荐量也越高；而农学效率是指施入单位养分的作物增产量。该方法是在汇总过去十几年在全国范围内开展的肥料田间试验的基础上，建立了包含作物产量反应、农学效率、养分吸收与利用信息的数据库，基于土壤基础养分供应特征、作物产量反应与农学效率的内在关系，以及具有普遍指导意义的作物最佳养分吸收和利用特征参数，建立了基于产量反应和农学效率的推荐施肥模型。对于氮肥推荐，主要依据作物产量反应和农学效率的相关关系获得，并根据地块具体信息进行适当调整；而对于磷肥和钾肥推荐，主要依据作物产量反应所需要的养分量及补充作物地上部移走量所需要的养分量求算。作物秸秆还田所带入的养分也在推荐用量中给予综合考虑。NE系统可以帮助农户在施肥推荐中选择合适的肥料品种和适宜的用量，并在合适的施肥时间施在恰当的位置。

自2009年以来，在我国水稻、小麦、玉米和大豆种植区不同气候条件下开展了NE系统应用，用来指导作物推荐施肥工作。田间多年多点试验结果表明，该方法在保证作物产量的前提下，能够科学减施氮肥和磷肥，提高了肥料利用率，也推动了钾肥的平衡施用，增加了农民收入。尤其在土壤测试条件不具备或测试结果不及时的情况下，NE

系统是一种优选的指导施肥的新方法，受到农民和科技人员的热烈欢迎。这种协调经济、社会和环境效应的养分管理方法，是当前施肥技术的重要革新和极具突破性的激动人心的重大进展，显示出强劲而广阔的应用前景。

本书全面系统地总结了基于产量反应和农学效率的推荐施肥方法的原理、模型及应用。撰写过程中，我们力求数据可靠、分析透彻、论证全面，但不足之处在所难免，望广大读者批评指正。衷心感谢为本书研究成果作出贡献的所有研究人员和技术支撑人员！

2017 年 6 月于北京

目　录

第 1 章　我国农田推荐施肥概况

肥料是实现粮食安全的重要保证。长期以来我国依靠化肥的大量投入来增加单产，形成了我国特有的农田高强度利用的生产体系。日益增长的人口对粮食的需求不断增加，使我国农业生产面临着严重挑战。然而，在产量不断增加的同时，农民盲目追求高产导致了肥料不合理施用等问题，尤其是过量施肥。当前，我国已成为世界第一肥料消费大国，单位面积化肥施用量为世界平均水平的 3 倍，但肥料利用率低下，其中氮肥当季利用率为30%左右，磷肥当季利用率仅为 10%～20%。肥料的过量或不合理施用不仅不能进一步提高产量，还会导致资源浪费，损失的养分进入环境还将对农田生态环境造成严重威胁，直接影响到农田可持续利用。因此，针对我国特有的高量化肥投入和农田高强度利用的生产体系，如何科学高效地利用肥料资源，探索不同作物体系高效施肥的理论、方法和技术体系，对于保障作物持续高产和农田可持续利用，以及保护生态环境安全具有重要意义。

国内外在作物养分管理和高效施肥方面开展了大量研究，探索了一些推荐施肥方法，有些方法仍然沿用至今，如地力分级法、目标产量法、肥料效应函数法等。这些研究方法都可以归结为两大类：一类是以土壤测试为基础的测土推荐施肥方法；另一类是以作物反应为基础的推荐施肥方法，如肥料效应函数法和地上部冠层营养诊断等。这些推荐施肥和养分管理方法在增加产量和提高养分利用率上发挥了积极作用。但我国小农户经营的农田管理模式导致了较大的土壤养分变异，种植茬口紧、土壤类型和气候等差异对科学指导施肥及进一步增加集约化作物生产力是一个主要挑战。

1.1　基于土壤养分的推荐施肥方法

基于土壤养分的推荐施肥方法通常指通过对土壤样品进行化学分析，进而了解土壤中各种营养元素的供应状况而进行推荐施肥的方法。通常所说的测土推荐施肥方法主要是通过土壤测试进行推荐施肥的，其他方法（如地力分级法和目标产量法等）也是以土壤测试为基础的。

1.1.1　测土推荐施肥方法

测土推荐施肥是指通过化学分析测定土壤中养分的含量，并根据土壤化学分析结果对土壤肥力进行解释说明与评价，从而提出施肥建议。测土施肥一般包含以下 4 个步骤：①田间采集土壤样品；②实验室土壤测试；③对分析结果作出解释说明；④提出施肥建议。

在测土施肥中，取土是重要环节，取样点数及取样时间、样品的代表面积、取样方法和频率都影响着测定结果的准确性。研究认为，采用由 20～30 个样点组成的混合土壤样品可把田间取样误差降低到室内分析的误差水平。在我国土壤普查和有关施肥的指导性文件中，均规定取样点数不应少于 15 个，取样时间要在 10 月 1 日以后至封冻之前，取样的面积建议以 10hm^2 地块为取样区，取多点混合样。如果是大地块，可在地块内选有代表性的地段，10hm^2 左右为 1 个取样区。取样的最基本要求是按随机原则，取样路线要呈“之”字形折曲状，每行进 10～20 步取 1 个土样；取样深度传统规定为耕地 15～20cm，荒地 15cm，免耕地 7.5cm，如测定可溶盐，取样深度应达到 30～120cm；每个地块取 1 个土样，3～5 年取样分析 1 次；一般取样 500g 左右。取完有代表性的土壤样品后，要求将其存放到洁净的容器内，然后运回实验室进行化学分析。

化学分析中如何选择正确的浸提方法对于得到确切的测试结果非常重要，如在土壤有效磷的测定中，中性和碱性土壤适宜采用 Olsen 法，酸性土壤则适宜采用 Bray 法。Olsen 法要求在室温 25℃下测定，如果没有严格控制温度，则测定结果可能会有一定偏差。

有了土壤测试结果以后，最重要的是进行土壤测试结果与作物反应的相关和校验分析。这个过程非常重要，如测定的土壤养分含量很低，但是施肥以后并不增产，或者土壤测试值很高，作物施肥后却显著增产等情况时有发生，如果不进行与作物施肥反应的相关和校验分析，很难正确指导施肥。美国国际农化服务中心（Agro Services International Inc.，ASI）在总结前人土壤测试工作的基础上，提出了土壤养分状况系统研究法：该方法用联合提取剂对 11 种土壤有效养分进行提取测定后，还用土壤养分吸附试验进行与作物反应的相关和校验分析，提高了测试结果的正确表达。

推荐施肥是测土施肥的最后一个环节，也是最重要的环节。前面三个环节中的每一个环节出现问题都会影响最后环节，即推荐施肥的准确性。对于同一个土壤测试结果，不同的人因采用推荐施肥原则不一样，可能给出不同的推荐施肥量。如何将已有测试结果转化为当季土壤能够提供的有效养分量并依此作出有指导意义的施肥推荐一直是个理论难题。

美国在 20 世纪 60 年代就已经建立了比较完善的测土施肥体系，每个州都有测土施肥工作委员会，负责校验研究与方法制定等相关研究。除美国外，其他发达国家（如英国、德国和日本等）也很重视测土施肥，并建立了相应的管理措施，如英国农业部出版了《推荐施肥技术手册》，对测土施肥进行分区和分类指导，并每隔几年组织专家更新一次。

我国 20 世纪 80 年代通过农业部、中国农业科学院土壤肥料研究所和国际植物营养研究所组织的加拿大政府间平衡施肥项目，推动了平衡施肥工作在我国的开展。2005 年，我国农业部正式启动测土配方施肥计划，采用大配方小调整的施肥指导原则，在全国范围内广泛开展了测土配方施肥工作。该计划进一步推动了我国科学施肥的研究和推广，对于提高我国肥料利用率和保障粮食安全发挥了重要作用。

测土施肥的优点是直观感强，根据土壤丰缺状况进行适当补充的观点很容易被接受。其缺点是不够精确的半定量性质，不同土壤理化性质差异较大，在土壤样品采集、测试方法的选择、分析技术等方面也很容易造成误差；另外，有些土壤养分测定值与作物相对产量的相关性也不是很高，特别是氮素。目前，国际上对于土壤氮素的测试和推荐施肥仍没有令人满意且适合各种土壤类型的测试方法、指标和参数。由于测土的长周期和高成本，仍然很难满足我国一家一户以小农户为主体的经营单元及种植茬口紧的现实需求。因此，如何结合现代信息技术提高测试分析效率，是测土配方施肥需要解决的关键问题。

1.1.2　地力分级法

地力分级法推荐施肥是利用土壤测试结果和过去田间试验结果，结合经验，按照土壤肥力高低分成若干等级，估算出每个等级比较适宜的肥料种类及其施用量。此方法的优点是简单易行，具有针对性。提出的用量接近当地经验，易于接受。但缺点是存在地区局限性，依赖经验较多，很难做到准确和定量化，适用于生产水平差异小、基础差和技术力量薄弱的地区。

1.1.3　目标产量法

目标产量法推荐施肥的理论基础是将形成一定量的作物产量（目标产量）的养分需求量分为两部分，分别来自于施肥和土壤。因此目标产量所需养分量与土壤供应养分量之差为需要通过施肥提供的养分量。目标产量法是当前测土配方施肥工作中应用最广泛的方法。

该方法可以分为养分平衡法和地力差减法。养分平衡法的表达式如下：

$$W_{input}=(W_{output}-2.25\times k_{soil}\times T_n)/k_{fer}$$

其中，W_{input} 为当季肥料施用量（kg/hm^2）；W_{output} 为作物形成一定产量所需要的总养分吸收量（kg/hm^2）；k_{soil} 为土壤该种有效养分的表观利用率（%）；T_n 为土壤有效养分的测试值（mg/kg）；k_{fer} 为来自肥料养分的当季回收率（%）；2.25 是将土壤测试值转换为 kg/hm^2 的系数，是将 20cm 耕层土壤按每公顷 225 万 kg 来计算。k_{soil} 和 k_{fer} 两个参数分别需要由相应的田间试验计算得出。其中，k_{soil} 可以通过缺素区或空白区作物吸收某种养分的总量与前季耕层土壤该种有效养分总量的比值获得，用百分数表示；k_{fer} 为单位面积施用某种养分的作物吸收量增量，也用百分数表示。

此方法是 1960 年由 Truo 提出的，以后相继在印度、美国、苏联和我国广泛应用。该方法的优点是概念清楚，容易掌握，不需要长期的田间试验和复杂的统计分析。其缺点是如何正确评估土壤有效养分供应量，尤其是土壤供氮量能否正确代表土壤养分供给能力的高低，是目前需要解决的重要问题（侯彦林，2000）。

地力差减法的算法是以目标产量减去空白不施肥的产量差，乘以单位面积作物产量的养分吸收，再除以肥料利用率。这一方法的优点是不需要进行土壤测试，避免了养分平衡法测定土壤速效养分时带来的误差。缺点是空白产量不能预先获得，给推广带来一定的困难。

1.2　基于作物的推荐施肥方法

基于作物的推荐施肥方法通常将作物地上部的产量及营养状况作为诊断作物生长正常与否的依据，主要是从作物的生长表现与产量的建成等方面进行考虑，如作物籽粒产量的高低、作物地上部的长势与颜色等外观表现。基于作物产量的推荐施肥方法主要有肥料效应函数法、基于产量反应的推荐施肥方法等。

传统的地上部营养诊断方法通常是采集植株样品进行实验室分析，该方法是进行破坏性取样，操作复杂、测试分析周期长，难以在较短时间内实现对作物生长期间的实时监测。

随着速测技术的推广，基于作物地上部长势与颜色外观的无损诊断技术，如叶绿素仪、叶色卡及基于光谱反射进行诊断的技术逐渐发展起来，可以在较短时间内实现作物养分的实时科学管理（贾良良等，2001a）。有研究指出，根据作物地上部的实时长势可以确定追肥用量，如果将其与测土配方施肥方法相结合，能够更科学地指导施肥（郭建华等，2010）。

1.2.1 肥料效应函数法

肥料效应函数法是应用比较广泛的一种推荐施肥方法，该方法通过对比或者应用正交、回归等试验设计进行多点田间试验，从而选出最优的处理，确定肥料的施用量。多因子正交、回归设计法一般采用单因素或多因素多水平试验设计，将不同处理得到的产量进行统计分析，求得产量与施肥量之间的肥料效应方程。根据方程式，不仅可以直观地看出不同元素肥料的增产效应及配合施用的交互效应，还可以计算出最佳经济施肥量、施肥上限和下限，来作为推荐施肥的依据。

肥料效应函数能客观地反映影响肥效诸因素的综合效果，精确度高，反馈性好。但它的缺点是试验周期长，田间试验工作量大，年际重复性差，地区间及不同土壤类型上差异较大，需要在不同土壤类型上分别布置多点试验，积累不同年度的资料才具有一定的代表性。

1.2.2 叶片营养诊断法

叶片营养诊断法在指导果树类作物施肥上应用较多，效果也较好。它是根据同一树种或品种的果树叶内矿质元素含量在正常条件下基本稳定的原理，将要诊断的植株叶片内矿质元素含量与正常生长发育的植株叶片内矿质元素含量的标准值进行比较，从而判断该植株体内元素含量水平的丰缺。此方法的优点是简单快速，消除了土壤不均性带来的误差，应用范围大，并且可应用计算机来推荐施肥。缺点是采样时间、部位和分析手段都会给分析结果带来误差。因此，应用此法进行推荐施肥时首先要建立统一的取样和制样方法标准，使叶片样品能准确反映该作物的营养水平；其次，在实验室分析工作中要采用标准参比样进行质量控制，以保证结果的准确性与可靠性；最后，要建立各树种叶内矿质元素含量的标准值，作为营养诊断的标准。

1.2.3 光谱诊断方法

1.2.3.1 *冠层反射仪*

作物的冠层颜色直接反映了作物的营养状况，如缺氮植物叶片颜色较浅，冠层颜色呈偏黄绿色。因此，在传统农业生产中，农民可以直接通过肉眼观察，根据作物绿色深浅来判定作物营养状况，决定是否需要施肥（贾良良等，2007）。在光谱研究基础上，一些简化的便携式光谱测试仪逐渐发展起来，这些仪器可以在田间直接获取植物冠层的多光谱反射信息，将光谱数字化，建立光谱特征与植株氮素营养之间的关系，进而获得相应的推荐施肥量。

美国开发的基于冠层多光谱分析的仪器——Green Seeker，属于多光谱主动探测，通过光源主动发射红外光和近红外光，被作物冠层反射后由其传感器接收并进行数模转换，从而可以计算出标准化的归一化植被指数（NDVI），该指数是植物生长状态及作物空间分布密度的最佳指示因子。在此基础上建立相应的诊断推荐模型，用于指导作物生育期氮素追肥。

由于可见光遥感技术具有技术简单、直观方便等特点，近些年来逐渐引起人们的广泛重视，成为新的研究热点。利用冠层反射光谱技术能够快速获得田间植株生长和养分胁迫信息，并基于反射强度的高低制定相应的施肥措施。该方法不会对作物产生任何破坏，可以及时校准养分缺乏，避免造成产量和经济效益损失。

1.2.3.2　硝酸盐反射仪

根据 NO_3^- 具有偶氮反应、能够生成红色染料的原理，可以利用硝酸盐反射仪通过比色法直接读出 NO_3^- 浓度，然后获得氮素营养诊断值并指导氮肥施用的方法称为硝酸盐反射仪法。李志宏等（1997）研究表明，150～400mg/kg NO_3^- 是硝酸盐反射仪的最佳测定范围。在该范围内，反射仪灵敏度较高，测定结果较为准确。在实际应用中，为保证测定结果的可靠性，应结合具体情况，将 NO_3^- 浓度控制在最佳测定范围以内（于亮和陆莉，2007）。

植株硝酸盐诊断技术在国内外小麦、玉米和棉花等作物的生产应用中均有报道（胡明芳等，2002；Zhen and Leigh，1990；Roth and Fox，1989）。目前，在植株营养诊断中，小麦一般以茎基部作为诊断部位，玉米一般采用新成熟叶的叶脉作为诊断部位（陈新平等，1999；李志宏等，1997）。随着硝酸盐反射仪等便捷仪器的出现，加快了硝态氮测试技术在推荐施肥中的应用（张永帅，2007）。

1.2.3.3　叶色卡

作物叶色的深浅与其本身营养状况相关，因此可以根据叶色诊断进行作物养分管理。叶色卡片（leaf color chart，LCC）法正是基于这一理论发展起来的。该方法最早在 1965 年由 Tenicht 提出，但当时还不能给出具体的肥料推荐量。到 20 世纪 80 年代初期，国内在水稻上开展大量研究，发现水稻叶色级与叶片全氮含量之间具有很好的线性关系，在此基础上，研制出水稻标准叶色卡。然而，该方法对叶色的判读存在一定的人为因素，并且品种或基因型的不同，不可避免地也会导致结果存在一些误差。另外，叶色卡法还不能辨别作物失绿是由缺氮引起还是由其他因素所为，但是与其他推荐施肥方法相比，该种方法较为简单、方便，并使营养诊断呈现半定量化、易于看到实效等，逐渐得到农民的广泛认可（苏昌龙和王毅，2006；陈欣等，2004）。目前对于我国小农户分散经营、科学施肥水平仍需提高的现实状况来说，这一方法仍值得广泛推广。目前该研究主要集中在小麦、玉米、水稻、棉花及番茄等作物上（刘洪见，2005；雷咏雯等，2004；于峰，2003；贾良良等，2001b）。

1.2.3.4 叶绿素仪

叶绿素仪的工作原理是基于测定叶片中叶绿素对红光的强吸收与对远红外光的低吸收，而形成的一种迅速而准确地监测田间作物氮素营养状况的有效手段。研究表明，叶片叶绿素含量（SPAD）与作物的氮素含量具有显著正相关关系，在此基础上确定氮素营养诊断的叶色值。叶绿素仪营养诊断是一种简单、快速、无损的测定技术，可以为氮素的追肥施用提供实时指导，目前广泛应用于不同粮食作物和经济作物上的氮肥推荐（仇少君等，2012；易琼，2011；赵士诚等，2011a；鱼欢等，2010a，2010b；李志宏等，2006；伍素辉等，1991）。但是叶片 SPAD 值受年份、气候、地点、土壤性状、作物品种、作物生长季节及生长环境的影响，要测定多株作物的平均值作为测定结果，工作量大（Hussain et al.，2000；Schepers et al.，1992）。

1.2.4 基于产量反应和农学效率的推荐施肥方法

基于产量反应和农学效率的推荐施肥方法是中国农业科学院农业资源与农业区划研究所和国际植物营养研究所近年来提出来的基于作物的推荐施肥方法，并将其结合现代信息技术研发形成的界面友好、操作简单的 NE 系统（Pampolino et al.，2012；何萍等，2012a，2012b）。NE 系统通过了解农户过去 3～5 年的产量水平和施肥历史就可以完成施肥推荐。该方法特别适合我国以小农户为经营主体的国情，可以在有或没有土壤测试的条件下应用，是一种轻简化的推荐施肥方法。

NE 系统推荐施肥以作物目标产量法为基础，用不施肥小区的养分吸收或产量水平来表征土壤基础肥力，地块施肥后作物产量反应越大，土壤基础肥力则越低，肥料推荐量越高。该方法是在汇总过去十几年在全国范围内开展的肥料田间试验的基础上，建立了包含作物产量反应、农学效率、养分吸收与利用信息的数据库，基于土壤基础养分供应特征、作物产量反应与农学效率的内在关系，以及具有普遍指导意义的作物最佳养分吸收和利用特征参数，建立了基于产量反应和农学效率的推荐施肥模型。

对于氮肥推荐，主要依据作物产量反应和农学效率的相关关系获得，并根据地块具体信息进行适当调整；而对于磷肥和钾肥推荐，主要依据作物产量反应所需要的养分量及补充作物地上部移走量所需要的养分量求算。作物秸秆还田所带入的养分也在推荐用量中给予综合考虑，同时还考虑作物的轮作系统。NE 系统可以帮助农户在施肥推荐中选择合适的肥料品种和适宜的用量，并在合适的施肥时间将肥料施在恰当的位置。

自 2009 年以来，在我国小麦、玉米、水稻和大豆种植区不同气候条件下开展了应用 NE 系统指导作物推荐施肥的工作。田间多年多点试验结果表明，该方法在保证作物产量的前提下，能够科学减施氮肥和磷肥，不仅提高了肥料利用率，还推动了钾肥的平衡施用，增加了农民收入。尤其在土壤测试条件不具备或测试结果不及时的情况下，NE 系统是一种优选的指导施肥的新方法，受到农民和科技人员的热烈欢迎。这种协调经济、社会和环境效应的养分管理方法，是当前施肥技术的重要革新和极具突破性的激动人心的重大进展，显示出强劲而广阔的应用前景。

第 2 章　基于产量反应和农学效率的水稻推荐施肥

2.1　试验点和数据描述

2.1.1　试验点描述

本章收集和汇总的试验点覆盖了中国水稻主产区不同种植季节和不同品种的水稻，包括早稻、中稻、晚稻和一季稻种植区，遍布于 22 个省（自治区、直辖市），涵盖了不同气候类型和农艺措施，试验点分布见图 2-1。

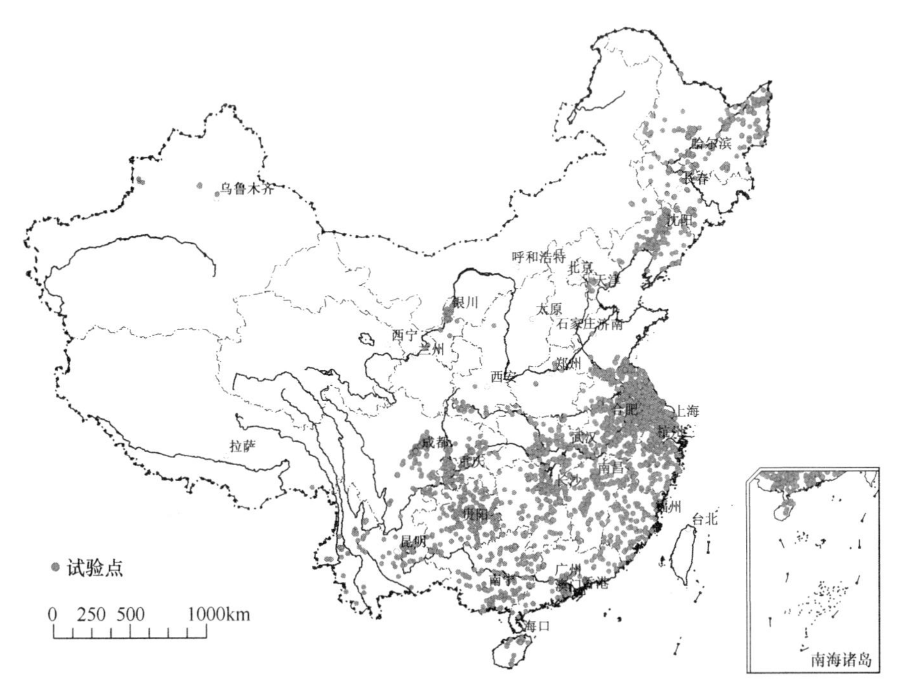

图 2-1　水稻试验样点分布

截止到 2013 年，中国水稻种植面积达到了 $30.3\times10^6hm^2$，水稻总产和单产分别达到了 203.6×10^6t 和 $6.7t/hm^2$，早稻、晚稻及其他水稻（中稻和一季稻）种植面积分别为 $5.8\times10^6hm^2$、$6.3\times10^6hm^2$ 和 $18.2\times10^6hm^2$，产量分别为 34.1×10^6t、36.5×10^6t 和 133.0×10^6t（中国农业统计年鉴编委会，2014）。一季稻主要种植在中国东北和西北地区，气候类型为寒温带，水稻单作，一年一熟，其生长期从 5 月中上旬到 9 月中下旬。中稻主要种植在长江中下游多数省份、西南地区及华北地区个别省份，气候类型为温带，种植系统主要为水稻与冬小麦、油菜等作物轮作，一年两熟，其生长期从 5 月底或 6 月初至 9 月底或 10 月初。早稻和晚稻主要种植在中国华南地区及长江中下游个别省份，气候类型为温带和热带，一年两熟或一年三熟，其种植体系主要为稻-稻或稻-稻-油菜轮作，其种植和收获日期由于气候差异而不同。

2.1.2 数据来源

所用数据来源于国际植物营养研究所（IPNI）中国项目2000～2013年在中国水稻主产区开展的田间试验，以及此期间公开发表在学术期刊上的各类田间试验。收集的数据样本涵盖了中国水稻主要种植区域，包含了不同气候类型、轮作系统、土壤肥力及水稻品种等信息；田间试验种类主要包括减素试验、肥料量级试验、长期定位试验、耕作措施试验、3414试验及肥料品种试验等，测试指标包含生物产量，籽粒和秸秆N、P和K养分吸收等。试验点分布、气候类型、土壤基础理化性状、水稻种植类型及样本数见表2-1。最佳养分需求估算所使用的数据要求同时含有产量和养分吸收数据（至少有N、P、K三大养分元素之一），而NE系统构建及养分利用率分析中使用的数据为全部收集数据。

表2-1　水稻主产区试验点气候和土壤理化特征

区域	省份	气候类型	种植类型	pH	有机质/（g/kg）	全氮/（g/kg）	有效磷/（mg/kg）	速效钾/（mg/kg）	样本数
东北	吉林	寒温带	一季稻	4.43～8.11	17.9～36.0	1.0～1.6	2.7～25.5	50.3～173.0	266
	辽宁		一季稻	5.40～7.75	12.0～33.4	0.9～1.9	4.1～67.0	69.0～295.1	163
	黑龙江		一季稻	5.24～7.37	17.3～54.8	1.1～2.6	13.2～102.7	38.9～314.1	334
华北	山东	温带	中稻	7.19	25.1	1.4	60.1	148.0	4
	河南		中稻	6.40	12.8	0.9	10.5	74.9	4
西北	新疆	温带	一季稻	7.90	14.0	1.1	11.0	264.0	5
	宁夏		一季稻	7.30～8.26	12.2～17.1	0.8～1.1	4.2～87.1	99.0～175.0	119
长江中下游	安徽	温带亚热带	早稻、中稻、晚稻	5.07～7.29	14.4～30.6	0.8～2.3	2.8～33.7	36.3～189.7	285
	湖北		早稻、中稻、晚稻	5.07～8.28	6.9～40.9	0.8～2.8	2.9～53.9	22.9～382.3	733
	湖南		早稻、晚稻	4.30～7.70	13.2～53.6	0.7～3.0	5.0～56.5	35.3～187.0	709
	江苏		中稻	4.97～8.42	6.7～39.3	0.5～2.5	3.4～91.1	10.3～278.7	1856
	江西		早稻、晚稻	5.07～6.87	11.4～49.8	0.7～2.9	3.1～69.0	26.0～181.1	591
	上海		早稻、晚稻	5.65～7.85	0.4～39.0	1.2～1.8	6.7～109.0	45.7～218.0	70
	浙江		早稻、中稻、晚稻	4.02～7.95	1.3.5～6.7.0	0.9～5.0	3.4～98.0	27.3～212.9	319
西南	四川	亚热带	中稻	5.19～7.88	14.2～59.2	0.9～2.7	5.2～66.0	37.9～163.0	305
	云南		中稻	5.02～8.24	16.5～88.0	1.9～5.0	5.1～58.9	37.0～281.5	73
	重庆		中稻	4.60～8.10	20.3～48.9	1.3～2.1	2.3～34.4	60.0～168.0	219
	贵州		中稻	5.60～7.73	10.3～55.5	0.8～3.7	10.0～44.1	79.1～224.0	78
华南	海南	亚热带热带	早稻、晚稻	5.16～5.47	20.5～24.2	1.1～1.2	5.3～91.6	55.6～183.2	77
	福建		早稻、中稻、晚稻	4.70～7.20	16.2～59.3	1.5～3.8	5.4～126.6	14.0～201.6	144
	广东		早稻、中稻、晚稻	4.40～6.60	18.3～53.3	1.1～2.6	8.9～65.6	31.8～171.9	207
	广西		早稻、中稻、晚稻	4.73～7.23	16.6～48.1	1.2～2.4	9.3～58.4	28.9～262.8	178

2.1.3 QUEFTS 模型简介

在养分管理和推荐施肥时，估测目标产量下地上部和籽粒中的最佳养分吸收需求在推荐施肥中是必需的，但基于少数试验结果进行推荐施肥已不能满足当前作物高产的需求，因为土壤肥力和生产力存在着很高的变异性（Rüth and Lennartz，2008；Haefele and Wopereis，2005；Cassman et al.，1996a，1996b）。QUEFTS 模型（quantitative evaluation of the fertility of tropical soils）最初是由 Janssen 等（1990）提出的土壤地力评价模型，通过预估热带地区不施肥土壤的玉米产量来评价地力，模型计算了土壤氮、磷和钾三种大量元素的基础供肥量，并结合作物产量与养分吸收量之间的关系，模拟作物在一定目标产量下最佳的 N、P 和 K 养分需求量及养分限制下的生产力，向机制模型又前进了一步（Smaling and Janssen，1993）。QUEFTS 模型考虑的是 N、P 和 K 三种养分两两间的交互作用，因此不同于单纯考虑作物对每种养分需求量的计算方法。

QUEFTS 模型是在应用大量试验数据基础之上分析作物产量与地上部养分吸收间的关系，此关系符合线性-抛物线-平台函数。此模型中两个比较重要的参数分别为养分最大累积边界（maximum accumulation，*a*）和养分最大稀释边界（maximum dilution，*d*），其定义为某种养分在最大累积和最大稀释状态下所生产的产量，即两种状态下产量与地上部养分吸收的比值（斜率），其含义为当土壤中某种养分供应不充足时，该养分在作物地上部吸收处于稀释状态，随着该养分的投入量不断增加，地上部该养分不断累积，并逐渐达到最大累积状态。QUEFTS 模型中使用养分内在效率（internal efficiency，IE，kg/kg）来表示这两个参数。养分内在效率用经济产量与地上部养分吸收量的比值来表示，采用养分内在效率上下的 2.5th 来表示这两个参数，因为不同比例参数只是缩小了最大稀释边界和最大累积边界间的距离而对养分吸收曲线的影响较小（Xu et al.，2013；Liu et al.，2006a）。

QUEFTS 模型最先在水稻上应用是在 1999 年应用 2000 多个数据估测了南亚和东南亚水稻产量与养分吸收的关系，得出了目标产量的 N、P 和 K 的最佳需求量（Witt et al.，1999）。对于 QUEFTS 模型的阐述在诸多研究中已有报道（Witt et al.，1999；Smaling and Janssen，1993；Janssen et al.，1990）。在国外，此模型在水稻（Buresh et al.，2010；Das et al.，2009；Haefele et al.，2003；Witt et al.，1999）上成功得到应用，是发展 SSNM 方法中需要重点考虑的因素之一。在中国，仍需要大量的试验数据应用 QUEFTS 模型对水稻最佳养分吸收进行估测，并不断进行更新。

我国不同地区气候差异大，水稻品种繁多，不同轮作体系（早稻-晚稻、冬小麦-中稻、一季稻）水稻的养分吸收量可能存在差异。QUEFTS 模型得出的产量与养分吸收的关系是否适合当前流行的、高产的中短期水稻品种仍需验证，即不同水稻品种的养分需求可能存在很大的不确定性，因为不同品种的养分内在效率可能存在很大差异，同一品种由于种植地点及季节的差异也会导致养分内在效率不同。不同种植类型间由于气候、基因型及养分管理措施的差异，土壤基础养分供应的利用程度、养分吸收、收获指数、养分收获指数及养分内在效率存在差异。但也有研究表明，在施以合适的肥料用量时，同一生长环境下的产量和养分内在效率变异很小（Witt et al.，1999）。Buresh 等（2010）对比了当前与 10 年前的水稻养分吸收的研究结果显示，单位产量的养分吸收量差异不大。但由 QUEFTS 模型得出的最佳养分吸收曲线是否适用于我国不同地区仍需要验证。

QUEFTS 模型应用主要包括以下 4 个步骤。

第一步：根据土壤理化性状或减素小区的养分吸收，估算土壤潜在 N、P 和 K 养分供应量。

第二步：估算土壤潜在养分供应与肥料施用条件下作物地上部实际的 N、P 和 K 养分吸收之间的关系，该步骤考虑了两两养分之间的相互作用，即在计算氮素养分吸收时，考虑了 P 和 K 养分限制下的氮素吸收；计算磷素养分吸收时，考虑了 N 和 K 养分限制下的磷素吸收；同理，在计算 K 养分吸收过程中，考虑了 N 和 P 养分限制下的钾素吸收。

第三步：建立作物 N、P 和 K 实际吸收量和产量范围之间的关系式。即作物养分吸收与可获得产量的上、下限对应关系。例如，当 N 养分在作物体内处于最大稀释状态时，可以计算产量的上限；当 N 养分处于最大累积状态时，可以计算产量的下限，而实际产量则介于这些产量之间。

第四步：建立 N、P 和 K 养分两两元素限制下对应的产量范围，综合考虑各个产量范围及产量潜力，确定预估的作物产量。

以上每一步的输出结果将是下一步的参数输入。第一步和第三步可建立经验公式完成；而第二步和第四步考虑了 N、P 和 K 养分间的交互作用机制。之后该模型又进行了修正，修正后的 QUEFTS 模型可以预估一定目标产量下的 N、P 和 K 养分最佳需求量（Setiyono et al.，2010；Liu et al.，2006a）。

在本研究中，首先进行模型修正，确定第三步中每种养分最大稀释和最大累积状态的边界线及需要达到的产量潜力，然后利用 QUEFTS 模型结合 Microsoft Excel 中的 Solver（规划求解）过程，求解出该目标产量下的最佳养分吸收量，得出作物不同目标产量下的最佳养分吸收曲线，用于产量与养分吸收评价。

2.2 水稻养分吸收特征

2.2.1 养分含量与吸收量

表 2-2 表明水稻产量和养分吸收存在很大的变异性。水稻籽粒产量平均为 7.6t/hm^2，变化范围为 1.7～15.2t/hm^2。水稻秸秆产量平均为 6.9t/hm^2，变化范围为 1.5～18.8t/hm^2。收获指数为 0.52kg/kg，变化范围为 0.24～0.76kg/kg。地上部 N、P 和 K 养分吸收量平均值分别为 140.0kg/hm^2、28.3kg/hm^2 和 155.2kg/hm^2，其变化范围分别为 24.2～334.0kg/hm^2、2.7～80.2kg/hm^2 和 29.1～386.7kg/hm^2。我国从南方的海南省到东北的黑龙江省都有水稻种植，种植面积广泛，经纬度跨度大，气候类型差异大，种植类型具

有典型的区域分布，加之养分管理措施及不同处理间施肥量差异，不仅导致了产量差异，同时籽粒和秸秆中的养分含量也存在变异性，进而导致籽粒和秸秆中的养分累积量及养分收获指数存在变异性。籽粒中平均N、P和K养分含量分别为11.9g/kg、3.0g/kg和3.5g/kg，变化范围分别为3.5～23.9g/kg、0.8～8.5g/kg和0.4～11.4g/kg。秸秆中平均N、P和K养分含量分别为6.8g/kg、1.5g/kg和21.7g/kg，变化范围分别为1.7～16.7g/kg、0.1～5.1g/kg和4.9～40.7g/kg。N、P和K养分收获指数平均值分别为0.65kg/kg、0.70kg/kg和0.16kg/kg，其变化范围分别为0.27～0.90kg/kg、0.23～0.97kg/kg和0.02～0.66kg/kg。

表 2-2　水稻养分吸收特征

参数	单位	样本数	平均值	标准差	最小值	25th	中值	75th	最大值
籽粒产量	t/hm^2	6739	7.6	1.9	1.7	6.3	7.6	8.9	15.2
秸秆产量	t/hm^2	3588	6.9	2.5	1.5	5.0	6.5	8.3	18.8
收获指数	kg/kg	3588	0.52	0.07	0.24	0.48	0.52	0.57	0.76
籽粒 N 含量	g/kg	3324	11.9	2.5	3.5	10.3	11.6	13.2	23.9
籽粒 P 含量	g/kg	2248	3.0	1.0	0.8	2.4	2.8	3.3	8.5
籽粒 K 含量	g/kg	2216	3.5	1.6	0.4	2.5	3.2	4.0	11.4
秸秆 N 含量	g/kg	2852	6.8	2.1	1.7	5.3	6.6	8.1	16.7
秸秆 P 含量	g/kg	2111	1.5	0.7	0.1	1.0	1.4	1.9	5.1
秸秆 K 含量	g/kg	2087	21.7	6.7	4.9	16.6	22.1	26.6	40.7
籽粒 N 吸收量	kg/hm^2	3310	85.6	31.3	15.1	65.8	82.9	101.3	254.6
籽粒 P 吸收量	kg/hm^2	2243	20.2	7.5	2.4	15.3	19.2	24	55.7
籽粒 K 吸收量	kg/hm^2	2211	23.7	11.8	2.7	15.6	21.3	29.8	88.4
秸秆 N 吸收量	kg/hm^2	3291	46.7	24.3	6.3	29.5	41.5	57.8	193.3
秸秆 P 吸收量	kg/hm^2	2207	9.2	5.5	0.4	5.1	8.2	12.2	45.9
秸秆 K 吸收量	kg/hm^2	2175	130.3	56.1	24.0	88.8	122.7	162.7	345.9
地上部 N 吸收	kg/hm^2	6066	140	49.6	24.2	103.4	136.6	174.9	334.0
地上部 P 吸收	kg/hm^2	3080	28.3	11.4	2.7	20.2	27.3	35.1	80.2
地上部 K 吸收	kg/hm^2	3184	155.2	60.8	29.1	110.0	148.4	194.4	386.7
N 收获指数	kg/kg	3234	0.65	0.09	0.27	0.60	0.66	0.71	0.90
P 收获指数	kg/kg	2178	0.70	0.12	0.23	0.63	0.71	0.77	0.97
K 收获指数	kg/kg	2147	0.16	0.08	0.02	0.11	0.15	0.20	0.66

表2-3比较了不同种植类型水稻（早稻、中稻、晚稻和一季稻）产量及养分吸收特征差异。中稻（8.0t/hm^2）和一季稻（8.4t/hm^2）的籽粒产量要高于早稻（6.5t/hm^2）和晚稻（6.9t/hm^2）。中稻的秸秆产量（8.0t/hm^2）要明显高于其他三种种植类型水稻，早稻、晚稻和一季稻的秸秆产量分别为5.2t/hm^2、6.2t/hm^{2}和6.7t/hm^2，高的秸秆产量导致了中稻的收获指数要低于其他三种种植类型水稻，中稻的收获指数仅有0.50kg/kg，而早稻、晚稻和一季稻的分别为0.55kg/kg、0.53kg/kg和0.54kg/kg。

表 2-3 不同种植类型水稻养分吸收特征

参数	单位	早稻			中稻			晚稻			一季稻		
		样本	平均值	标准差	样本	平均值	标准差	样本	平均值	标准差	样本	平均值	标准差
籽粒产量	t/hm^2	1340	6.5	1.6	3128	8.0	1.6	1333	6.9	1.9	938	8.4	2.0
秸秆产量	t/hm^2	763	5.2	1.6	1512	8.0	2.7	653	6.2	2.2	660	6.7	2.0
收获指数	kg/kg	763	0.55	0.06	1512	0.50	0.07	653	0.53	0.06	660	0.54	0.06
籽粒 N 含量	g/kg	744	12.1	2.3	1377	12.0	2.5	533	11.7	2.7	670	11.4	2.4
籽粒 P 含量	g/kg	675	3.0	1.1	661	2.8	0.7	442	3.3	1.2	470	2.9	0.7
籽粒 K 含量	g/kg	660	3.5	1.9	645	3.1	1.1	440	3.9	1.8	471	3.7	1.6
秸秆 N 含量	g/kg	655	7.5	2.3	1178	6.5	2.1	472	7.2	2.2	547	6.4	1.7
秸秆 P 含量	g/kg	632	1.3	0.7	639	1.4	0.6	419	1.5	0.8	421	1.8	0.7
秸秆 K 含量	g/kg	627	24.8	6.3	618	21.5	6.6	421	22.2	5.7	421	16.8	5.4
籽粒 N 吸收量	kg/hm^2	749	77.6	25.6	1351	91.1	27.4	533	74.6	29.4	677	92.0	40.3
籽粒 P 吸收量	kg/hm^2	675	18.5	7.4	656	20.2	6.6	442	20.0	8.8	470	22.7	7.1
籽粒 K 吸收量	kg/hm^2	660	21.2	11.0	640	22.5	10.0	440	24.1	13.5	471	28.6	11.9
秸秆 N 吸收量	kg/hm^2	759	38.3	17.9	1351	54.6	26.8	555	42.3	22.8	626	44	21.3
秸秆 P 吸收量	kg/hm^2	685	6.8	4.2	656	10.9	6.4	444	8.3	4.8	422	11.4	4.9
秸秆 K 吸收量	kg/hm^2	676	122.9	42.2	635	157.8	65.7	442	121.4	46.6	422	109.9	53.7
地上部 N 吸收	kg/hm^2	1194	117.1	38.9	2877	155.8	49.7	1194	131	51.7	801	130.8	40.6
地上部 P 吸收	kg/hm^2	936	23.2	10.0	985	30.2	12.1	654	28.8	11.4	505	33.2	9.0
地上部 K 吸收	kg/hm^2	979	138.5	48.1	986	180.3	65.8	721	154.3	61.1	498	139.4	55.4
N 收获指数	kg/kg	735	0.67	0.08	1348	0.64	0.09	525	0.64	0.08	626	0.66	0.08
P 收获指数	kg/kg	669	0.74	0.10	653	0.67	0.13	434	0.71	0.11	422	0.66	0.10
K 收获指数	kg/kg	654	0.15	0.06	631	0.13	0.07	440	0.17	0.06	422	0.23	0.09

四种种植类型水稻秸秆中的养分含量存在着较大差异（表 2-3），早稻和晚稻的秸秆 N 含量要高于中稻和一季稻，早稻和晚稻分别为 7.5g/kg 和 7.2g/kg，中稻和一季稻分别为 6.5g/kg 和 6.4g/kg，一季稻的秸秆 P 含量高于其他三种种植类型水稻，为 1.8g/kg，而秸秆 K 含量却低于其他三种种植类型水稻，为 16.8g/kg。四种种植类型水稻的籽粒 N、P 和 K 养分含量却十分相近。由于经济收获指数和秸秆养分含量的差异导致了地上部养分吸收量和养分收获指数的差异，如中稻的地上部 K 吸收量明显高于其他水稻种植类型，达到了 $180.3kg/hm^2$，而一季稻仅有 $139.4kg/hm^2$，这主要是由于中稻具有较高的秸秆产量（低收获指数，0.50kg/kg）及低的 K 收获指数（0.13kg/kg）。

2.2.2 养分内在效率与吨粮养分吸收

养分内在效率（internal efficiency，IE，kg/kg）和吨粮养分吸收（reciprocal internal efficiency，RIE，kg/t）用于表示籽粒产量与地上部养分吸收之间的关系，IE 定义为每吸收 1kg 养分所生产的籽粒产量，即经济产量与地上部养分吸收量的比值。RIE 用 IE 的倒数表示，定义为生产 1t 籽粒产量作物地上部吸收的养分，即吨粮养分吸收。表 2-4

列出了所有水稻、早稻、中稻、晚稻和一季稻 N、P 和 K 的 IE 和 RIE 值。

表 2-4　不同种植类型水稻养分内在效率（IE）和吨粮养分吸收（RIE）描述统计

数据组	参数	单位	样本数	平均值	标准差	25th	中值	75th
所有水稻	IE-N	kg/kg	6066	57.4	14.8	47.5	54.9	65.3
	IE-P	kg/kg	3080	291.2	128.3	212.3	260.4	325.8
	IE-K	kg/kg	3184	51.7	19.0	39.0	47.1	59.5
	RIE-N	kg/t	6066	18.5	4.6	15.3	18.2	21.1
	RIE-P	kg/t	3080	3.9	1.3	3.1	3.8	4.7
	RIE-K	kg/t	3184	21.5	6.6	16.8	21.2	25.7
早稻	IE-N	kg/kg	1194	59.8	16.4	49.6	58.5	68.1
	IE-P	kg/kg	936	322.7	143.1	228.8	299.1	376.2
	IE-K	kg/kg	979	51.1	17.3	40.5	48.0	57.8
	RIE-N	kg/t	1194	18.0	5.0	14.7	17.1	20.2
	RIE-P	kg/t	936	3.6	1.4	2.7	3.3	4.4
	RIE-K	kg/t	979	21.4	6.1	17.3	20.8	24.7
中稻	IE-N	kg/kg	2877	54.2	12.8	46.1	52.0	60.7
	IE-P	kg/kg	985	294.5	133.1	210.8	254.1	320.9
	IE-K	kg/kg	986	47.8	18.0	35.4	44.1	55.6
	RIE-N	kg/t	2877	19.4	4.3	16.5	19.2	21.7
	RIE-P	kg/t	985	3.9	1.4	3.1	3.9	4.7
	RIE-K	kg/t	986	23.2	7.0	18.0	22.7	28.2
晚稻	IE-N	kg/kg	1194	57.9	16.0	47.4	54.9	65.1
	IE-P	kg/kg	654	270.0	124.9	204.5	247.7	300.0
	IE-K	kg/kg	721	49.2	16.8	38.5	45.0	55.3
	RIE-N	kg/t	1194	18.5	4.9	15.4	18.2	21.1
	RIE-P	kg/t	654	4.2	1.3	3.3	4.0	4.9
	RIE-K	kg/t	721	22.2	6.0	18.1	22.2	26.0
一季稻	IE-N	kg/kg	801	64.7	13.5	55.6	64.4	72.6
	IE-P	kg/kg	505	253.6	61.8	209.9	245.1	282.7
	IE-K	kg/kg	498	64.4	21.5	46.9	60.5	77.6
	RIE-N	kg/t	801	16.1	3.5	13.8	15.5	18.0
	RIE-P	kg/t	505	4.2	1.0	3.5	4.1	4.8
	RIE-K	kg/t	498	17.3	5.6	12.9	16.5	21.3

所有水稻数据 N、P 和 K 的 IE 平均值分别为 57.4kg/kg、291.2kg/kg 和 51.7kg/kg，相应的 RIE 平均值分别为 18.5kg/t、3.9kg/t 和 21.5kg/t。早稻 N、P 和 K 的 IE 平均值分别为 59.8kg/kg、322.7kg/kg 和 51.1kg/kg，相应的 RIE 平均值分别为 18.0kg/t、3.6kg/t 和 21.4kg/t。中稻 N、P 和 K 的 IE 平均值分别为 54.2kg/kg、294.5kg/kg 和 47.8kg/kg，相应的 RIE 平均值分别为 19.4kg/t、3.9kg/t 和 23.2kg/t。晚稻 N、P 和 K 的 IE 平均值分别为 57.9kg/kg、270.0kg/kg 和 49.2kg/kg，相应的 RIE 平均值分别为 18.5kg/t、4.2kg/t 和 22.2kg/t。一季稻 N、P 和 K 的 IE 平均值分别为 64.7kg/kg、253.6kg/kg 和 64.4kg/kg，相应的 RIE

平均值分别为 16.1kg/t、4.2kg/t 和 17.3kg/t。一季稻有较高的 IE-N 和 IE-K，但 IE-P 要低于其他种植类型水稻，RIE 的趋势则相反。由于籽粒产量和养分吸收之间的差异，不同水稻种植类型的 IE 和 RIE 存在较大差异，如 P 的 IE 值早稻>中稻>晚稻>一季稻。因此，根据种植类型将数据分为 4 部分，分别为早稻、中稻、晚稻和一季稻，进行最佳养分吸收估测。

2.3 水稻养分最佳需求量估算

2.3.1 养分最大累积和最大稀释参数确定

QUEFTS 模型假定有一个恒定的养分内在效率，直到作物目标产量达到潜在产量的 70%～80%（Dobermann and Witt，2004）。养分内在效率可以用于评估养分从所有养分来源向经济产量的转运能力（Liu et al.，2011a）。QUEFTS 模型选择养分内在效率上下的 2.5th、5.0th 和 7.5th 作为养分最大累积边界（maximum accumulation，*a*）和养分最大稀释边界（maximum dilution，*d*）进行最佳养分吸收估测。但是需要剔除收获指数小于 0.4kg/kg 的数据，因为这部分数据被认为受到养分以外其他生物或非生物胁迫（Janssen et al.，1990），影响了作物正常生长。从收获指数的分布得出（图 2-2），仅有少数数据点的收获指数小于 0.4kg/kg。

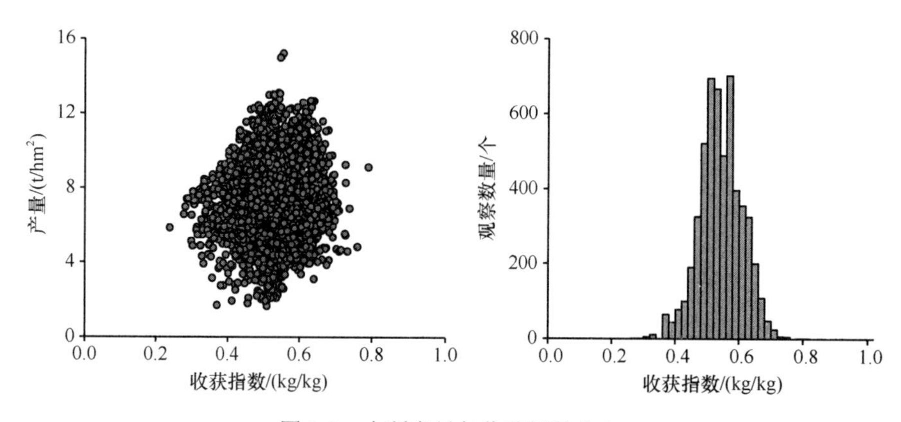

图 2-2 水稻产量与收获指数分布

选择合适的参数 *a* 和 *d* 值用于 QUEFTS 模型估测不同目标产量下的最佳养分需求，并剔除收获指数小于 0.4kg/kg 的数据。分别采用 IE 值的上下 2.5th、5.0th 和 7.5th 所对应的数值来获得早稻、中稻、晚稻、一季稻和所有水稻的 N、P 和 K 的参数 *a* 和 *d* 值（表 2-5）。

应用 QUEFTS 模型模拟早稻、中稻、晚稻、一季稻和所有水稻数据三组参数不同目标产量下的养分吸收。以中稻为例可以看出（图 2-3），三组参数只是缩短了最大累积边界和最大稀释边界间的距离，对养分吸收曲线影响较小，三组参数的养分吸收曲线非常接近，只是在接近潜在产量时有所差异，因此采用参数 I（即 IE 的上下 2.5th）作为估测养分吸收的最终参数。

表 2-5　不同种植类型水稻地上部养分最大累积边界（*a*）和最大稀释边界（*d*）（单位：kg/kg）

数据组	养分	参数 I		参数II		参数III	
		a（2.5th）	*d*（97.5th）	*a*（5.0th）	*d*（95th）	*a*（7.5th）	*d*（92.5th）
所有水稻	N	34	91	37	85	40	81
	P	141	566	161	513	172	473
	K	29	102	30	88	32	82
早稻	N	33	94	36	88	39	84
	P	141	648	164	570	175	525
	K	29	92	30	81	33	73
中稻	N	34	88	37	79	39	74
	P	143	541	160	513	170	504
	K	27	91	29	80	30	70
晚稻	N	33	97	37	90	40	85
	P	137	535	153	426	169	393
	K	30	95	31	84	33	74
一季稻	N	41	96	45	87	47	84
	P	155	393	168	365	180	349
	K	34	114	37	105	39	99

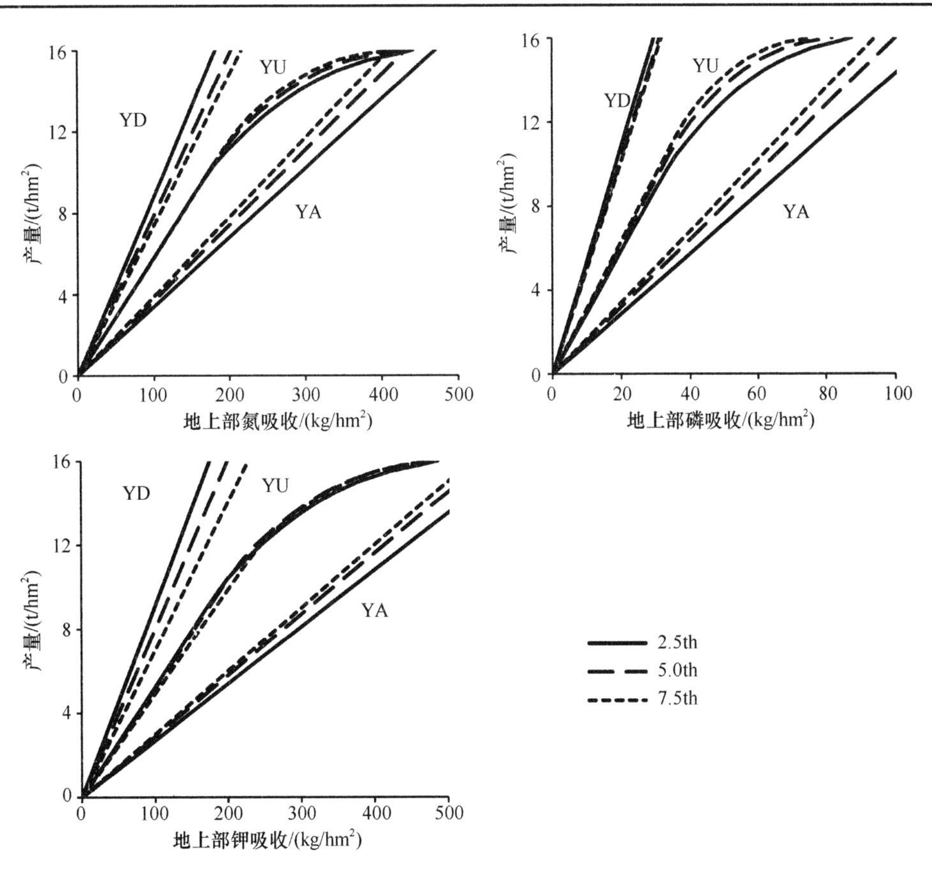

图 2-3　不同参数 *a* 和 *d* 值下中稻产量与地上部养分吸收关系

YA、YD 和 YU 分别为地上部养分最大累积边界、最大稀释边界和最佳养分吸收曲线。其中 N、P 和 K 的最佳养分吸收曲线是去除收获指数小于 0.4kg/kg 的数据后应用 QUEFTS 模型计算所得

比较各数据集 N、P 和 K 的参数 a 和 d 值得出，一季稻 N 的参数 a 值要高于其他数据集参数 a 值，而 P 的参数 d 值低于其他数据集参数 d 值。除早稻 P 的参数 d 值要高于其他数据外，早稻、中稻和晚稻的数据集参数 a 和 d 值比较相近。应用 QUEFTS 模型拟合各数据集在潜在产量为 16 000kg/hm^2 时籽粒产量与地上部养分吸收的关系，参数 a 和 d 值分别使用各自的数据集，验证不同种植类型的水稻数据是否可以合并（图 2-4）。

从图 2-4 模拟结果得出，早稻、中稻和晚稻的最佳养分吸收曲线非常相近，但与一季稻的养分吸收曲线有很大差异，尤其是 N 和 K。因此，依据 QUEFTS 模型分析将数据分为一季稻和早/中/晚稻两组分别对养分吸收需求进行最佳估测。将早稻、中稻和晚稻数据合并，去除收获指数小于 0.4kg/kg 的数据，并去除 IE 上下 2.5th 的数据得出参数 a 和 d 值，早/中/晚稻 N、P 和 K 的参数 a 和 d 值分别为 34kg/kg 和 90kg/kg、140kg/kg 和 576kg/kg、28kg/kg 和 94kg/kg。

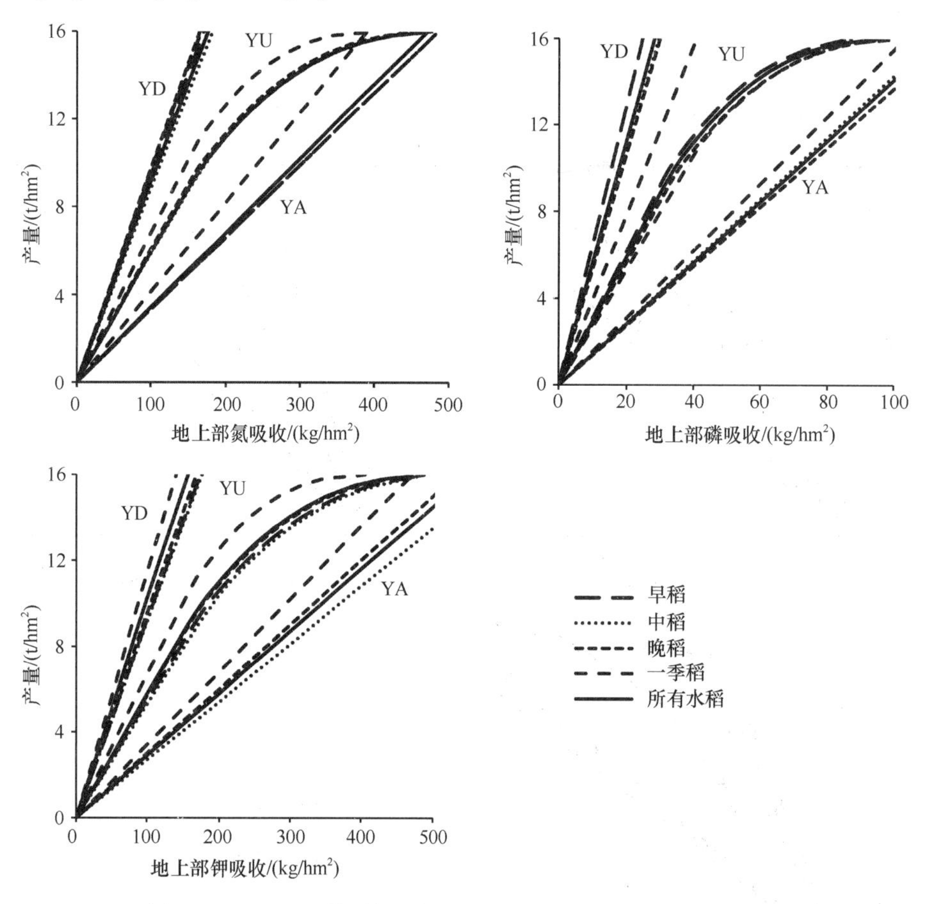

图 2-4 QUEFTS 模型拟合的不同种植类型水稻养分吸收差异

YA、YD 和 YU 分别为地上部养分最大累积边界、最大稀释边界和最佳养分吸收曲线

2.3.2 地上部养分最佳需求量估算

应用 QUEFTS 模型分别拟合一季稻、早/中/晚稻和所有水稻不同潜在产量和目标产量下 N、P 和 K 的地上部最佳养分吸收需求（图 2-5）。模拟结果显示，不论潜在产量为

多少，当目标产量达到潜在产量的 60%～70%时，生产每吨籽粒产量地上部养分需求是一致的，即目标产量所需的养分在达到潜在产量的 60%～70%前呈直线增长。QUEFTS 模型拟合的地上部和籽粒中的养分吸收以潜在产量为 16 000kg/hm^2 为例。

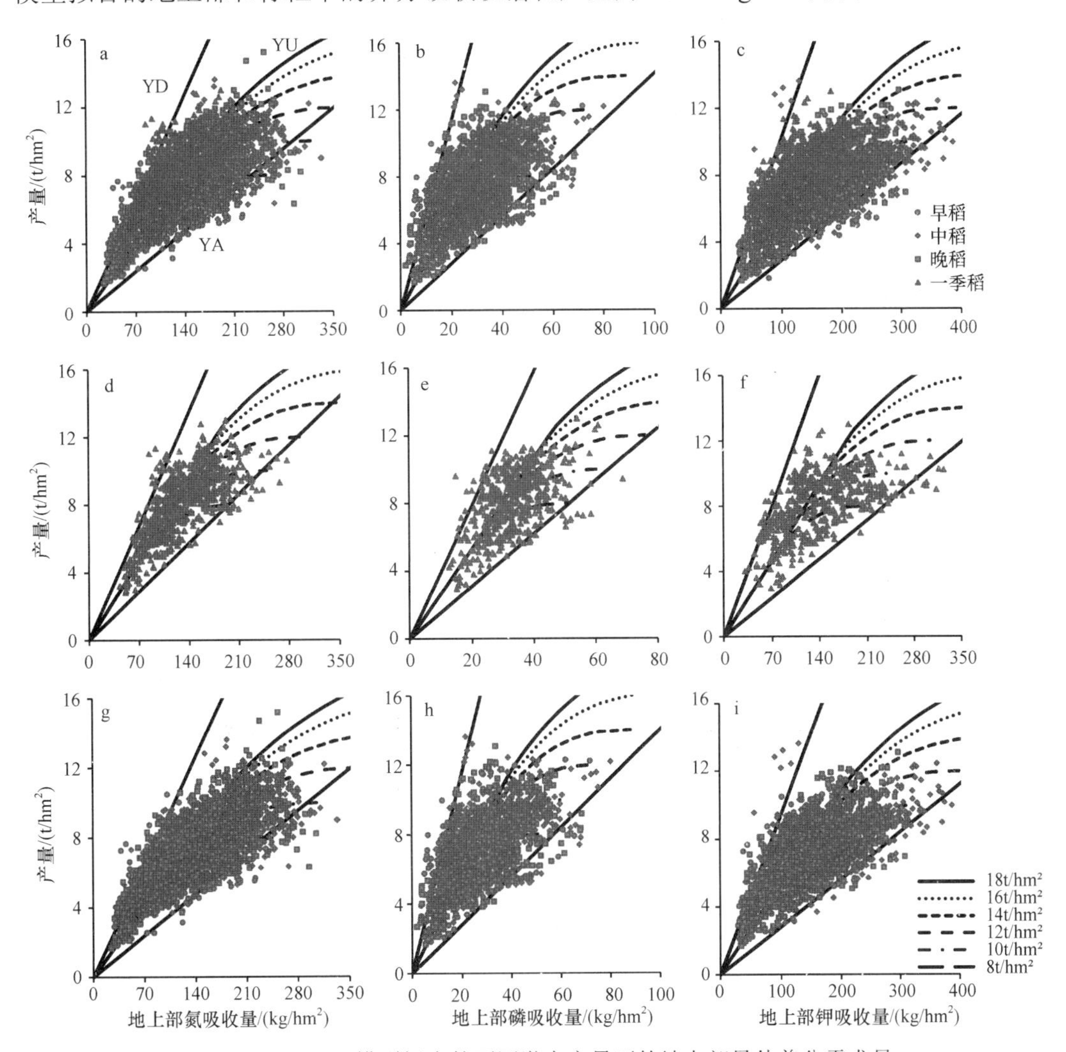

图 2-5　QUEFTS 模型拟合的不同潜在产量下的地上部最佳养分需求量

a～c 为所有水稻；d～f 为一季稻；g～i 为早/中/晚稻。YA、YD 和 YU 分别为地上部养分最大累积边界、最大稀释边界和最佳养分吸收曲线

对于一季稻而言（表 2-6），生产 1t 籽粒产量地上部 N、P 和 K 养分需求分别为 14.8kg、3.8kg 和 15.0kg，相应的 IE 分别为 67.6kg/kg N、263.2kg/kg P 和 66.7kg/kg K，直线部分养分需求 N∶P∶K 为 3.89∶1∶3.95；对于早/中/晚稻而言（表 2-7），生产 1t 籽粒产量，地上部 N、P 和 K 的养分需求量分别为 17.1kg、3.4kg 和 18.4kg，相应的 IE 分别为 58.5kg/kg、294.1kg/kg 和 54.3kg/kg，直线部分养分需求 N∶P∶K 为 5.03∶1∶5.41；对于所有水稻而言（表 2-8），生产 1t 籽粒产量地上部需要 17.0kg N、3.4kg P 和 17.4kg K，相应的 IE 分别为 58.8kg/kg N、294.1kg/kg P 和 57.5kg/kg K，直线部分养分需求 N∶P∶K 为 5.00∶1∶5.12。N 和 K 的最佳养分吸收一季稻要低于早/中/晚稻和所有水稻模拟结

果，但具有较高的 P 吸收量。

表 2-6 QUEFTS 模型拟合的一季稻养分内在效率和吨粮养分吸收

产量/（kg/hm²）	养分内在效率/（kg/kg）			吨粮养分吸收/（kg/t）		
	N	P	K	N	P	K
0	0	0	0	0	0	0
1 000	67.6	263.2	66.7	14.8	3.8	15.0
2 000	67.6	263.2	66.7	14.8	3.8	15.0
3 000	67.6	263.2	66.7	14.8	3.8	15.0
4 000	67.6	263.2	66.7	14.8	3.8	15.0
5 000	67.6	263.2	66.7	14.8	3.8	15.0
6 000	67.6	263.2	66.7	14.8	3.8	15.0
7 000	67.6	263.2	66.7	14.8	3.8	15.0
8 000	67.6	263.2	66.7	14.8	3.8	15.0
9 000	67.6	263.2	66.7	14.8	3.8	15.0
10 000	67.6	263.2	66.7	14.8	3.8	15.0
11 000	67.6	263.2	66.7	14.8	3.8	15.0
12 000	65.4	256.4	64.5	15.3	3.9	15.5
13 000	62.1	243.9	61.3	16.1	4.1	16.3
14 000	58.5	232.6	57.8	17.1	4.3	17.3
15 000	53.5	212.8	52.9	18.7	4.7	18.9
16 000	40.0	158.7	39.5	25.0	6.3	25.3

表 2-7 QUEFTS 模型拟合的早/中/晚稻养分内在效率和吨粮养分吸收

产量/（kg/hm²）	养分内在效率/（kg/kg）			吨粮养分吸收/（kg/t）		
	N	P	K	N	P	K
0	0	0	0	0	0	0
1 000	58.5	294.1	54.3	17.1	3.4	18.4
2 000	58.5	294.1	54.3	17.1	3.4	18.4
3 000	58.5	294.1	54.3	17.1	3.4	18.4
4 000	58.5	294.1	54.3	17.1	3.4	18.4
5 000	58.5	294.1	54.3	17.1	3.4	18.4
6 000	58.5	294.1	54.3	17.1	3.4	18.4
7 000	58.5	294.1	54.3	17.1	3.4	18.4
8 000	58.5	294.1	54.3	17.1	3.4	18.4
9000	58.5	294.1	54.3	17.1	3.4	18.4
10 000	58.1	294.1	53.8	17.2	3.4	18.6
11 000	56.5	285.7	52.4	17.7	3.5	19.1
12 000	54.1	270.3	50.3	18.5	3.7	19.9
13 000	51.3	256.4	47.6	19.5	3.9	21.0
14 000	48.1	243.9	44.6	20.8	4.1	22.4
15 000	43.9	222.2	40.7	22.8	4.5	24.6
16 000	35.5	178.6	32.9	28.2	5.6	30.4

表 2-8　QUEFTS 模型拟合的所有水稻养分内在效率和吨粮养分吸收

产量/（kg/hm²）	养分内在效率/（kg/kg）			吨粮养分吸收/（kg/t）		
	N	P	K	N	P	K
0	0	0	0	0	0	0
1 000	58.8	294.1	57.5	17.0	3.4	17.4
2 000	58.8	294.1	57.5	17.0	3.4	17.4
3 000	58.8	294.1	57.5	17.0	3.4	17.4
4 000	58.8	294.1	57.5	17.0	3.4	17.4
5 000	58.8	294.1	57.5	17.0	3.4	17.4
6 000	58.8	294.1	57.5	17.0	3.4	17.4
7 000	58.8	294.1	57.5	17.0	3.4	17.4
8 000	58.8	294.1	57.5	17.0	3.4	17.4
9000	58.8	294.1	57.5	17.0	3.4	17.4
10 000	58.1	294.1	56.8	17.2	3.4	17.6
11 000	56.5	285.7	55.2	17.7	3.5	18.1
12 000	54.1	270.3	52.9	18.5	3.7	18.9
13 000	51.3	256.4	50.3	19.5	3.9	19.9
14 000	48.1	243.9	46.9	20.8	4.1	21.3
15 000	43.7	222.2	42.7	22.9	4.5	23.4
16 000	33.6	169.5	32.9	29.8	5.9	30.4

2.3.3　籽粒养分最佳需求量估算

在大力倡导秸秆还田的情况下，计算籽粒所带走的养分量对精准施肥至关重要，不仅可以充分利用秸秆养分，还可以避免由施肥过量或不足对产量造成的影响。对籽粒养分吸收的 IE 进行参数设定，剔除籽粒养分吸收 IE 值的上下 2.5th（HI>0.4），计算籽粒养分吸收 N、P 和 K 的参数 *a* 和 *d* 值（表 2-9），一季稻的分别为 59kg/kg 和 136kg/kg、225kg/kg 和 607kg/kg、136kg/kg 和 695kg/kg；早/中/晚稻的分别为 58kg/kg 和 138kg/kg、186kg/kg 和 658kg/kg、145kg/kg 和 678kg/kg；所有水稻的分别为 58kg/kg 和 137kg/kg、195kg/kg 和 657kg/kg、142kg/kg 和 682kg/kg。

表 2-9　水稻籽粒最大累积边界（*a*）和最大稀释边界（*d*）　　（单位：kg/kg）

养分	一季稻		早/中/晚稻		所有水稻	
	a	*d*	*a*	*d*	*a*	*d*
N	59	136	58	138	58	137
P	225	607	186	658	195	657
K	136	695	145	678	142	682

QUEFTS 模型拟合得出的籽粒养分吸收呈直线增长，直到目标产量达到潜在产量的 60%～70%。对于一季稻而言，生产 1t 籽粒产量中直线部分所需的 N、P 和 K 养分分别为 10.6kg、2.6kg 和 3.2kg；当目标产量达到潜在产量的 80%时，籽粒中所需的 N、P 和

K 养分占整个地上部养分吸收的比例分别为 72.2%、68.9%和 21.6%（表 2-10）。

表 2-10 QUEFTS 模型拟合的一季稻籽粒养分吸收及其占地上部养分吸收比例

产量/（kg/hm^2）	地上部养分吸收/（kg/hm^2）			籽粒养分吸收/（kg/hm^2）			所占比例/%		
	N	P	K	N	P	K	N	P	K
0	0	0	0	0	0	0	0	0	0
1 000	14.8	3.8	15.0	10.6	2.6	3.2	71.4	68.1	21.3
2 000	29.6	7.5	30.0	21.1	5.1	6.4	71.4	68.1	21.3
3 000	44.4	11.3	45.0	31.7	7.7	9.6	71.4	68.1	21.3
4 000	59.2	15.0	60.0	42.2	10.2	12.8	71.4	68.1	21.3
5 000	74.0	18.8	75.0	52.8	12.8	16.0	71.4	68.1	21.3
6 000	88.8	22.6	90.0	63.4	15.4	19.2	71.4	68.1	21.3
7 000	103.5	26.3	105.0	73.9	17.9	22.4	71.4	68.1	21.3
8 000	118.3	30.1	120.1	84.5	20.5	25.6	71.4	68.1	21.3
9 000	133.1	33.8	135.1	95.0	23.0	28.8	71.4	68.1	21.3
10 000	147.9	37.6	150.1	105.6	25.6	32.0	71.4	68.1	21.3
11 000	163.0	41.4	165.4	117.0	28.4	35.4	71.8	68.5	21.4
12 000	183.9	46.7	186.5	132.8	32.2	40.2	72.2	68.9	21.6
13 000	208.9	53.1	212.0	151.1	36.6	45.8	72.3	69.0	21.6
14 000	239.2	60.8	242.6	173.3	42.0	52.5	72.4	69.1	21.6
15 000	280.0	71.2	284.1	203.3	49.3	61.6	72.6	69.2	21.7
16 000	399.3	101.5	405.1	284.0	68.8	86.0	71.1	67.8	21.2

对于早/中/晚稻而言，目标产量在直线部分时，生产 1t 籽粒产量中所需的 N、P 和 K 养分分别为 10.6kg、2.7kg 和 3.1kg；当目标产量达到潜在产量的 80%时，籽粒中所需的 N、P 和 K 养分占整个地上部养分吸收的比例分别为 61.9%、80.0%和 16.7%（表 2-11）。

表 2-11 QUEFTS 模型拟合的早/中/晚稻籽粒养分吸收及其占地上部养分吸收比例

产量/（kg/hm^2）	地上部养分吸收/（kg/hm^2）			籽粒养分吸收/（kg/hm^2）			所占比例/%		
	N	P	K	N	P	K	N	P	K
0	0	0	0	0	0	0	0	0	0
1 000	17.1	3.4	18.4	10.6	2.7	3.1	62.3	80.5	16.8
2 000	34.2	6.8	36.9	21.3	5.4	6.2	62.3	80.5	16.8
3 000	51.3	10.1	55.3	31.9	8.2	9.3	62.3	80.5	16.8
4 000	68.4	13.5	73.7	42.6	10.9	12.4	62.3	80.5	16.8
5 000	85.4	16.9	92.1	53.2	13.6	15.5	62.3	80.5	16.8
6 000	102.5	20.3	110.6	63.9	16.3	18.6	62.3	80.5	16.8
7 000	119.6	23.7	129.0	74.5	19.1	21.7	62.3	80.5	16.8
8 000	136.7	27.1	147.4	85.2	21.8	24.8	62.3	80.5	16.8
9 000	153.8	30.4	165.8	95.9	24.5	28.0	62.4	80.6	16.9
10 000	172.1	34.1	185.6	107.7	27.5	31.4	62.5	80.8	16.9
11 000	195.0	38.6	210.2	120.7	30.9	35.2	61.9	80.0	16.7
12 000	221.9	43.9	239.3	137.3	35.1	40.0	61.9	80.0	16.7
13000	253.0	50.1	272.8	156.5	40.0	45.6	61.9	80.0	16.7
14 000	290.9	57.6	313.6	179.9	46.0	52.4	61.9	79.9	16.7
15 000	342.6	67.8	369.4	211.8	54.2	61.7	61.8	79.9	16.7
16 000	451.5	89.4	486.8	309.5	79.1	90.2	68.6	88.6	18.5

对于所有水稻而言，目标产量在直线部分时，生产 1t 籽粒产量中所需的 N、P 和 K 分别为 10.7kg、2.7kg 和 3.1kg；当目标产量达到潜在产量的 80%时，籽粒中所需的 N、P 和 K 养分占整个地上部养分吸收的比例分别为 61.8%、77.3%和 17.8%（表 2-12）。

表 2-12　QUEFTS 模型拟合的所有水稻籽粒养分吸收及其占地上部养分吸收比例

产量/（kg/hm²）	地上部养分吸收/（kg/hm²）			籽粒养分吸收/（kg/hm²）			所占比例/%		
	N	P	K	N	P	K	N	P	K
0	0	0	0	0	0	0	0	0	0
1 000	17.0	3.4	17.4	10.7	2.7	3.1	62.8	78.5	18.0
2 000	34.0	6.8	34.8	21.4	5.3	6.3	62.8	78.5	18.0
3 000	51.0	10.2	52.2	32.0	8.0	9.4	62.8	78.5	18.0
4 000	68.1	13.5	69.6	42.7	10.6	12.6	62.8	78.5	18.0
5 000	85.1	16.9	87.0	53.4	13.3	15.7	62.8	78.5	18.0
6 000	102.1	20.3	104.4	64.1	16.0	18.8	62.8	78.5	18.0
7 000	119.1	23.7	121.8	74.7	18.6	22.0	62.8	78.5	18.0
8 000	136.1	27.1	139.2	85.4	21.3	25.1	62.8	78.5	18.0
9 000	153.1	30.5	156.6	96.1	23.9	28.3	62.8	78.5	18.0
10 000	171.8	34.2	175.7	107.7	26.8	31.7	62.7	78.5	18.0
11 000	195.0	38.8	199.4	120.5	30.0	35.4	61.8	77.3	17.8
12 000	222.0	44.2	227.0	137.1	34.1	40.3	61.8	77.3	17.8
13 000	253.1	50.4	258.9	156.2	38.9	46.0	61.7	77.2	17.8
14 000	291.1	57.9	297.7	179.5	44.7	52.8	61.7	77.2	17.7
15 000	343.0	68.2	350.8	211.2	52.6	62.1	61.6	77.1	17.7
16 000	476.1	94.7	487.0	309.8	77.1	91.1	65.1	81.4	18.7

从 QUEFTS 模型模拟的一季稻、早/中/晚稻和所有数据的籽粒养分吸收曲线得出，生产 1t 籽粒产量，其籽粒中的 N、P 和 K 养分吸收量的三组数据非常相近。因此，地上部养分吸收的差异主要来自于秸秆养分吸收。

我国具有不同的种植类型水稻——早稻、中稻、晚稻和一季稻，由于气候、水稻基因型及养分管理措施等差异，不同种植类型水稻的产量和养分吸收存在较大差异（Tao et al.，2008；Wang et al.，2007；Li et al.，2005）。籽粒和秸秆中养分含量变异性较大，最高养分含量相当于最低养分含量的 10 倍，这是因为低 N、P 和 K 养分含量的数据来源于长期定位点中不施任何肥料的空白小区处理，而高养分含量的数据则来源于长期过量施肥处理。中稻和一季稻的产量显著高于早稻和晚稻，这是因为中稻和一季稻的生长期比早稻和晚稻长 20～30 天。秸秆中的养分含量及秸秆和籽粒产量的差异导致了地上部养分吸收的变异。例如，K 养分由于中稻的经济收获指数和养分收获指数比较低，而四种种植类型水稻籽粒中养分含量非常相近，直接导致了中稻的地上部 K 累积量要高于其他种植类型水稻。土壤肥力、气候类型及养分管理的差异导致养分吸收之间的差异，因此个别或少数数据点不能作为大面积甚至区域上施肥推荐的依据（Witt et al.，1999）。

QUEFTS 模型可以用来估测养分吸收，其优点在于使用大量的田间试验数据估测最佳养分吸收，不会因为个别或少数试验点对估测结果产生偏差，因此具有普遍意义。最为重要的是该模型考虑了 N、P 和 K 三种大量营养元素两两间的交互作用。但该模型需要根据养分内在效率计算养分最大累积边界和最大稀释边界，从而对最佳养分吸收需求进行估算。然而，养分吸收和产量间的差异，不仅导致不同种植类型水稻的养分内在效率有所差异，与已有研究的参数 a 和 d 值也有所不同（表 2-13）。

表 2-13　不同研究报道中水稻参数 a 和 d 值及吨粮养分吸收

养分		单位	Witt et al.，1999	Buresh et al.，2010	Das et al.，2009	Haefele et al.，2003	本研究		
							一季稻	早/中/晚稻	所有水稻
N	a	kg/kg	42	43	31	48	41	34	34
	d	kg/kg	96	94	87	112	96	90	91
P	a	kg/kg	206	202	192	211	155	140	141
	d	kg/kg	622	595	678	586	393	576	566
K	a	kg/kg	36	36	33	32	34	28	29
	d	kg/kg	115	95	81	102	114	94	102
RIE-N		kg/t	14.7	14.6	17.9	12.7	14.8	17.1	17.0
RIE-P		kg/t	2.6	2.7	2.6	2.6	3.8	3.4	3.4
RIE-K		kg/t	14.5	15.9	18.0	16.3	15.0	18.4	17.4

本研究中早/中/晚稻的参数 a 和 d 值要低于 Witt 等（1999）和 Buresh 等（2010）的研究报道，但与 Das 等（2009）研究的结果比较相近。参数 a 和 d 值的差异与栽培品种、生态类型、轮作系统和养分管理措施相关，这些都将导致养分吸收和产量的差异。低的参数 a 和 d 值意味着生产相同的目标产量需要更多的养分投入。而且长期施肥、品种改进（杂交稻）、管理措施的改善等都将有助于增加养分吸收，进而降低 IE。例如，本研究中较低的 IE-P 与高磷肥施用和高土壤磷累积有关，这些导致了 P 奢侈吸收。本研究中具有较大的数据量，涵盖了广泛的粳稻和籼稻生态类型水稻种植区域，以及不同的水稻轮作体系，水稻生态类型的差异是导致产量和养分吸收变异的主要原因之一。

N、P 和 K 养分参数 a 和 d 值的差异导致了养分吸收的不同（图 2-6）。本研究中一季稻一定目标产量下地上部 N 和 K 的最佳养分吸收量要低于早/中/晚稻，但 P 的最佳养分吸收量较高。本研究中，一季稻的种植区域主要位于东北地区，该地区为寒温带气候，且水稻种植类型为粳稻，而籼稻通常种植在早/中/晚稻种植区域。有研究表明：籼稻比粳稻具有高的 N 和 K 吸收能力（Islam et al.，2008），然而粳稻所在的一季稻种植区由于温度较低，在生长阶段需要更多的 P。本研究中一季稻的目标产量 P 吸收量要高于其他已有报道（表 2-13），说明 P 没有被有效利用。早/中/晚稻目标产量下的最佳养分需求量与 Das 等（2009）研究的结果非常相近，但是要高于 Buresh 等（2010）和 Witt 等（1999）的研究结果。西非国家中 RIE-N 较低（Haefele et al.，2003），可能与施氮量较低有关。比较籽粒的养分吸收得出，本研究中的籽粒 P 养分吸收相当于其他研究地上部的 P 吸收量（Buresh et al.，2010；Das et al.，2009；Haefele et al.，2003；Witt et al.，1999），这意味着在当前的养分管理措施情况下 P 存在着奢侈吸收现象。因此，为提高 IE 和避免养分奢侈吸收，优化施肥和养分管理措施在中国是必需的。

2.3.4　QUEFTS 模型验证

由 QUEFTS 模型分析结果得出，一季稻和早/中/晚稻的养分吸收存在着一定差异，

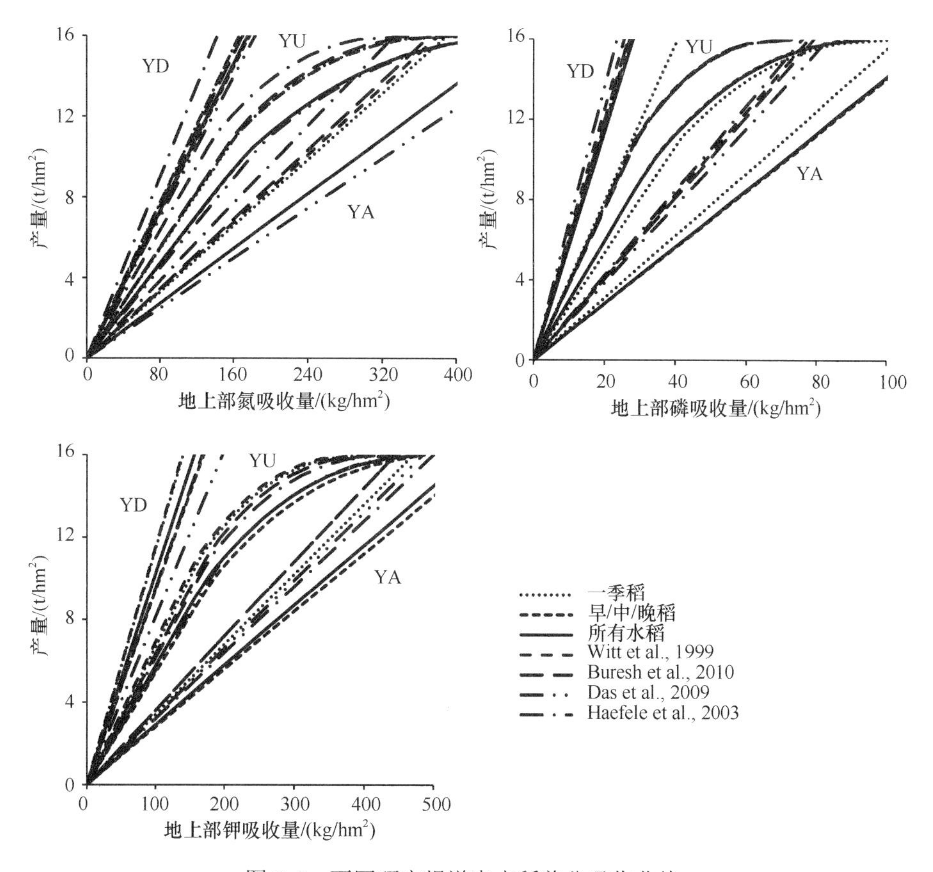

图 2-6　不同研究报道中水稻养分吸收曲线

YD、YA 和 YU 分别为地上部养分最大稀释边界、最大累积边界和最佳养分吸收曲线

因此应该使用各自的 IE 值对产量与地上部养分吸收之间的关系进行模拟。但需要注意的是各自得出的曲线是否适合于不同基因型品种，用于指导养分管理和推荐施肥仍需进行验证。2013～2014 年布置了 4 个田间试验，从不同品种、不同施肥量和不同施肥措施角度验证对 QUEFTS 模型的适用性。

1）试验 1：早稻品种和氮肥用量试验（2013 年）

试验目的：检验不同早稻品种和氮肥用量是否适合 QUEFTS 模型的标准函数。

试验地点：江西省进贤县张公镇老王村（东经 116°20′24″，北纬 28°15′30″）。

供试品种：湘早籼 45、嘉早 211、嘉育 948、嘉育 173、湘中 143、中选 181、中早 16、中早 25、赣早 56、温 229、株两优 819、潭两优 83、五丰优 623、淦鑫 203、德农 88、中嘉早 17、株两优 609、两优 6 号、赣早籼 54、优 I 156、福 501、R402、223 共 23 个早稻品种。

试验处理：三个氮肥用量处理分别为 0kg N/hm^2、135kg N/hm^2 和 165kg N/hm^2，分别记作 N0、N135 和 N165，磷肥和钾肥的施用量分别为 90kg P_2O_5/hm^2 和 150kg K_2O/hm^2。土壤基础理化性质见表 2-14。

2）试验 2：一季稻品种试验（2013～2014 年）

试验目的：检验不同一季稻品种是否适合 QUEFTS 模型的标准函数。

表 2-14　试验土壤基础理化性质

试验	年份	pH	有机质/（g/kg）	全氮/（g/kg）	全磷/（g/kg）	全钾/（g/kg）	有效磷/（mg/kg）	速效钾/（mg/kg）
1	2013	5.4	24.4	1.41	0.82	16.6	37.7	181.1
2	2013	6.2	33.3	1.72	0.51	27.5	20.8	211.0
	2014	6.3	28.7	1.62	0.54	22.5	21.9	161.7
3	2013	6.3	24.4	0.94	0.79	18.8	23.7	119.6
4	2013	6.3	24.4	0.94	0.79	18.8	23.7	119.6

试验地点：吉林省松原市前郭尔罗斯蒙古族自治县（以下简称前郭县）红光农场（东经 124°7′11″，北纬 44°46′37″）。

试验品种：2013 年的为通禾 867、通院 9 号、同系 938、通禾 858、通禾 855、同科 27、吉农大 603、吉农大 505、吉农大 809、吉农大 815、吉农大 31、九稻 69、九稻 62、九稻 44、九稻 39、九稻 58、九稻 70、吉粳 511、吉粳 810、吉粳 512、吉粳 809、平安粳稻 11 号、平粳 7 号、高霞 3 号、松 820、松 03-378 共 26 个品种。2014 年的为吉粳 511、吉粳 512、吉粳 81、吉粳 88、吉粳 809、吉粳 810、九稻 72、九稻 68、沈农 7、长白 20、长白 23、长白 25、长选 14、吉农大 809、稼瑞 704、东稻 4 共 16 个品种。

试验处理：2013 年只有一个施肥处理，施肥量为 210kg N/hm^2、110kg P_2O_5/hm^2 和 180kg K_2O/hm^2。2014 年有两个处理，为不施肥处理和施肥处理，施肥处理的施肥量为 200kg N/hm^2、100kg P_2O_5/hm^2 和 120kg K_2O/hm^2。土壤基础理化性质见表 2-14。

3）试验 3：一季稻氮肥用量试验（2013 年）

试验目的：应用 QUEFTS 模型检验氮肥用量合理性。

试验地点：吉林省松原市前郭县红光农场。

试验处理：共设 5 个氮肥用量处理，施氮量分别为 0kg N/hm^2、60kg N/hm^2、120kg N/hm^2、180kg N/hm^2 和 240kg N/hm^2，分别记作 N0、N60、N120、N180 和 N240，各处理磷肥和钾肥用量相同，分别为 100kg P_2O_5/hm^2 和 120kg K_2O/hm^2。土壤基础理化性质见表 2-14。

4）试验 4：一季稻氮肥施用比例试验（2013 年）

试验目的：应用 QUEFTS 模型验证氮肥施肥策略合理性。

试验地点：吉林省松原市前郭县红光农场。

试验处理：共设 6 个处理，各处理的施肥量一致，为 180kg N/hm^2、100kg P_2O_5/hm^2 和 120kg K_2O/hm^2，各处理的施肥比例和各生育期施肥量见表 2-15。试验 4 和试验 3 在同一地块进行，其基础土壤理化性质见表 2-14。

表 2-15　不同处理氮肥施用时期和施用量

试验处理	施 N 量/（kg/hm^2）			
	基肥	分蘖期	孕穗期	灌浆期
N0	0	0	0	0
N180（1∶0）	90	0	0	90
N180（1∶1）	90	90	0	0
N180（5∶3.5∶1∶0.5）	90	63	18	9
N180（3∶4∶3）	54	72	54	0
N180（2.5∶3.5∶2∶2）	45	63	36	36

每个试验采用随机完全区组排列，每个处理三次重复，小区面积 30～35m^2。试验 1 的移栽密度为 20cm×20cm，试验 2、试验 3 和试验 4 的移栽密度相同，为 29.7cm×16.5cm。试验 1 的播种日期为 3 月 23 日，收获日期为 7 月 20 日。试验 2、试验 3 和试验 4 的播种日期为 4 月 22 日，收获日期为 9 月 30 日。除试验 4 外，其余三个试验的氮肥分三次施用，分别为基肥、分蘖肥和孕穗肥，施肥比例为 4∶3∶3。钾肥分两次施用，分别为基肥和孕穗肥，且施用比例为 1∶1。所有的磷肥及氮肥和钾肥的基肥部分在移栽前施入土壤，其余追肥的氮肥和钾肥为表面撒施。

品种试验用于评估 QUEFTS 模型得出的标准函数方程是否适用于不同水稻品种（试验 1 和试验 2）。试验 1 的结果表明在没有氮肥施用的情况下（N0），数据点的分布接近于最大稀释边界（图 2-7a），然而当施氮量由 135kg N/hm^2（N135）增加到 165kg N/hm^2（N165）时，数据点逐渐接近最佳养分吸收曲线。虽然 N135 处理的产量要高于 N0 处理，但施氮量 165kg N/hm^2 时对于该试验地块似乎更加合理。

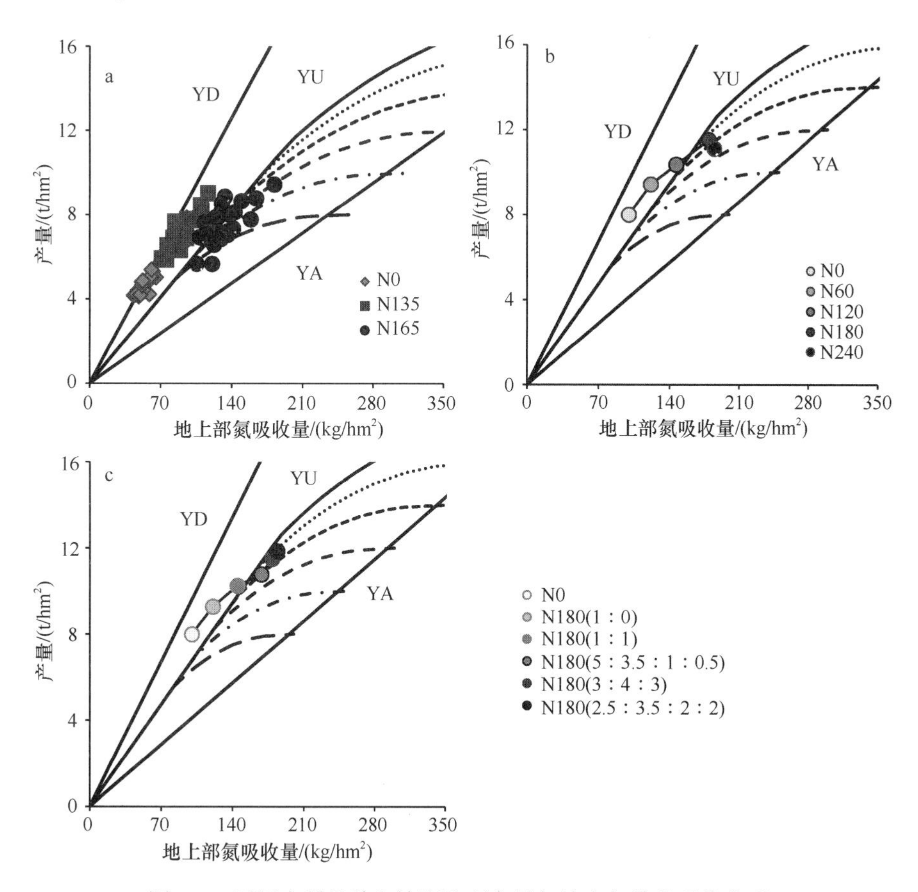

图 2-7　不同水稻品种和施肥处理产量与地上部养分吸收关系

a、b 和 c 数据分别来自于试验 1、试验 3 和试验 4。产量与养分吸收关系曲线分别使用各自的模拟曲线。YA、YD 和 YU 分别为地上部养分最大累积边界、最大稀释边界和最佳养分吸收曲线

水稻产量随着氮肥施用量的增加呈现先增加后降低的趋势（图 2-7b）。从试验 3 中得出当氮肥用量超过养分需求时就会出现奢侈吸收，数据点偏离最佳养分吸收曲线并接

近于最大累积边界。结果表明 QUEFTS 模型可以用于评估施肥量是否过量或者缺乏，可以确定某一田块的肥料用量是否合理。除此之外，QUEFTS 模型还可以用于检验养分管理策略。从试验 4（图 2-7c）的结果得出，合理的氮肥施用比例和施肥次数可以增加产量、氮素吸收和收获指数，并且数据点靠近最佳养分吸收曲线。N180（2.5∶3.5∶2∶2）处理得到了最高产量和地上部氮素吸收，分别为 11.9t/hm^2 和 184kg N/hm^2，与 N180（1∶0）处理（产量和氮素吸收分别为 9.3t/hm^2 和 121kg N/hm^2）相比分别增加了 28%和 52%。且 N180（2.5∶3.5∶2∶2）与其他处理相比，氮素回收率增加了 2.8～34.9 个百分点。结果进一步确定了 QUEFTS 模型估测的不同目标产量下的养分需求是平衡养分吸收。

从试验 2 可以看出，在不施肥情况下，N 和 P 的数据点接近最大稀释边界，处于亏缺状态（图 2-8d，图 2-8e）。在施肥处理下多数品种的养分接近最佳养分吸收（图 2-8a，图 2-8b，图 2-8d，图 2-8e），而有些品种 P 的养分吸收出现奢侈吸收。然而，K 的养分吸收接近于最大累积边界（图 2-8c，图 2-8f），这与施肥量和土壤养分含量密切相关，2013 年试验的施钾量和土壤速效钾含量分别为 180kg K_2O/hm^2 和 211.0mg/kg，而 2014 年的分别为 120kg K_2O/hm^2 和 161.7mg/kg，高的施钾量和土壤速效钾含量导致了水稻对钾的奢侈吸收。不同水稻品种的产量和 IE 值存在很大差异，但在合理施肥的情况下不同的水稻品种适用于 QUEFTS 模型。

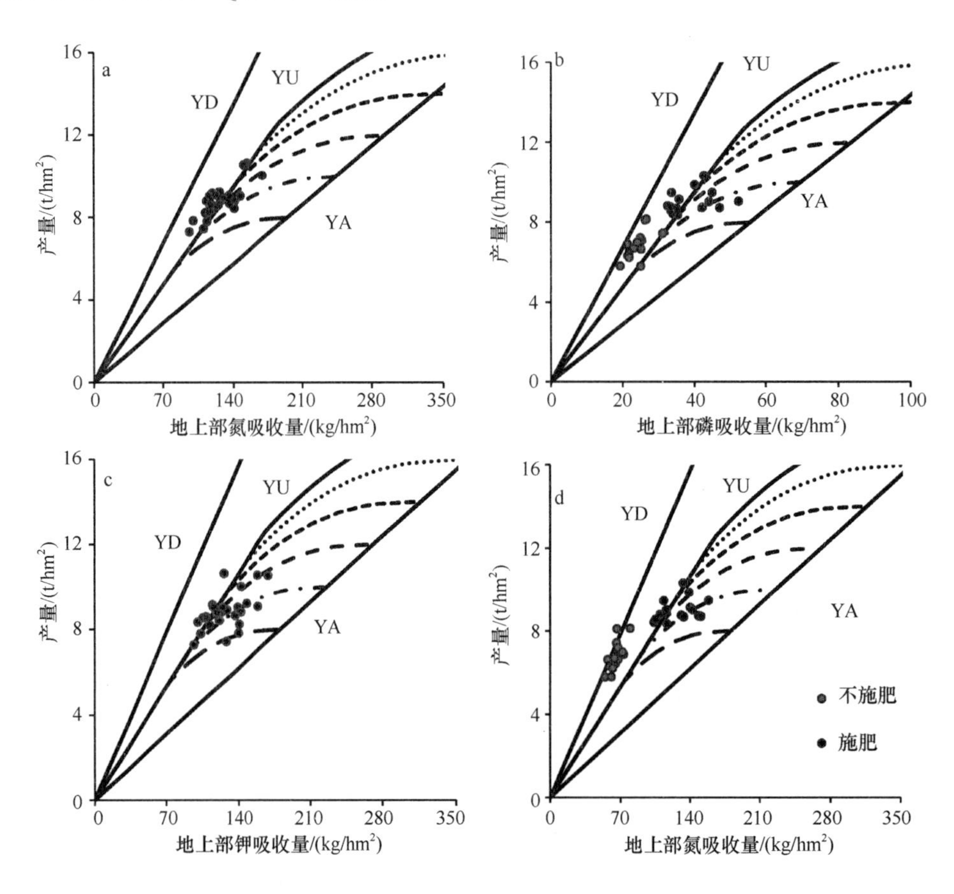

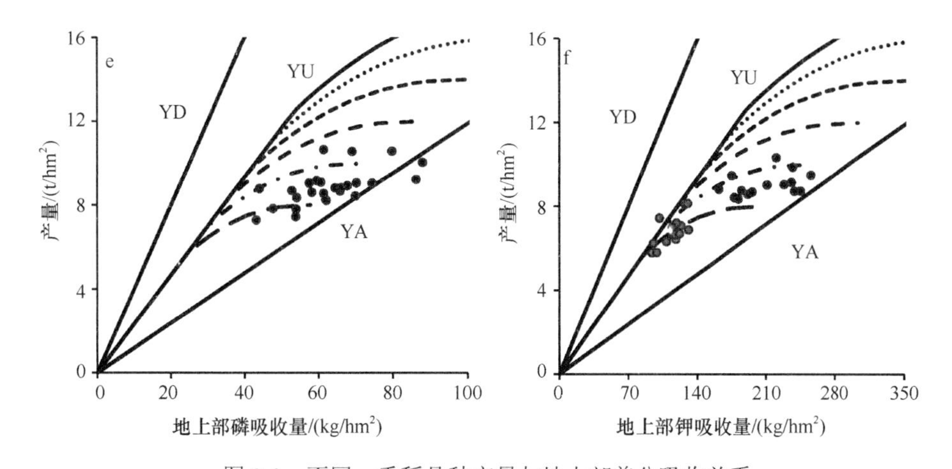

图 2-8　不同一季稻品种产量与地上部养分吸收关系

数据来自于试验 2。a～c 为 2013 年试验，d～f 为 2014 年试验。产量与养分吸收关系曲线使用一季稻模拟曲线。YA、YD 和 YU 分别为地上部养分最大累积边界、最大稀释边界和最佳养分吸收曲线

QUEFTS 模型适用于不同水稻品种。当前高产水稻品种间产量和养分吸收存在很大差异（Saleque et al.，2004），在相同处理条件下，QUEFTS 模型可以用于检验不同品种的产量和养分内在效率（Witt et al.，1999），一些品种的产量和养分内在效率较低意味着需要更多的肥料投入才能达到目标产量，这些分析将有助于筛选高产、高效品种。此外，合理的养分管理可以使水稻产量与养分吸收之间的关系更接近 QUEFTS 模型模拟的最佳养分吸收曲线。因此可以通过 QUEFTS 模型的验证为决策者提供建议，对养分管理措施进行改善，如施肥量、施肥时间和施肥比例等，以达到高产高效的目的。除此之外，在水稻集约化生产中，其他农艺措施如播种、灌溉、栽培技术和病虫害防治等也是必不可少的，必须融入生产管理中（Wang et al.，2007；Peng et al.，2007；Khurana et al.，2007；Alam et al.，2006）。

2.4　水稻可获得产量、产量差和产量反应

2.4.1　可获得产量与产量差

为了满足日益增长的人口对粮食的需求，粮食产量在未来数十年需要大幅增加（van Ittersum et al.，2013）。如到 2030 年，世界水稻产量需要增加到 771.1×10^6t 才能满足需求（van Nguyen and Ferrero，2006）。未来几十年里，人类将面临对粮食需求持续增加和农业环境污染不断膨胀的挑战（Godfray et al.，2010），预计从 2005～2050 年世界粮食需求需要增加 100%～110%（Tilman et al.，2011）。探讨可获得产量及产量差有助于确定粮食产量目标和土地使用情况，并分析和制定农业政策和管理措施，对确定地区粮食增产潜力、农业的可持续发展至关重要（van Ittersum et al.，2013）。分析产量差有助于分析当前限制作物产量的土壤和管理等因素，并有针对性地提出解决方案和改善措施，缩小产量差（朱德锋等，2010）。我国是水稻种植大国，其水稻种植面积占世界水稻总种植面积的 20%，而稻谷总产量占世界稻谷总产量的 29%，集约化水稻生产体系在我国

粮食生产中发挥着至关重要的作用，在保障国内乃至国际粮食安全上都发挥着不可替代的作用。

可获得产量（attainable yield，Ya）即在田间或试验站的试验条件下应用当前已知的信息技术和先进的管理措施在消除产量限制因素（如养分、病虫害等）下所获得的最大产量。本研究应用试验中所获得的最高产量定义为可获得产量。而产量差（yield gap，Yg）则依据可获得产量进行计算。可分为基于农民施肥措施的产量差（Ygf）和基于空白处理的产量差（Ygck）。Ygf 为 Ya 与农民产量（Yf）之间的产量差，Ygck 为 Ya 与不施肥处理产量（Yck）之间的产量差。分析产量差的数据不仅包含了仅含有养分吸收的数据，还包含了没有养分吸收的产量数据，共计 2218 个田间试验，数据涵盖范围更广，更具有代表性。具体样点分布见图 2-1，试验点具体描述见 2.1.1。

Meta 分析是对具有相同研究目的的多个独立研究结果进行系统分析、定量综合的一种研究方法，在分析大数据差异中发挥了重要作用，其使用卡方检验对所有合并的分析效应值进行异质性检验，如果异质性结果 P 值小于 0.1，则认为在统计上具有显著的异质性，选择随机效应模型计算结合效应值。如果分析结果的结合效应值 95%置信区间与 0 不重叠，说明不同处理间对产量有统计学差异（$P<0.05$）。数据包括不同处理的平均产量、试验数和标准差。

应用科克伦协作网（牛津大学，英国）的 Revman 5.0 软件对产量差分析结果得出所有试验优化施肥管理水稻 Ya 平均为 8.5t/hm^2，显著高于农民习惯施肥产量 Yf，高 0.6t/hm^2（$P<0.000\ 01$）（图 2-9a）。与农民习惯施肥相比，优化施肥管理提高了有效穗数、穗粒数和结实率等（表 2-16），有助于提高产量，平均提高了 7.2%，变化范围为 5.2%～11.1%，其中有 20.2%的 Ygf 超过了 1.0t/hm^2。四种种植类型水稻间的 Ygf 差异不显著（$P=0.22$），早稻、晚稻、中稻和一季稻的 Ygf 分别为 0.4t/hm^2、0.8t/hm^2、0.6t/hm^2 和 0.7t/hm^2，采用 SAS 软件中最小显著差异法分析得出四种种植类型水稻的 Ya 都显著地高于 Yf（$P<0.001$）。中稻和一季稻产量要显著高于早稻和晚稻（表 2-16），种植制度和生长周期是中稻和一季稻高产的主要原因，其生长周期比早稻和晚稻长 20～30 天。

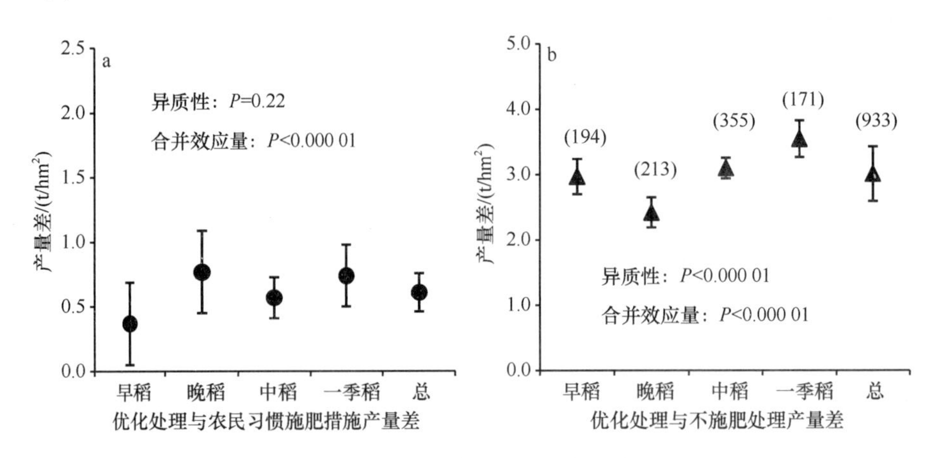

图 2-9 不同种植类型水稻产量差

误差线为 95%置信区间，产量差的合并效应值检验在 0.05 概率水平，异质性检验在 0.1 概率水平，括号中数字为试验样本数

表 2-16　四种种植类型水稻优化养分管理处理（OPT）和农民习惯施肥处理（FP）产量及其构成因子、养分吸收和施肥量

参数	早稻		中稻		晚稻		一季稻	
	OPT	FP	OPT	FP	OPT	FP	OPT	FP
试验数	339	105	958	293	442	92	479	151
籽粒产量/（t/hm^2）	7.5	7.1	8.9	8.3	7.7	6.9	9.1	8.4
秸秆产量/（t/hm^2）	6.2	5.5	9.0	8.4	7.0	5.5	7.9	7.0
施氮量/（kg/hm^2）	156	159	215	249	178	183	186	190
施 P_2O_5 量/（kg/hm^2）	72	67	83	74	67	50	92	76
施 K_2O 量/（kg/hm^2）	123	95	123	92	127	81	105	55
氮素吸收/（kg/hm^2）	139.3	113.1	177.4	176.9	141.8	101.8	152.6	136.7
磷素吸收/（kg/hm^2）	24.3	23.7	35.1	32.4	29.5	25.1	37.2	34.7
钾素吸收/（kg/hm^2）	152.7	139.1	205.8	210	162.3	130.6	143.8	124.8
株高/cm	98.1	93.3	107.9	111.6	104.8	98.6	95.2	96.4
穗长/cm	21.4	19.3	21.8	21.0	23.0	21.0	17.5	17.2
有效穗数/（个/m^2）	294	290	275	269	281	238	436	431
穗粒数/个	122	121	146	136	136	133	105	95
千粒重/g	26.1	26.0	27.3	27.0	26.1	26.3	25.9	24.9
结实率/%	81.9	79.9	84.7	83.2	83.7	81.5	85.5	83.7

对四种种植类型水稻不施肥处理产量（Yck）进行 ANOVA 分析得出，四种种植类型水稻 Yck 间具有显著差异（$P<0.001$），早稻、晚稻、中稻和一季稻的 Yck 分别为 $4.5t/hm^2$、$5.3t/hm^2$、$5.8t/hm^2$ 和 $5.6t/hm^2$（图 2-9b）。气候和土壤肥力的差异导致了土壤基础产量的差异，同时导致了 Ygck 间的差异（$P<0.000\ 01$）。早稻、晚稻、中稻和一季稻的 Ygck 分别为 $3.0t/hm^2$、$2.4t/hm^2$、$3.1t/hm^2$ 和 $3.5t/hm^2$，四种种植类型水稻 Ygck 平均为 $3.0t/hm^2$。

分析水稻产量差有助于决策者分析和形成农业政策和作物管理措施。集约化水稻生产体系在我国是非常重要的粮食生产系统，在保障粮食安全方面发挥着非常重要的作用。高产品种、综合方法和优化管理措施等显著地提高了水稻产量（Alam et al.，2013；Pampolino et al.，2007；Wang et al.，2007）。随着各种信息技术不断地在农业领域得到应用，各种有助于增产的耕作栽培管理技术及高产品种不断涌现。研究表明“超高产”杂交水稻比普通的常规和杂交水稻品种表现出更高的产量潜力，因为“超高产”杂交水稻品种选用了理想株型，具有杂种优势（Huang et al.，2011；Zhang et al.，2009；Zhang，2007）。一些推荐施肥和养分管理方法已经成熟，如实地氮肥管理技术就是结合叶绿素仪或叶色卡等对氮素进行管理并决定氮肥用量和提高水稻产量的方法（Huang et al.，2008；Peng et al.，2008；Jing et al.，2007；Wang et al.，2007）。然而，低效的作物和养分管理措施在农民习惯施肥措施中非常普遍。与农民习惯施肥措施相比，优化管理通过改善作物产量构成因子、株型特征和养分吸收等提高水稻产量（表 2-16），四种种植类型水稻的优化处理与农民习惯施肥措施产量差变化范围为 0.4～$0.8t/hm^2$。这是因为优化处理优化了施肥量、施肥时间、施肥比例和施肥位置，充分利用了肥料资源，以及其他适宜的作物栽培和管理措施，如品种、灌溉、移栽密度和草害、病虫害防治等。而农民习惯施肥措施很难做到这些，从而导致产量降低。综合考虑环境因素、优化施肥和作物管理措施可以阻止产量降低（Dobermann et al.，2000），研究表明超高产品种在良好的气候条件和优化管理措施下可以显著提高水稻产量（Jiang et al.，2013；Zhang et al.，2009；Zhang，2007）。比较优化管理和农民习惯施肥措施间的差异可以确定产量限制因素，并可以依据农民本身的知识网络制定和发展管理策略，进而缩小产量差（van Ittersum et al.，2013）。

可获得产量是当前可以获得的最大产量（Yengoh and Ardö，2014；Fischer and Edmeades，2010；Fischer et al.，2009）。相比潜在产量，可获得产量更能代表生产实际，是一个比较容易获得的产量参数（Mueller et al.，2012），但需要多年多点的试验数据以便获得最优的稳健估计，以确保所获得的产量能够反映典型气候变异范围（Lobell et al.，2009）。一些地区由于合适的气候、肥沃的土壤及完善的管理措施可以达到持续高产，接近或达到可获得产量。然而，在当前农民管理措施下的肥料投入已经远远超过作物需求，导致了肥料资源浪费和环境污染（Feng et al.，2013；Peng et al.，2006），同时肥料投入不平衡及不完善的管理措施导致了农民的产量往往低于试验条件下所获得的产量（Sui et al.，2013）。

计算并分析产量差有助于改善生产技术及管理措施、提高增产目标，产量差在保证粮食安全中对于制定生产策略和研究生产技术是必不可少的（van Ittersum et al.，2013；Lobell et al.，2009；van Ittersum and Rabbinge，1997）。产量差有助于分析当前限制粮食产量的因素，为作物、土壤和管理提供研究基础，进而改进生产管理措施，缩小产量差。对于集约化水稻系统，研究不同轮作体系下产量差缩小潜力是非常必要的，因为不同地区的气候、土壤及经济投入存在很大波动（van Ittersum et al.，2013；Neumann et al.，2010）。许多原因可能导致大的产量差，如生产技术、品种、养分管理等。研究表明，如果农民采用新的技术和管理措施可以显著地提高产量（Alam et al.，2013；Mueller et al.，2012；Khurana et al.，2007），进而缩小产量差。

2.4.2 相对产量和产量反应

产量反应（yield response，YR）即可获得产量与对应减素处理产量的产量差，施 N、施 P 和施 K 产量反应分别用 YRN、YRP 和 YRK 表示。YR 是施肥所增加的产量，是平衡施肥需要考虑的重要参数之一。YR 不仅可以反映土壤基础养分供应状况，还可以反映施肥效应情况。从收集的试验数据结果中得出，本研究中具有较高的 YRN，平均为 2.4t/hm^2（图 2-10a），其中有 77.8%的 YRN 位于 1.0～4.0t/hm^2（图 2-9d）。施用磷肥和钾肥的平均 YR 分别为 0.9t/hm^2 和 1.0t/hm^2（图 2-10b，图 2-10c），约有 80.5%的 YRP 和 82.1%的 YRK 低于 1.5t/hm^2（图 2-10e，图 2-10f）。氮素仍然是产量的首要限制因子。

然而，Meta 分析结果显示不同种植类型水稻间的 YRN（P<0.000 01）和 YRP（P=0.002）存在显著差异，而 YRK（P=0.86）间无显著差异（图 2-10a～图 2-10c）。一季稻的 N、P 和 K 的 YR 高于其他种植类型水稻，分别为 2.9t/hm^2、1.3t/hm^2 和 1.1t/hm^2。早稻的 N、P 和 K 的 YR 分别为 2.1t/hm^2、0.9t/hm^2 和 1.0t/hm^2，晚稻的分别为 1.9t/hm^2、0.6t/hm^2 和 0.9t/hm^2，中稻的分别为 2.6t/hm^2、0.9t/hm^2 和 1.0t/hm^2。肥料的增产效应对生育期长的水稻类型似乎更加明显。晚稻的 YR 最低，尤其是 YRP，这可能与晚稻季在移栽前土壤中较高的 P 含量有关（图 2-10b）。

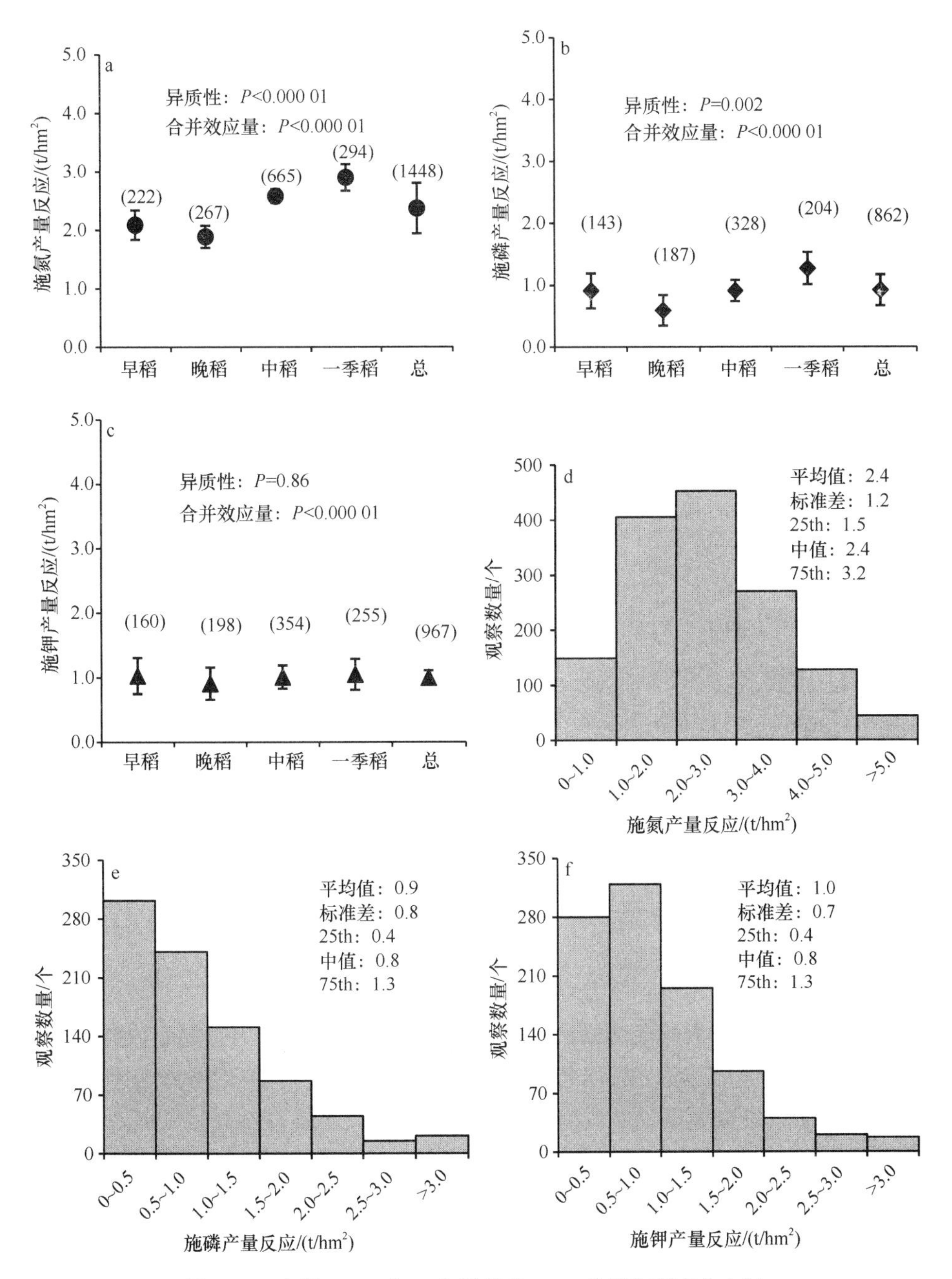

图 2-10　水稻 N、P 和 K 产量反应 Meta 分析和频率分布图

误差线为 95%置信区间，产量反应的合并效应值检验在 0.05 概率水平，异质性检验在 0.1 概率水平

相对产量（relative yield，RY）定义为减素处理作物籽粒产量与可获得产量的比值。RY 是依据可获得产量和产量反应计算得出的一种农学参数。结果分析显示（图 2-11），水稻平均 N、P 和 K 的 RY 分别为 0.71（n≈1448）、0.89（n≈862）和 0.89（n≈967）。RYN 低于 0.80 的占全部观察数据的 73.6%，而 P 和 K 的 RY 高于 0.80 的分别占全部观察数据的 87.0%和 85.8%。氮肥的增产效果最为明显，其中有 45.9%的观察数据增产效果达到了 30%以上，而磷肥和钾肥的增产效果低于 10%的分别占全部观察数据的 53.4%和 52.9%。

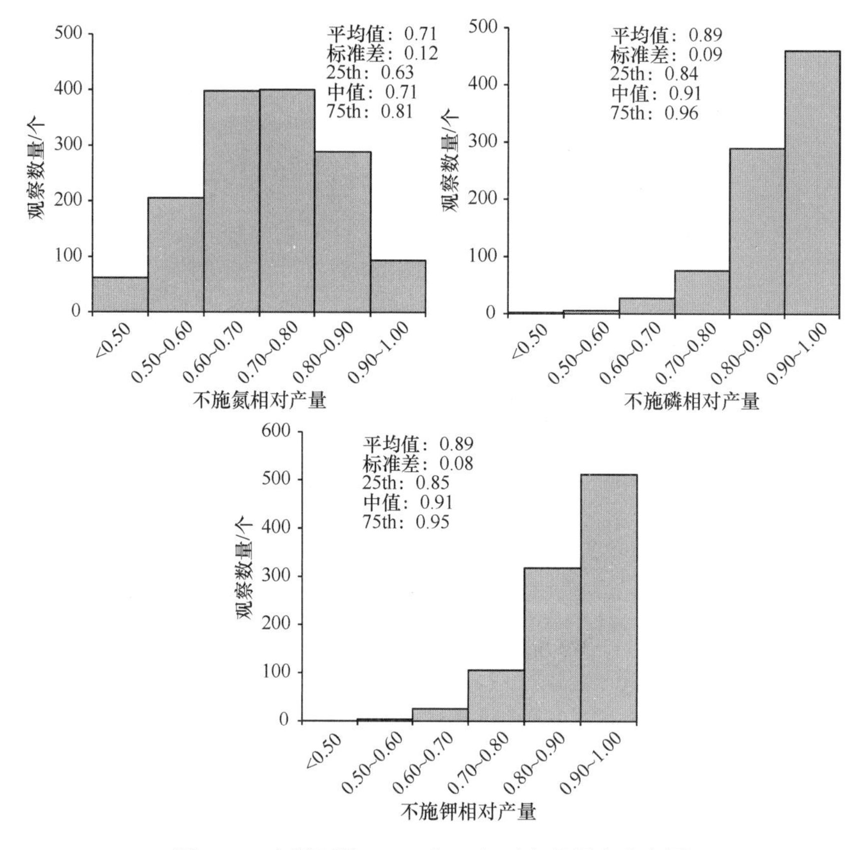

图 2-11 水稻不施 N、P 和 K 相对产量频率分布图

2.4.3 产量反应与相对产量的关系

水稻养分管理专家系统后台数据库包含了十几年的田间试验数据，其利用作物的生长环境、各种土壤肥力指标（质地、颜色、有机质含量和障碍因子等）、作物轮作体系及当前作物产量等信息确定土壤养分的供应能力。在水稻养分管理专家系统中，应用相对产量的大小来表示土壤基础养分供应能力，进而确定产量反应，因为 RY 与 YR 呈显著的线性负相关（图 2-12），N、P 和 K 的 RY 与 YR 关系的相关系数（r^2）分别达到了 0.845（n≈1448）、0.929（n≈862）和 0.888（n≈942）（图 2-12）。

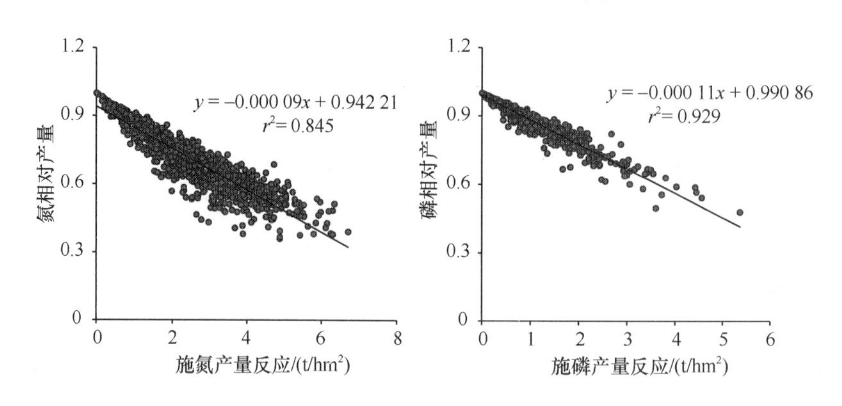

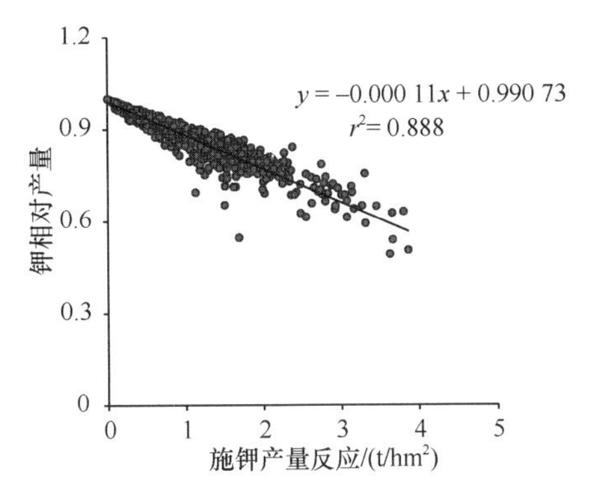

图 2-12　水稻相对产量与产量反应关系

2.5　水稻土壤养分供应、产量反应和农学效率的关系

2.5.1　土壤基础养分供应

土壤基础养分供应定义为土壤在不施某种养分而其他养分供应充足条件下土壤中该种养分的供应能力。土壤基础 N、P 和 K 养分供应分别用 INS、IPS 和 IKS 表示。土壤基础养分供应反映的是土壤中某种养分最基本的养分供应能力。本研究中土壤基础养分供应的计算方法是将所有土壤本体养分和外界环境带入土壤中的养分来源看作一个黑箱，通过不施某种养分处理的作物地上部养分吸收表示。产量反应与土壤基础养分供应间呈显著的负相关关系。所有试验点中，平均 INS、IPS 和 IKS 分别为 91.3kg/hm^2（n≈821）、27.5kg/hm^2（n≈242）和 135.9kg/hm^2（n≈288）。INS 位于 50～125kg/hm^2 的占全部观察数量的 84.4%，而超过 100kg/hm^2 的占全部观察数量的 37.5%（图 2-13a）。IPS 位于 10～40kg/hm^2 的占全部观察数量的 86.8%（图 2-13b）。IKS 超过 100kg/hm^2 的占全部观察数量的 74.0%（图 2-13c）。

虽然不施某种养分的处理作物养分吸收随着土壤养分含量增加而增加，但土壤碱解氮与 INS、有效磷与 IPS，以及速效钾与 IKS 间的相关性较弱，数据分布比较分散（图 2-13d～图 2-13f），因此依据土壤养分测试值进行水稻推荐施肥时，需要选择合适的施肥指标以建立良好的相关关系。

土壤基础养分供应与施肥历史、环境带入的养分量（如灌溉、干湿沉降等）及种植制度等密切相关。研究表明，不同种植类型水稻的土壤基础养分供应间存在显著差异（图 2-14）。中稻具有最高的土壤基础养分供应（INS、IPS 和 IKS），分别为 98.2kg/hm^2、28.1kg/hm^2 和 163.8kg/hm^2。早稻的 INS、IPS 和 IKS 分别为 86.5kg/hm^2、24.3kg/hm^2 和 130.1kg/hm^2，晚稻的分别为 81.1kg/hm^2、27.0kg/hm^2 和 128.6kg/hm^2，一季稻的分别为 85.8kg/hm^2、31.3kg/hm^2 和 108.5kg/hm^2。

2.5.2　产量反应与土壤基础养分供应的相关关系

在水稻养分专家系统中，在已进行过相关试验的区域，产量反应可以借鉴试验结果

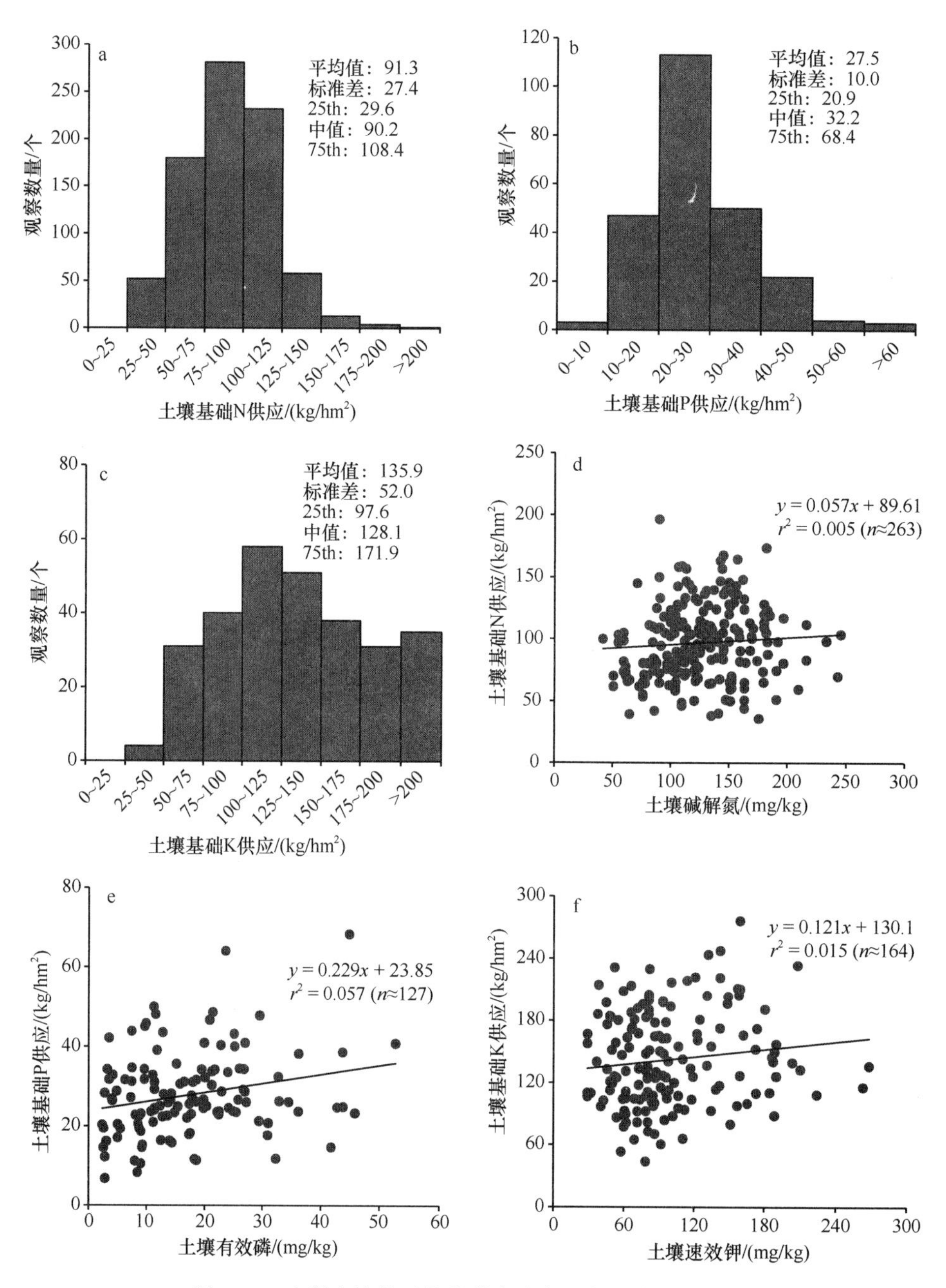

图 2-13 水稻土壤基础养分供应分布及与土壤养分关系

中的产量反应数据，可以直接填入系统。而对于没有进行过减素试验的地块，可以依据供试地块的基本信息，包括生长环境和土壤肥力因子等（土壤质地、有机质含量、土壤磷钾测试值、有机肥的施用历史）确定土壤基础养分供应低、中、高等级，对产量反应进行估算（图 2-15）。其主要是依据大量的田间试验数据对相对产量进行分级，确定不同土壤基础养分供应所对应的相对产量等级，由此计算得出产量反应（表 2-17）。

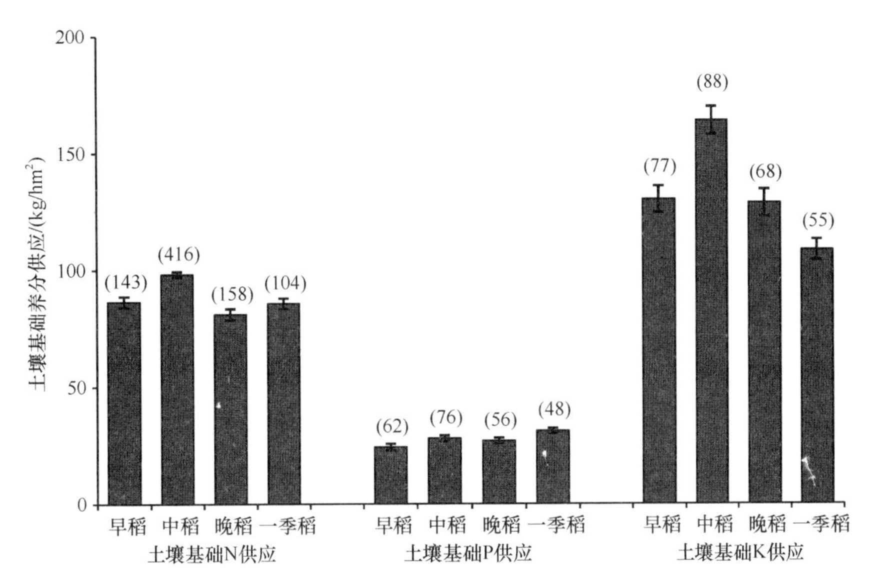

图 2-14　不同种植类型水稻土壤基础 N、P 和 K 养分供应量

误差线为标准误，括号中数字为试验样本数

表 2-17　不同种植类型水稻相对产量和农学效率参数分级表

种植类型	参数	N 相对产量	P 相对产量	K 相对产量	N 农学效率/（kg/kg）	P 农学效率/（kg/kg）	K 农学效率/（kg/kg）
早稻	*n*	222	143	160	222	143	160
	25th	0.62	0.82	0.83	9.5	6.5	3.6
	中值	0.70	0.89	0.89	14.1	11.3	7.6
	75th	0.80	0.95	0.94	18.8	20	11.5
中稻	*n*	665	328	354	665	328	354
	25th	0.63	0.85	0.85	9.3	4.7	4.1
	中值	0.70	0.91	0.91	12.8	10.1	7.3
	75th	0.80	0.95	0.95	15.9	17.2	12.3
晚稻	*n*	267	187	198	267	187	198
	25th	0.68	0.88	0.86	6.8	4.3	2.8
	中值	0.75	0.93	0.91	10.1	8.6	5.5
	75th	0.83	0.97	0.95	14.1	15.2	9.1
一季稻	*n*	294	204	255	294	204	255
	25th	0.57	0.83	0.86	9.9	3.7	3.9
	中值	0.70	0.89	0.90	14.4	8.7	7.3
	75th	0.81	0.96	0.94	20.5	17.4	12.8
所有水稻	*n*	1448	862	967	1448	862	967
	25th	0.63	0.84	0.85	8.6	4.3	3.7
	中值	0.71	0.91	0.91	12.8	9.9	6.9
	75th	0.81	0.96	0.95	16.5	17.5	11.5

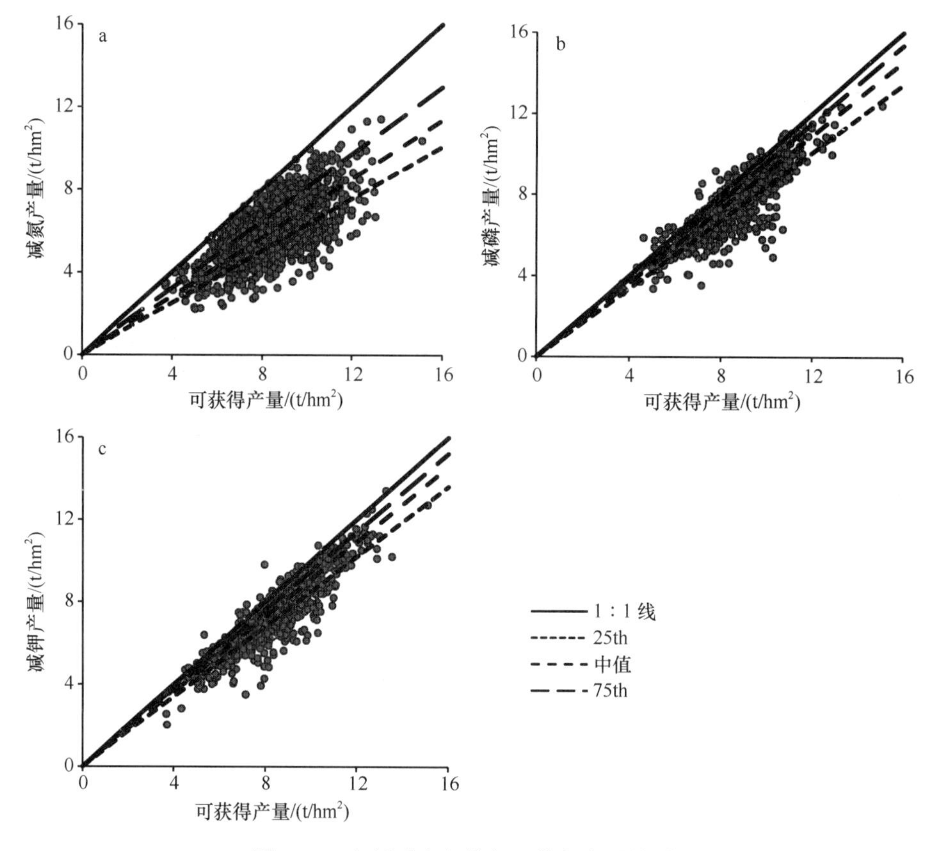

图 2-15 水稻减素产量与可获得产量关系

2.5.3 产量反应与土壤速效养分的相关关系

皮尔森相关分析得出产量反应与土壤速效 N、P 和 K 间存在显著负相关。长期过量施肥导致养分在土壤中累积，进而降低产量反应（图 2-16）。随着土壤碱解氮含量升高，YRN 降低（$P<0.001$；$n\approx583$）。晚稻具有最高的土壤碱解氮含量（140.5mg/kg）和最低的 YRN（1.9t/hm^2），而一季稻有最低的土壤碱解氮含量（121.8mg/kg）和最高的 YRN（3.2t/hm^2）（图 2-16a）。YRP 和土壤有效磷含量间的关系与 N 相同（$P<0.001$；$n\approx476$）。晚稻的土壤有效磷含量最高（26.6mg/kg），YRP 最低（0.7t/hm^2），而一季稻和晚稻的有效磷含量没有差异（图 2-16b）。YRK 与土壤速效钾含量相关（$P=0.019$；$n\approx507$），不同种植类型水稻的土壤速效钾含量差异显著，但 YRK 间差异不显著（$P=0.134$）（图 2-16c）。

依据皮尔森相关分析得出土壤有机质含量与 YRN（$P<0.001$；$n\approx859$）和 YRP（$P=0.001$；$n\approx470$）呈显著负相关。晚稻具有最高的土壤有机质含量（29.7～31.2g/kg）和最低的 YR（N、P 和 K 的 YR 分别为 1.9t/hm^2、0.7t/hm^2 和 0.8t/hm^2）。虽然中稻和一季稻的土壤有机质含量显著低于早稻和晚稻（$P<0.001$），但四种种植类型水稻间的 YRK 没有差异（$P=0.168$）（图 2-16d～图 2-16f），并且土壤有机质与 YRK 间也没有显著关系（$P=0.058$；$n\approx474$）。

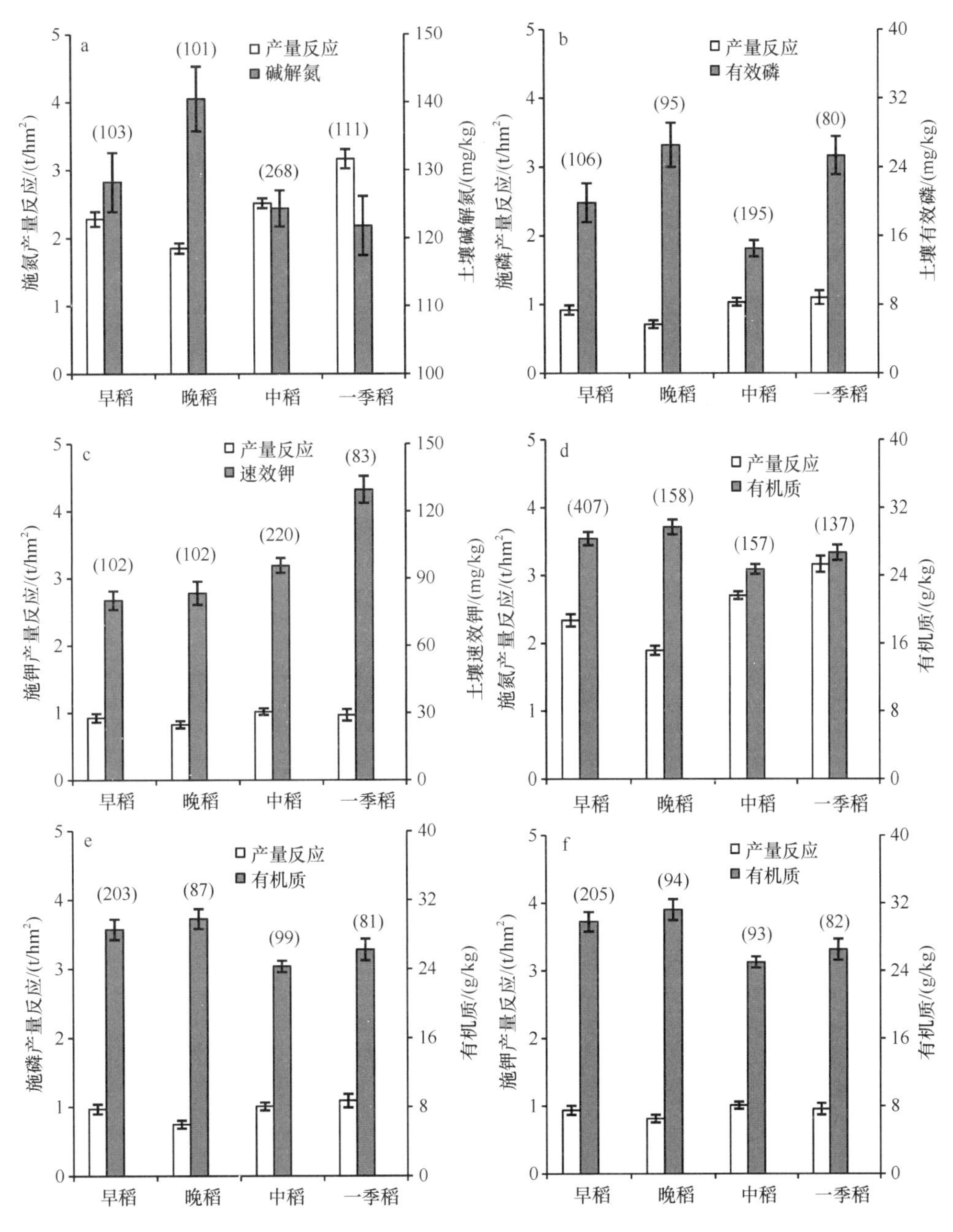

图 2-16　水稻 N、P 和 K 产量反应与土壤养分和有机质含量关系

误差线为标准误，括号中数字为试验样本数

YR 是推荐施肥的重要指标，本研究中 YR 相对较高。所有数据中，N 的 YR 要高于 P 和 K 的产量反应（图 2-10），这意味着氮素是水稻产量的首要养分限制因素。灵活的管理措施和合适的施肥量能够提高可获得产量，进而可以提高 YR。对于一个特定地块或地点，YR 依赖于气候和土壤基础养分供应（土壤本身肥力）。而土壤基础养分供应取决于土壤特性（如质地和有机质）、肥料投入、干湿沉降和前季作物养分残留等（Pampolino et al.，2012）。例如，李书田和金继运（2011）的研究显示，我国东北、

长江中下游、东南和西南地区的养分平衡氮素分别为 19.5kg N/hm^2、68.7kg N/hm^2、76.3kg N/hm^2 和 78.3kg N/hm^2，磷素分别为 35.5kg P_2O_5/hm^2、51.9kg P_2O_5/hm^2、48.5kg P_2O_5/hm^2 和 65.7kg P_2O_5/hm^2，钾素分别为–44.9kg K_2O/hm^2、–1.9kg K_2O/hm^2、26.8kg K_2O/hm^2 和 56.4kg K_2O/hm^2。长江中下游、东南和西南地区的养分平衡要明显高于东北地区。

本研究中早稻和晚稻较低的 YR 与该地区（东南地区）较高的正 N-P-K 养分平衡相对应，晚稻的高温（图 2-17）可以活化土壤养分，快速降解秸秆养分，有利于土壤养分矿化。虽然一季稻有较高的 IPS，但同时具有较高的 YRP，这可能与一季稻种植区温度较低有关，意味着生产相同的水稻产量与其他种植类型水稻相比需要更多的 P，如优化处理中一季稻地上部磷素累积量比其他三种种植类型水稻高 7.7～12.9kg P $/hm^2$。此外，增加土壤有机碳库也可以提高土壤肥力和作物生产力（Lal，2006），因为土壤有机质与产量反应间存在相关性（图 2-16）；高的土壤有机质含量可以降低产量反应，因为土壤基础养分供应与土壤有机质相关（Cassman et al.，1996a）。

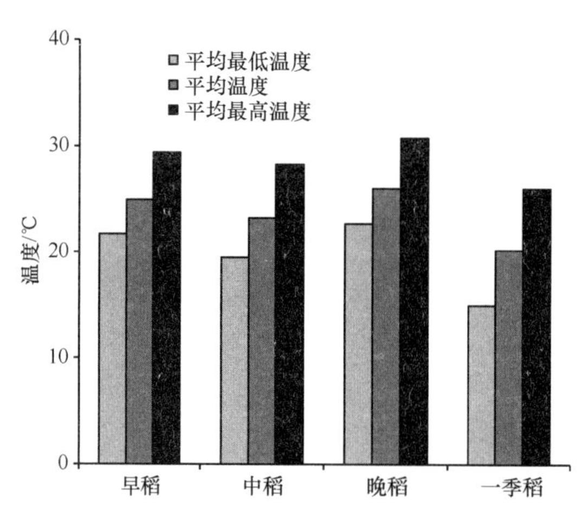

图 2-17 四种种植类型水稻生长期温度

2.5.4 产量反应与农学效率的关系

农学效率（agronomic efficiency，AE）即施用 1kg 某种养分的作物籽粒产量增量，氮、磷和钾农学效率分别用 AEN、AEP 和 AEK 表示。产量反应和相对产量反映土壤的基础养分供应能力，而农学效率反映肥料效应。施肥量、产量反应和农学效率三者间存在着紧密联系，随着施肥量不断增加，产量反应呈抛物线变化，而农学效率的变化趋势与产量反应相同。

产量反应和农学效率二者间存在着显著的二次曲线关系（图 2-18），N、P 和 K 的相关系数（r^2）分别达到了 0.640（n≈1448）、0.686（n≈862）和 0.663（n≈967）。

二者的关系式：

$$y_N = -5\times10^{-7}x_N^2 + 0.006x_N + 0.598$$
$$y_P = -9\times10^{-7}x_P^2 + 0.014x_P + 0.340$$

$$y_K=-7\times10^{-7}x_K^2+0.009x_K+0.321$$

其中，x_N、x_P 和 x_K 分别为肥料 N、P 和 K 的产量反应。

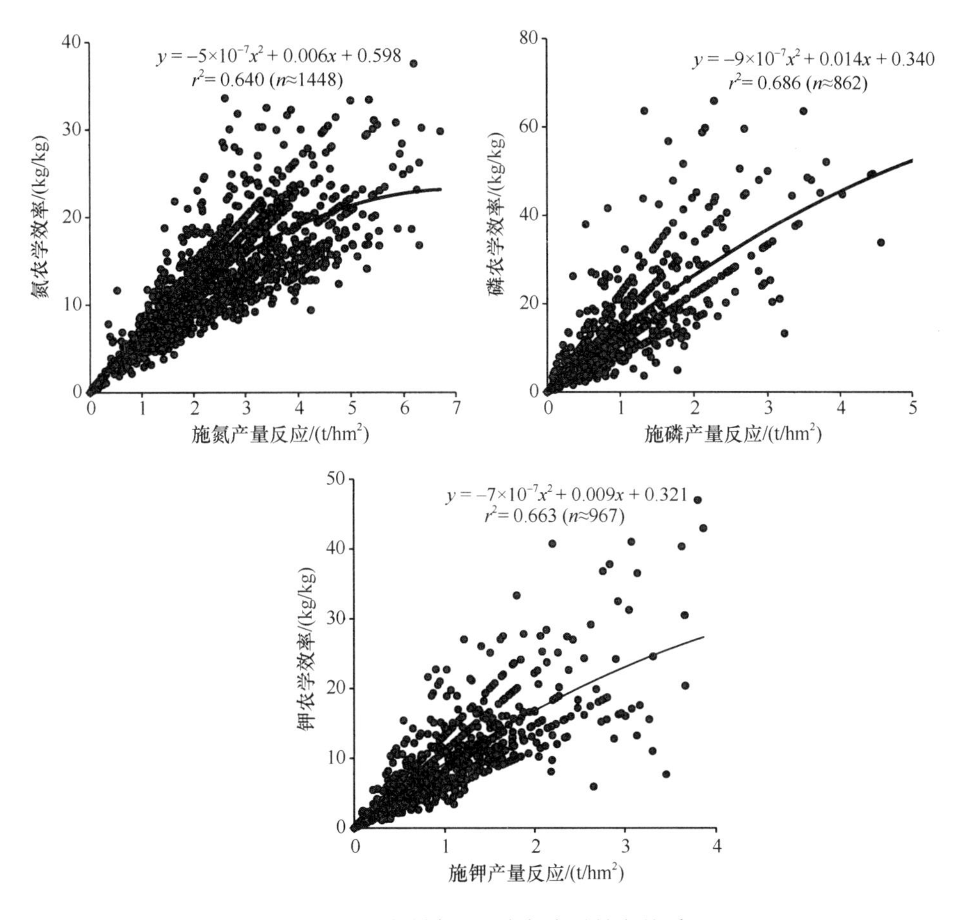

图 2-18　水稻产量反应与农学效率关系

2.6　水稻养分利用率特征

2.6.1　农学效率

中国在过去 40 年，氮肥的施用量呈直线上升，不合理施肥导致了氮肥利用率持续下降。农学效率是反映肥效的重要指标之一，在推荐施肥中是不可或缺的指标。农学效率与产量反应和施肥量有关。本研究中使用优化管理处理计算产量反应以便获得合理的农学效率。就全部数据而言，优化施肥管理的平均 AEN、AEP 和 AEK 分别为 13.0kg/kg（$n\approx1448$）、12.7kg/kg（$n\approx862$）和 8.4kg/kg（$n\approx967$），N 的农学效率低于 20kg/kg 的占全部观察数据的 87.6%，而 P 和 K 的农学效率低于 15kg/kg 的分别占所观察数据的 69.5%和 86.1%（图 2-19）。农民习惯施肥措施的平均 AEN、AEP 和 AEK 分别为 9.2kg/kg（$n\approx382$）、8.9kg/kg（$n\approx153$）和 6.4kg/kg（$n\approx170$），优化施肥管理比农民习惯施肥措施分别增加了 3.8kg/kg、3.8kg/kg 和 2.0kg/kg。

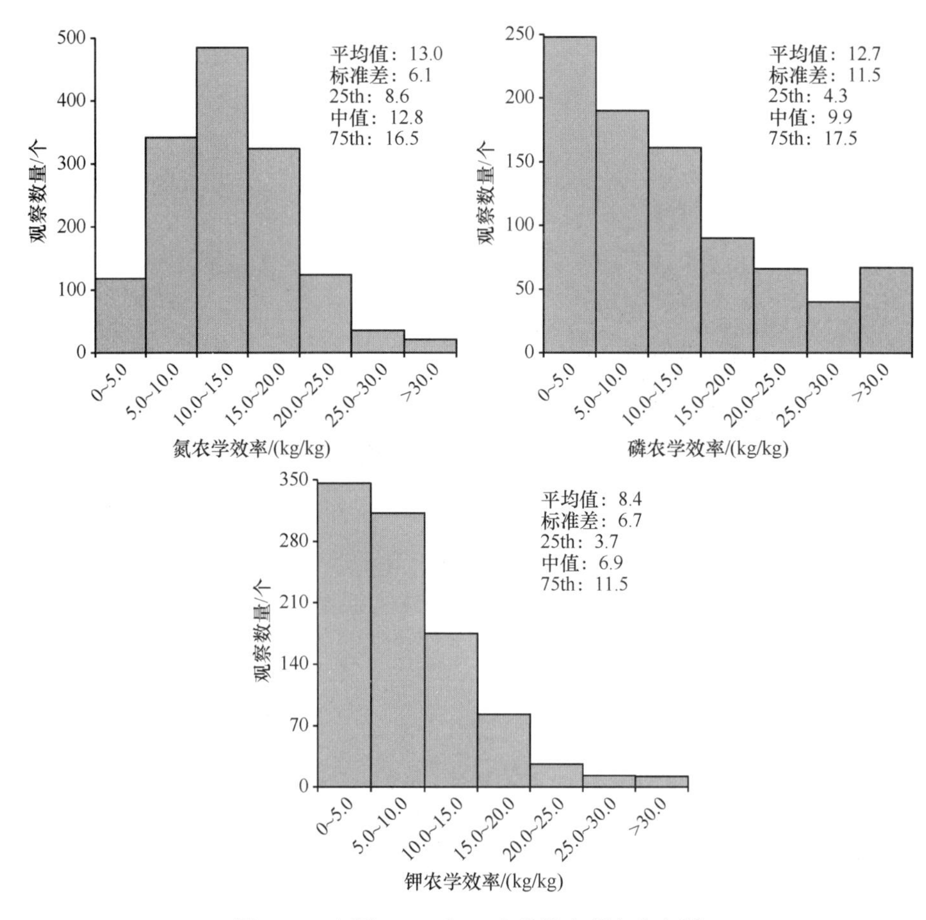

图 2-19 水稻 N、P 和 K 农学效率频率分布图

由于环境、土壤肥力和养分管理的差异，四种种植类型水稻间的氮肥利用率存在很大差异（图 2-20）。OPT 处理早稻、中稻和晚稻的 AE 都显著高于 FP 处理，AEN 分别增加了 3.6kg/kg、2.1kg/kg 和 5.1kg/kg，AEP 分别增加了 6.7kg/kg、5.9kg/kg 和

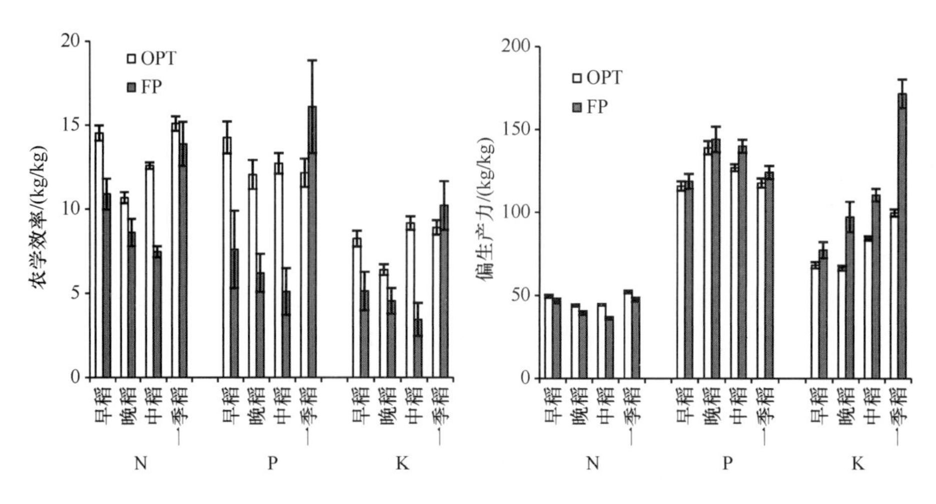

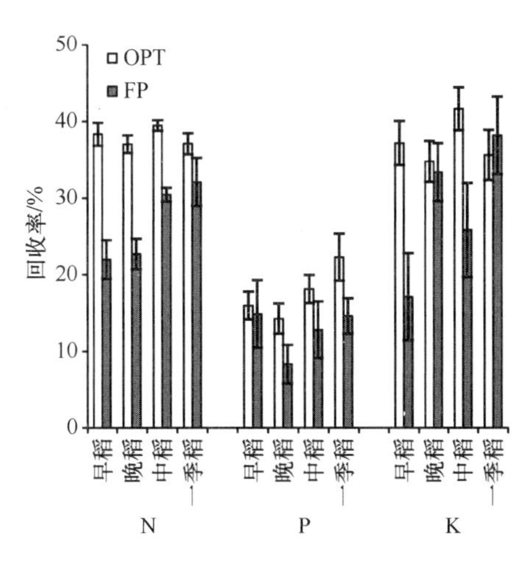

图 2-20　水稻优化施肥管理和农民习惯施肥措施养分利用率差异

误差线为标准误

7.6kg/kg，AEK 分别增加了 3.1kg/kg、1.8kg/kg 和 5.7kg/kg。而对于一季稻而言，OPT 处理的 AEN 高于 FP 处理，但 AEP 和 AEK 要低于 FP 处理，这是因为 OPT 处理的施磷量和施钾量要高于 FP 处理（表 2-16）。

2.6.2　偏生产力

偏生产力（partial factor productivity，PFP）定义为施用 1kg 某种养分对应的作物产量，N、P 和 K 的偏生产力分别用 PFPN、PFPP 和 PFPK 表示。PFP 是比较容易获得的参数。本研究中 N、P 和 K 肥的平均 PFP 分别为 46.8kg/kg、125.7kg/kg 和 81.5kg/kg。其中，PFPN 位于 20～60kg/kg 的占全部观察数据的 84.1%，PFPP 位于 60～150kg/kg 的占全部观察数据的 68.2%，而 PFPK 位于 30～90kg/kg 的占全部观察数据的 66.2%（图 2-21）。优化管理处理的 PFPN 高于 FP 处理（41.1kg/kg），但 PFPP（125.7kg/kg）和 PFPK（81.5kg/kg）低于农民习惯措施。早稻、中稻、晚稻和一季稻优化处理的 PFPN 分别比 FP 处理高 2.7kg/kg、4.5kg/kg、8.1kg/kg 和 4.7kg/kg，但各种植类型水稻的 PFPP 和 PFPK 优化处理都要低于 FP 处理，主要与施肥量有关（表 2-16），低 P 肥和 K 肥的施用导致了农民习惯措施的 PFPP 和 PFPK 高于优化管理。

2.6.3　回收率

作物养分回收率（recovery efficiency，RE）为单位面积施用某种养分的作物吸收量增量，氮、磷和钾回收率分别用 REN、REP 和 REK 表示。RE 是评价肥料施用效应的另一重要指标，直接受施肥量影响，如何在不降低产量的情况下降低施肥量进而提高养分回收率是减少资源浪费和环境污染的关键。本研究中 N、P 和 K 肥的平均 RE 分别为 38.5%、17.5%和 37.7%（图 2-22）。REN 位于 30%～50%的占全部观察数据的 54.0%，但低于 30%的则占全部观察数据的 29.3%。REP 有 79.5%的观察数据低于 30%，且低于

10%的占全部观察数据的 40.2%。REK 中大于 50%的仅占全部观察数据的 30%。

P 和 K 的优化管理有助于提高 P 和 K 养分回收率，并维持土壤肥力和作物高产。就平均值而言，优化施肥管理的 REP（17.5%）和 REK（37.7%）显著高于农民习惯施肥（12.5%和 29.1%）措施，分别增加了 5.0 个百分点和 8.6 个百分点。四种种植类型水

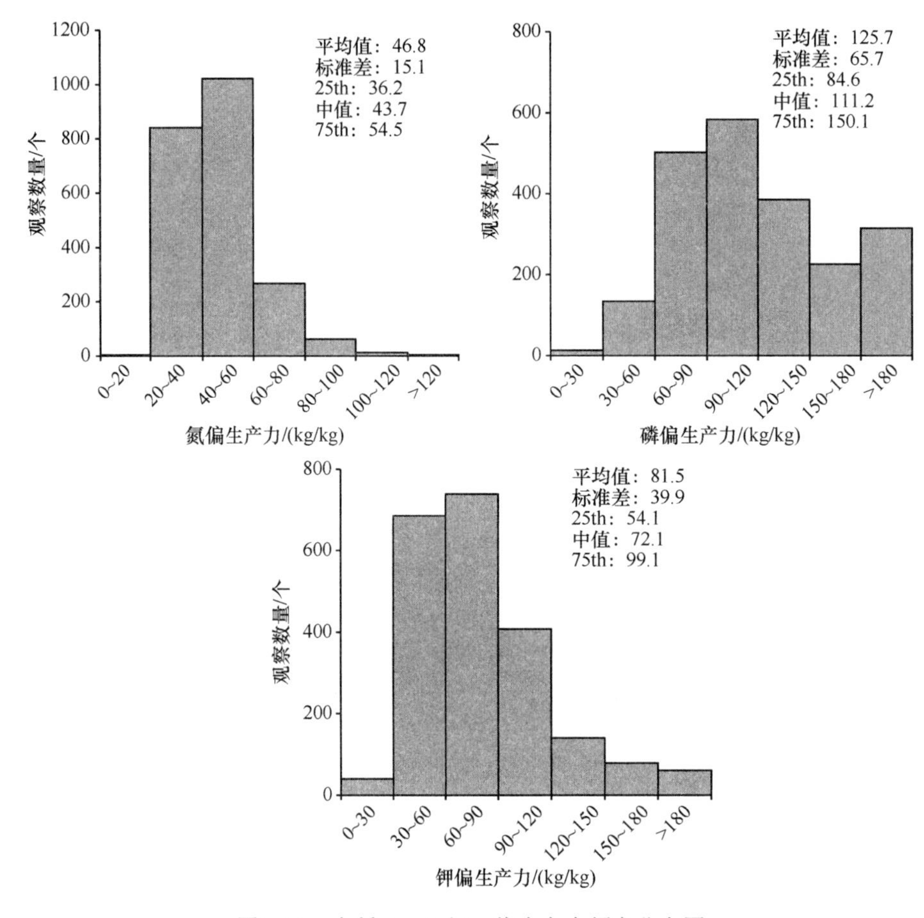

图 2-21　水稻 N、P 和 K 偏生产力频率分布图

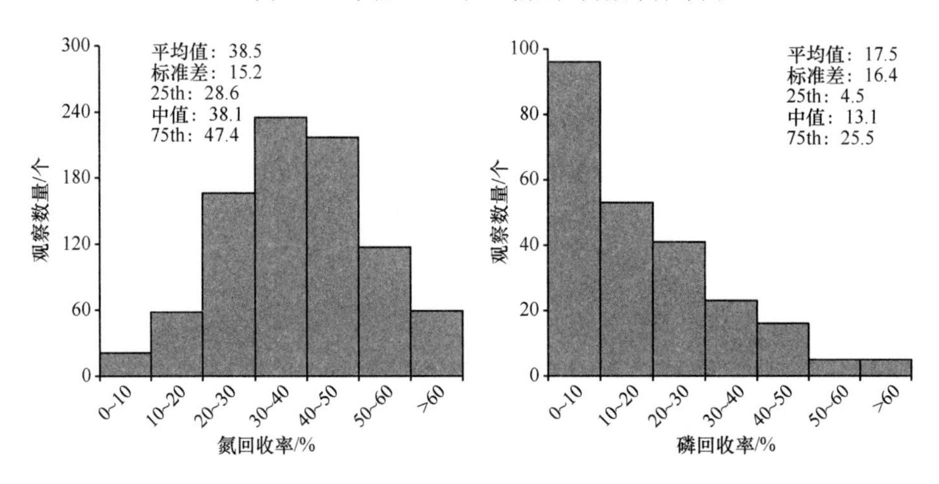

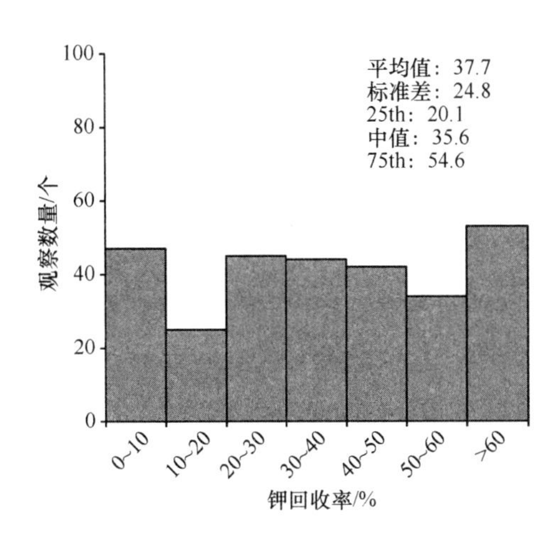

图 2-22　水稻 N、P 和 K 回收率频率分布图

稻 P 和 K 的利用率存在很大差异（图 2-20）。晚稻农民习惯措施的 REP 最低，为 8.3%；而一季稻的优化处理最高，为 22.3%。除一季稻外，优化处理的 REK 都要高于农民习惯措施。对于一季稻而言，农民习惯措施的施钾量较低（表 2-16）导致了其 REK 高于优化处理（农民习惯措施和优化管理 REK 分别为 38.2%和 35.6%），并导致了高的 AEK（10.2kg/kg）。

肥料利用率一直是公众和研究人员的关注对象之一。其中氮肥利用率是重点研究对象，已有诸多有关氮肥利用率的研究（Khurana et al.，2007；Peng et al.，2006），并且很多技术已用于提高产量和氮肥利用率（Varinderpal et al.，2010；Huang et al.，2008；Alam et al.，2006）。过量和不合理施肥均对环境产生了严重的负面影响（Zhang et al.，2013a；Ju et al.，2009；Vitousek et al.，2009），施入的氮肥和土壤中残留的氮素通过径流、挥发和反硝化等途径进入环境中，严重威胁到生态环境安全，加之不完善的管理措施，导致了低氮肥利用率（Zhang et al.，2013b）。如本研究中，优化管理的 REN 显著地高于农民习惯措施，高 10.1 个百分点，但仍低于 Ladha 等（2005）所报道的 46.0%的世界平均水平和 Dobermann（2007）提出的 50%～70%目标。高量化肥的投入也导致了养分在土壤中累积，较高的土壤 N 含量将增加 INS 和降低 YRN。然而，土壤碱解氮与 INS 间的相关性不显著，因此，完全依据土壤养分测试值对水稻进行推荐施肥仍需寻找合适的指标。

磷肥利用率同样引起了研究人员的注意，因为磷素是一种低活性和低移动性的矿质养分。大量的磷肥施用导致了我国磷素吸收/磷素投入比例仅为 45.7%，并且磷素过量［14.7kg/（hm^2·a）］（Chen et al.，2008）。由于过量的磷肥投入，土壤有效磷含量从 1980 年到 2007 年增加了 17.3mg/kg（Li et al.，2011）。高的土壤有效磷含量导致了低的 YRP 和磷肥利用率。与农民习惯措施相比，优化管理显著地提高了 REP。钾肥的投入对维持土壤肥力和作物高产水平是必需的。然而我国一些水稻种植区钾肥投入量不足，出现严重的负平衡，而且不同地区的施钾量差异较大，如本研究中一季稻的农民平均施钾量仅有 55kg K_2O/hm^2，而早稻的则是 95kg K_2O/hm^2。Dobermann（2007）显示全球在过去 20 年每年的钾素表现为负平衡，约为–60kg K/hm^2，而印度和印度尼西亚每年的钾素损失为 20～40kg K/hm^2。本研究中，一季稻种植区由于农民习惯措施的钾肥施用量较低，导致其 REK 高于优化处理，但是久而久之，如若秸秆不还田就会导致土壤钾含量不断耗竭，并最终导致土壤肥力降低。平衡施用钾肥和秸秆还田是提高土壤肥力和钾肥利用率既经济又有效的方法，因为地上部 84%的钾素吸收部位位于秸秆中。

由于土壤肥力、施肥量和管理措施的不同，四种不同种植类型水稻的养分利用率存在很大差异。如优化管理中，一季稻的 AEN 和 PFPN 最高，分别为 15.1kg/kg 和 52.2kg/kg；而中稻的 REN 最高，为 39.5%；晚稻的 AEN、PFPN 和 REN 最低，分别为 10.7kg/kg、44.0kg/kg 和 37.0%。而对于农民习惯措施而言，一季稻的 AEN、PFPN 和 REN 最高，分别为 13.9kg/kg、47.5kg/kg 和 32.1%。土壤残留养分在推荐时必须考虑，因为土壤养分含量与产量反应呈负相关关系，并影响养分利用率。矿质养分在全世界粮食生长中的贡献率至少达到三分之一，许多国家甚至达到一半（Cissé，2007）。平衡施肥应该既要维持高产，又要提高作物养分利用率。施肥的宗旨要符合 4R 原则，即选择合适的肥料种类、使用合适的用量在合适的时间施用在合适的位置，以满足作物的养分需求（Roberts，2008），并达到供需同步。然而，由于土壤类型、气候条件、轮作系统和管理措施的巨大差异，在中国水稻生产实际中很难做到。最为重要的是中国农村劳动力不断减少，当前农民管理水平与试验相比，仍有较大差距，导致了高的产量差和低的养分利用率。因此，发展针对不同地区或气候类型水稻的推荐施肥和养分管理方法是必要的。

2.7 水稻推荐施肥模型与专家系统构建

2.7.1 基于作物产量反应和农学效率方法的施肥推荐原理

作物施肥后主要通过作物产量高低来表征土壤养分供应能力和作物生产能力，因此依据作物产量反应来表征土壤养分状况是更为直接的评价施肥效应的有效方法。基于产量反应和农学效率的推荐施肥方法的原理是，用不施肥小区的养分吸收或产量水平来表征土壤基础肥力，施肥后作物产量反应越大，则土壤基础肥力越低，肥料推荐量也越高。该方法是在汇总过去十几年在全国范围内开展的肥料田间试验的基础上，建立了包含作物产量反应、农学效率及养分吸收与利用信息的数据库，依据土壤基础养分供应、作物农学效率与产量反应的内在关系，以及具有普遍指导意义的作物最佳养分吸收和利用特征参数，建立了基于产量反应和农学效率的推荐施肥模型。

对于氮肥推荐，主要依据作物农学效率和产量反应的相关关系获得，并根据地块具体信息进行适当调整；而对于磷肥和钾肥推荐，主要依据作物产量反应所需要的养分量及补充作物地上部移走量所需要的养分量求算。对于中微量元素，主要根据土壤丰缺状况进行适当补充。该方法还考虑了作物轮作体系、秸秆还田、上季作物养分残效、有机肥施用、大气沉降、灌溉水等土壤本身以外的其他来源养分。

水稻养分专家系统是以 2000～2013 年中国水稻主产区 2218 个田间试验数据为支撑，依据土壤基础养分供应、产量反应、农学效率及其相关关系，构建了基于产量反应和农学效率的水稻推荐施肥模型。基于以上养分管理原则，应用计算机软件技术，把复杂的施肥原理研发成了方便科研人员和农技推广人员使用的水稻养分专家系统（Nutrient Expert for Rice，图 2-23）。NE 系统采用问答式界面，只需按照操作流程回答几个简单的问题，系统就能给出基于用户地点信息的个性化施肥方案。

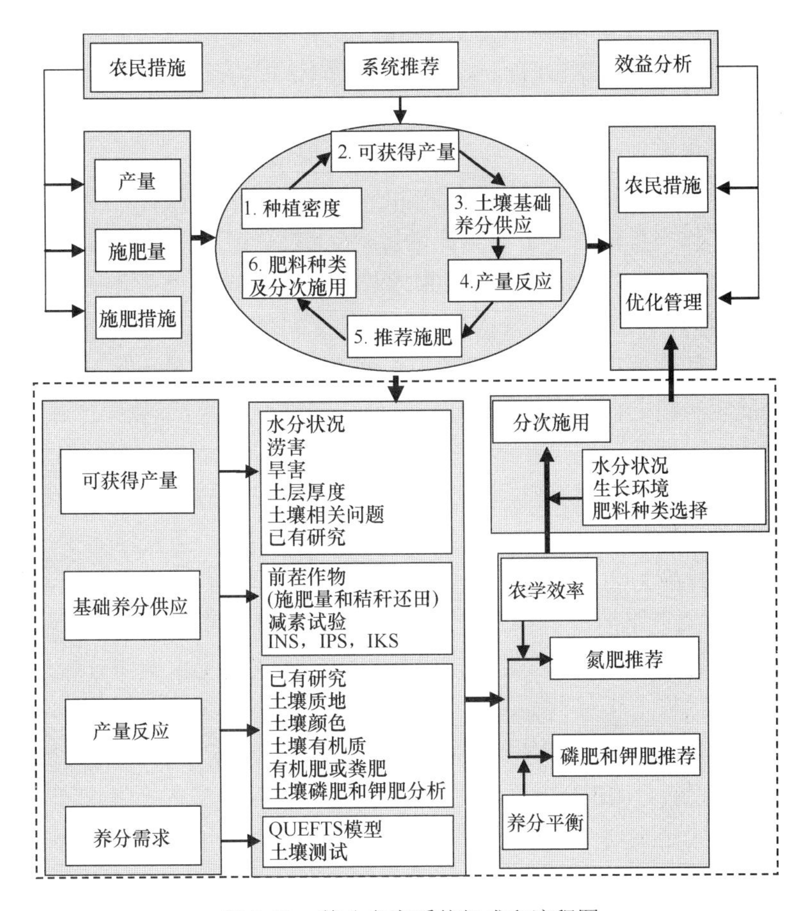

图 2-23 养分专家系统组成和流程图

NE 系统采用 4R 养分管理原则，可以帮助农户在施肥推荐中选择合适的肥料品种和适宜的用量，并在合适的施肥时间施在恰当的位置，并考虑了施肥的农学、经济和环境效应。该方法在有或没有土壤测试的条件下均可使用。

自 2013 年以来，在我国水稻主产区开展了应用 NE 系统指导作物推荐施肥工作 200 多个田间试验。试验结果表明，该方法在保证作物产量的前提下，能够科学减施氮肥和磷肥，提高了肥料利用率，也推动了钾肥的平衡施用，增加了农民收入。尤其在土壤测试条件不具备或测试结果不及时的情况下，NE 系统是一种优选的指导施肥的新方法，受到农民和科技人员的热烈欢迎。这种协调经济、社会和环境效应的养分管理方法，是当前施肥技术的重要革新和极具突破性的激动人心的重大进展，显示出强劲而广阔的应用前景。

2.7.1.1 施肥量确定

确定肥料用量是 NE 系统最重要的内容，NE 系统中对肥料用量的估算主要依据产量反应。在水稻养分专家系统中，氮肥推荐主要是依据氮素产量反应（目标产量与不施氮小区的产量差）和氮素农学效率确定（施氮量=产量反应/农学效率，施氮的产量反应由施氮和不施氮小区的产量差求得）。在预先通过田间试验获得有产量反应数据时可将产量反应数据直接填入系统，系统会根据已有的产量反应和农学效率关系给出氮肥推荐用量。在没有氮素产量反应数据时，系统会依据相应的土壤质地、有机质含量和土壤障碍因子等信息确定土壤基础养分供应低、中、高等级，进而获得产量反应系数，再由可获得产量或目标产量得到产量反应，并计算氮肥施用量。

对于磷钾养分推荐，主要基于产量反应和一定目标产量下作物的移走量给出施肥量（施磷或施钾量=作物产量反应施磷或施钾量+维持土壤平衡部分），维持土壤平衡部分主要依据 QUEFTS 模型的养分最佳吸收量来求算。如果作物施肥不增产（即产量反应为零），则只考虑作物收获部分养分移走量。对磷钾肥料的推荐还考虑了上季作物养分残效，主要包括作物秸秆处理方式、有机肥施入及上季作物养分带入量等信息。

磷素产量反应的确定：如果磷素产量反应为已知则直接输入，如果产量反应为未知，则需要根据是否有土壤测试结果和上季作物施肥情况确定土壤磷素供应等级，进而确定产量反应。如果有土壤磷素测试值，则根据土壤磷素测试值高低确定产量反应。土壤磷素测试值为高时，产量反应为低；土壤磷素测试值为中时，产量反应为中；土壤磷素测试值为低时，产量反应为高。如果没有土壤磷素测试值时，则根据土壤氮素基础养分供应等级和前茬作物磷素平衡等级确定土壤磷素养分供应等级，进而得到施磷的产量反应。不考虑前季作物残效时，土壤磷素产量反应因素等级同土壤磷素分级。在没有磷素产量反应数据时根据以上步骤估算，如果有产量反应数据直接输入。

磷肥推荐中的维持土壤磷素平衡部分主要根据归还一定目标产量下籽粒或秸秆的养分移走量，主要依据 QUEFTS 模型得出的地上部和籽粒中的磷素吸收进行计算。籽粒或秸秆归还比例的确定主要考虑维持土壤磷素平衡在合理范围，不能过量施用也不能耗竭土壤磷库，保证磷肥高效利用。

如果前茬作物磷素养分施用过量，则通过考虑上季作物和当季作物综合磷素平衡情况，来确定最终的磷素用量。即如果维持土壤磷素平衡部分与磷素综合平衡之差大于 0，施磷量=产量反应部分+维持土壤磷素平衡部分−磷素综合平衡，如果维持土壤磷素平衡部分与磷素综合平衡之差小于 0，施磷量则只为产量反应部分。

施钾量计算原理同施磷量。

2.7.1.2 肥料种类的确定

NE 系统专门设置了无机肥料和有机肥料信息库，该肥料信息库包含了当前生产上常用的有机和无机肥料品种及其养分含量和肥料价格，养分含量用于肥料推荐时根据养分含量折算成肥料实物量，而价格信息主要用于 NE 系统的经济效益分析模块。如果用户发现某一新型肥料品种不在肥料信息库中，则可以添加新的肥料品种，也可以对库中已有信息进行编辑修改。这样，农户就可以根据当地市场或者自己的喜好选择合适的肥料品种。

2.7.1.3　施肥时间的确定

NE系统不仅采用合适的肥料用量和肥料品种，还建议在合适的时间进行施肥，以与作物的养分吸收相同步。NE系统建议在作物生长的关键时期进行分次施肥及采用合适的施肥比例，同时也考虑了不同地区和作物的实际情况，如针对适合一次性施肥的作物，NE系统也增加了一次施肥的选项，但是建议一次施肥要采用控释肥料或具有缓释作用的复合肥，这样才能保证养分供应与作物养分吸收相同步。水稻NE系统针对氮肥施用提供一次、三次或四次施用选项，一次施肥主要适用于生育期短的早稻或晚稻，大部分情况下建议三次施氮，分别在移栽前基施、分蘖期和幼穗分化期施用，针对施氮量较高的超级杂交稻，则建议四次施氮，分别在移栽前基施、分蘖期施用、幼穗分化期施用和开花期施用。

2.7.1.4　施肥位置的确定

NE系统不仅推荐用户选用合适的肥料品种、合适的肥料用量及合适的施肥时间，还在推荐施肥中对施肥位置进行了推荐，即采用 4R养分管理理念。随着现代化农业和农机具的推广应用，合理的施肥位置越来越重要。

2.7.2　水稻养分专家系统界面

水稻养分专家系统包含四个模块，每个模块都至少包含两个问题，用户只需在一系列供选择的答案中选择或在设计的文本框中输入数据就可以回答这些问题。每个模块都提供可被打印或保存的文档（PDF）格式。每个模块间数据共享，用户可以在不同模块间进行切换和修改。水稻养分专家系统首页界面见图 2-24。

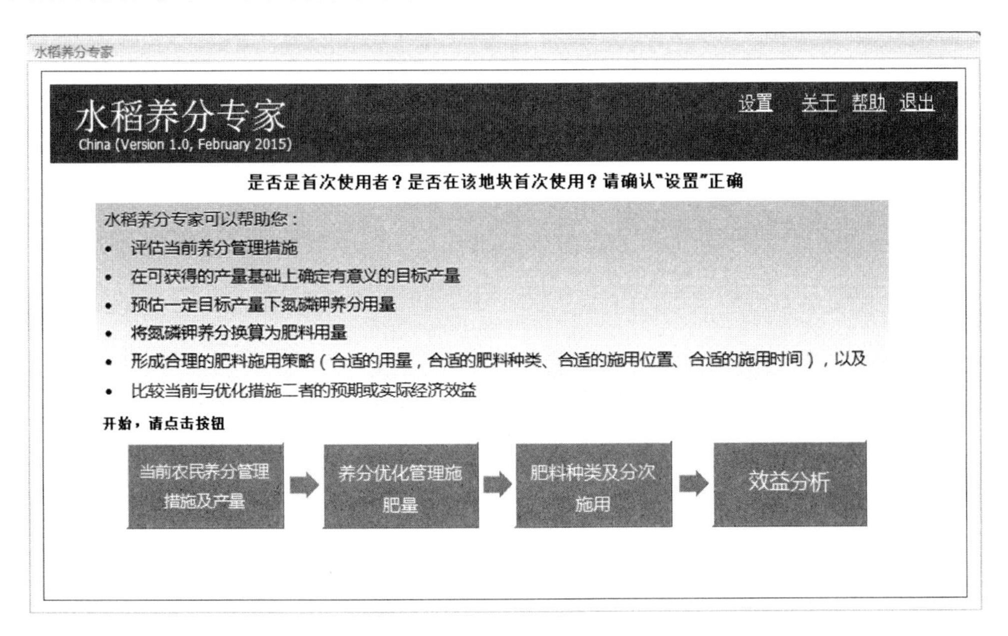

图 2-24　水稻养分专家系统首页界面

设置中（右上角）包含了地点描述、无机肥料和有机肥料三部分。设置页面是用户对当地具体信息的自定义数据库，如地点描述、田块面积单位及产量单位、当地已有的肥料种类、养分含量及价格（无机肥料、有机肥料）等。当首次使用或在新的区域使用该软件时，用户需要首先进入“设置”窗口，对地点信息进行设置。当再次使用已知地点信息时，用户仅需要选择地点和编辑已有的信息。

地点描述部分：用户可以选择区域、省份、生长季节、品种类型、生长周期、种植类型等，对面积单位和产量单位进行编辑，标准单位为“公顷”和“公斤”（图 2-25）。

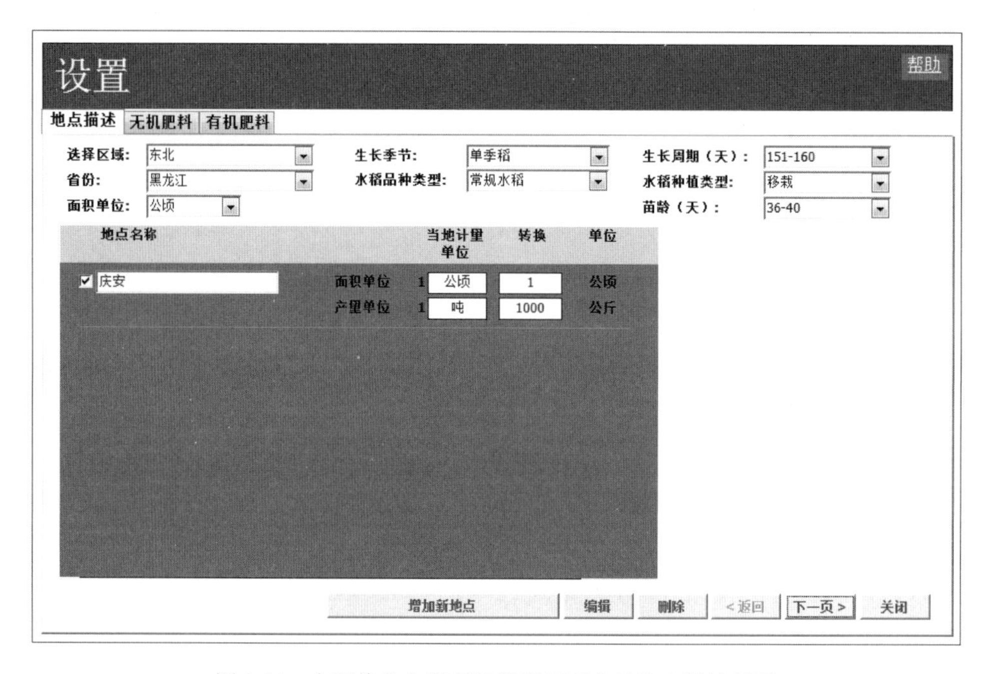

图 2-25　水稻养分专家系统设置界面中的地点描述界面

肥料部分：用户可以通过选择已有的无机和有机肥料清单或（和）添加新的肥料种类，确认无机和有机肥料信息齐全（图 2-26）。其中信息包括肥料种类、肥料养分含量（%N、%P_2O_5 和%K_2O）及每公斤肥料的价格。养分专家系统能够储存或保存当地具体肥料信息，如可用肥料种类及价格。

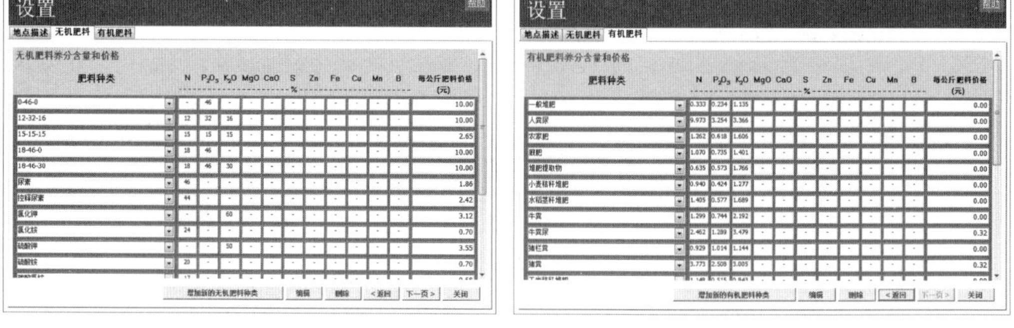

图 2-26　水稻养分专家系统设置界面中的肥料设置界面

当前农民养分管理措施是指农民在水稻生长季节肥料的投入情况，包括水稻不同生长阶段施用的肥料种类及用量。用户需要提供肥料的施用量（单位已在设置中确定）及施用时间或以播种后天数表示（DAP）。该模块的输出包含了每次施用的肥料种类和 N、P_2O_5 和 K_2O 肥料施用量的表格，并分别列出了来自无机肥料和有机肥料的 N、P_2O_5 和 K_2O 的施用量（图 2-27）。

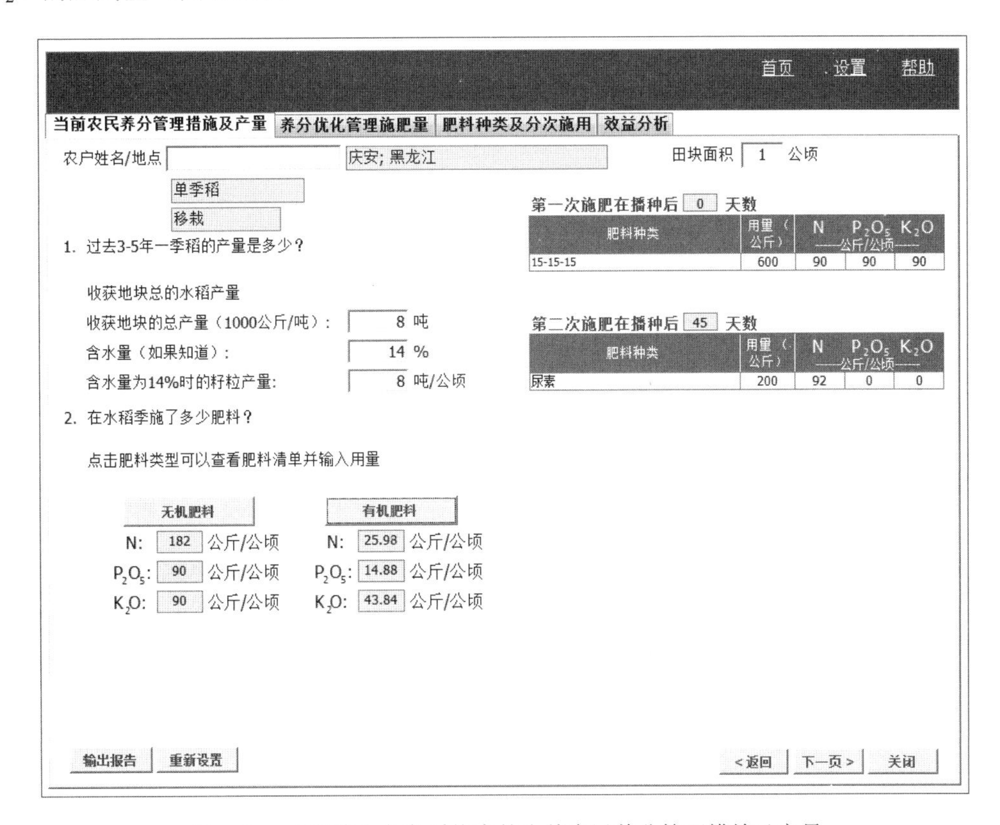

图 2-27　水稻养分专家系统中的当前农民养分管理措施及产量

此部分中用户需要提供代表性气候条件下的过去 3～5 年的可获得产量（不包括异常气候条件下的产量）。如果籽粒含水量未知，软件将按照 14%的标准含水量计算。

养分优化管理施肥量中需要确定目标产量（可获得产量）用于计算氮、磷、钾肥需求量（图 2-28）。目标产量是特定生长季节采用最佳养分管理措施能达到的产量。可获得产量是田间最佳管理措施且没有任何养分限制条件下的平均产量。可获得产量和产量反应可结合缺素小区确定。在缺素小区试验资料缺乏时，如未做过缺素试验的地区，水稻养分专家系统可根据作物生长条件（如气候）和土壤肥力状况等对可获得产量和氮、磷、钾肥的产量反应进行估算。该软件将通过预估氮、磷、钾肥的产量反应对未做过减素试验的新水稻产区进行肥料推荐。

当得出目标产量和产量反应后，系统会给出基于目标产量和产量反应的氮、磷、钾肥推荐用量。P 和 K 养分盈亏平衡主要通过考虑作物秸秆处理方式、有机肥施入及上季作物养分带入量来确定 P 和 K 养分平衡。

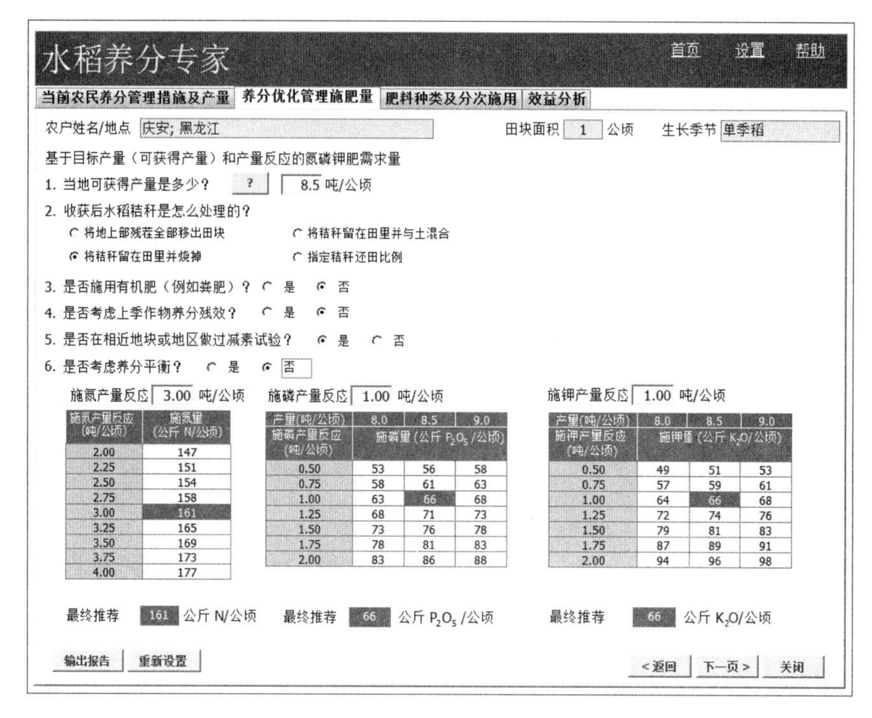

施氮产量反应（吨/公顷）	施氮量（公斤 N/公顷）
2.00	147
2.25	151
2.50	154
2.75	158
3.00	161
3.25	165
3.50	169
3.75	173
4.00	177

产量(吨/公顷)	8.0	8.5	9.0
施磷产量反应（吨/公顷）	施磷量（公斤 P_2O_5 /公顷）		
0.50	53	56	58
0.75	58	61	63
1.00	63	66	68
1.25	68	71	73
1.50	73	76	78
1.75	78	81	83
2.00	83	86	88

产量(吨/公顷)	8.0	8.5	9.0
施钾产量反应（吨/公顷）	施钾量（公斤 K_2O/公顷）		
0.50	49	51	53
0.75	57	59	61
1.00	64	66	68
1.25	72	74	76
1.50	79	81	83
1.75	87	89	91
2.00	94	96	98

图 2-28　水稻养分专家系统中的养分优化管理施肥量

肥料种类及分次施用界面中将推荐的氮磷钾肥用量转化为可为当地使用的物化的单质肥料或复合肥料用量（图 2-29）。可以选择施肥次数及施肥比例，常规水稻和杂交

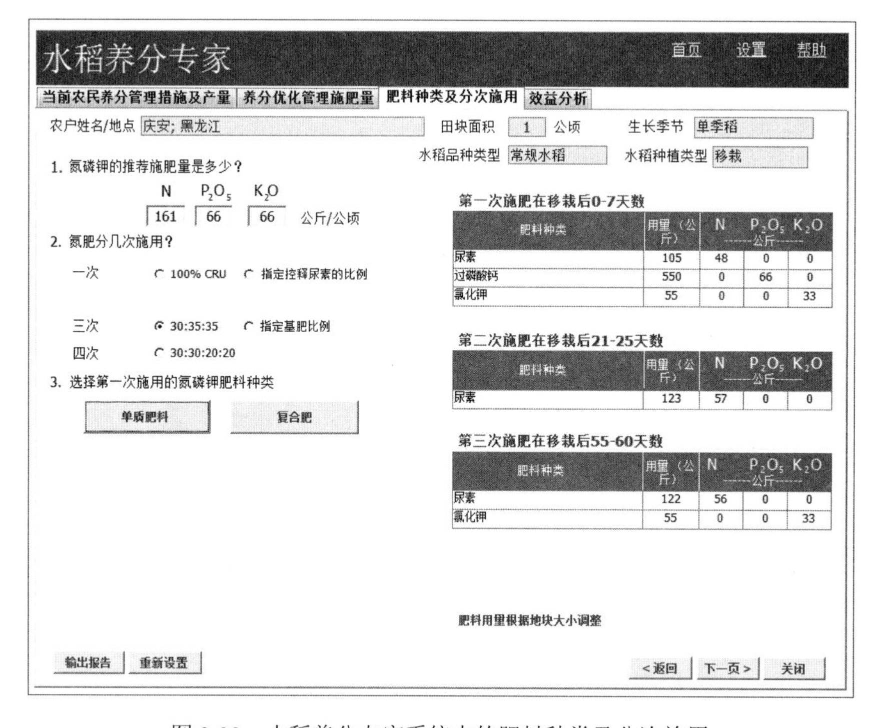

第一次施肥在移栽后0-7天数

肥料种类	用量（公斤）	N	P_2O_5	K_2O
尿素	105	48	0	0
过磷酸钙	550	0	66	0
氯化钾	55	0	0	33

第二次施肥在移栽后21-25天数

肥料种类	用量（公斤）	N	P_2O_5	K_2O
尿素	123	57	0	0

第三次施肥在移栽后55-60天数

肥料种类	用量（公斤）	N	P_2O_5	K_2O
尿素	122	56	0	0
氯化钾	55	0	0	33

图 2-29　水稻养分专家系统中的肥料种类及分次施用

水稻由于养分吸收上的差异，系统给出了不同的施肥比例。氮肥在此模块中可以选择施用比例，磷肥全部作为基肥一次施入，如果钾肥用量超过 60kg K_2O/hm^2 则分两次施用。用户可以选择第一次施肥时所使用的肥料种类，而追肥中的肥料选择，系统会自动选择尿素和氯化钾两种肥料。对于复合肥料中不能满足优化分次施肥比例的，系统会给出提示是否继续使用，如果继续使用，系统会以磷肥用量来计算（磷肥用量决定着复合肥的用量）肥料用量。

肥料种类及分次施用模块的输出结果是一个针对作物特定生长环境确定合适肥料种类、合理肥料用量和合适施肥时间的施肥指南（图 2-30），包括水稻关键生育期分次施用肥料的汇总表，以及肥料种类、肥料用量和施肥时期。如果地块缺少中微量元素，系统会给出中微量元素的施肥量。肥料施用量可以根据地块大小自动调整肥料用量。

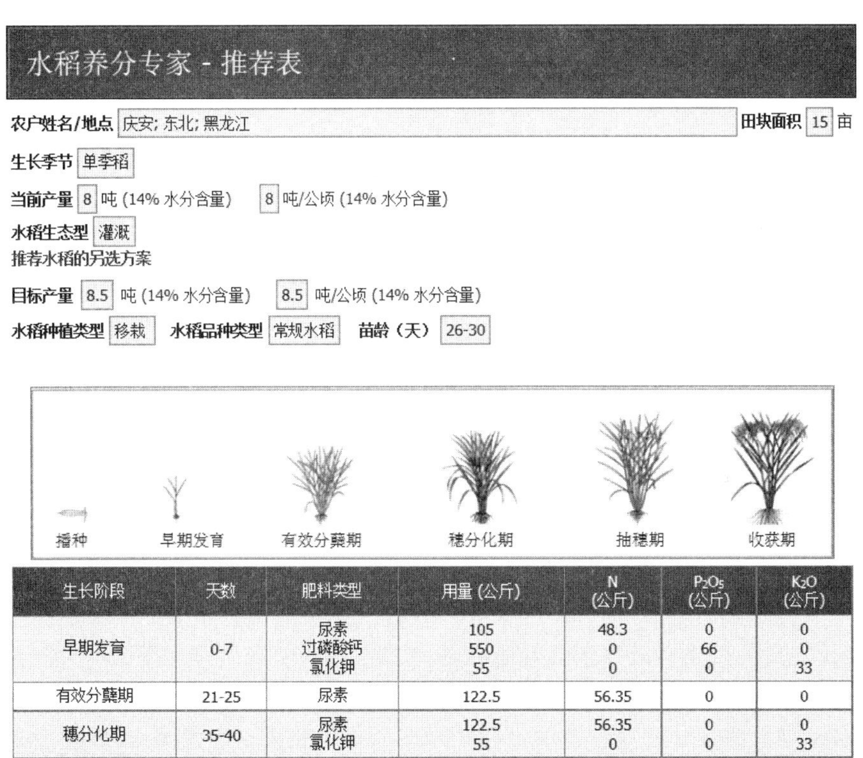

生长阶段	天数	肥料类型	用量 (公斤)	N (公斤)	P_2O_5 (公斤)	K_2O (公斤)
早期发育	0-7	尿素 过磷酸钙 氯化钾	105 550 55	48.3 0 0	0 66 0	0 0 33
有效分蘖期	21-25	尿素	122.5	56.35	0	0
穗分化期	35-40	尿素 氯化钾	122.5 55	56.35 0	0 0	0 33

根据田块面积调整肥料用量

基肥: 播前撒施，然后与土混合，深施
第2次或第3次追肥: 撒施灌水，以水调氮

养分缺乏的元素	肥料推荐量用于纠正养分缺乏
硼	基施15kg/ha硼砂或喷施0.1%-0.2%的硼砂溶液。

图 2-30　水稻养分专家系统中的施肥指南

效益分析模块比较了农民当前施肥措施和推荐施肥措施预计的投入和收益（图 2-31）。该分析模块需要用户提供水稻销售价格及在设置中提供肥料价格。所有推荐施肥措施成本和收益都是预期的，该值取决于用户定义的肥料和水稻销售价格，并假定目标产量能够实现。

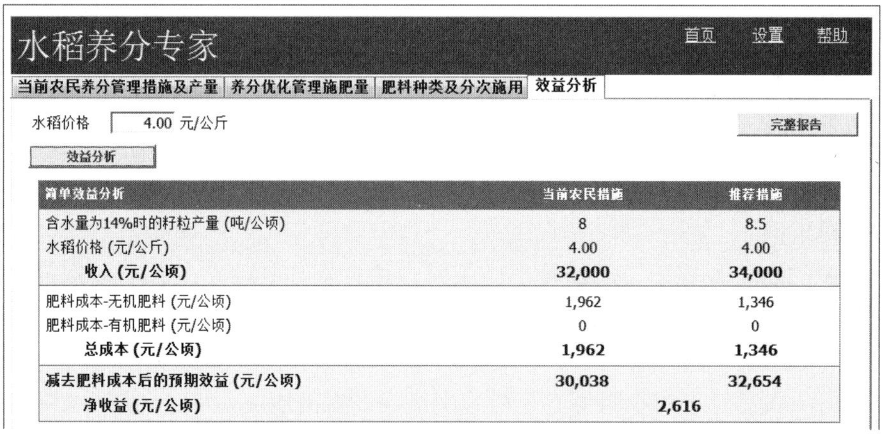

水稻养分专家　　首页　设置　帮助

当前农民养分管理措施及产量 | 养分优化管理施肥量 | 肥料种类及分次施用 | 效益分析

水稻价格 4.00 元/公斤　　完整报告

效益分析

简单效益分析	当前农民措施	推荐措施
含水量为14%时的籽粒产量 (吨/公顷)	8	8.5
水稻价格 (元/公斤)	4.00	4.00
收入 (元/公顷)	**32,000**	**34,000**
肥料成本-无机肥料 (元/公顷)	1,962	1,346
肥料成本-有机肥料 (元/公顷)	0	0
总成本 (元/公顷)	**1,962**	**1,346**
减去肥料成本后的预期效益 (元/公顷)	**30,038**	**32,654**
净收益 (元/公顷)	**2,616**	

图 2-31　水稻养分专家系统中的经济效益分析

传统测土施肥在评估土壤肥力和指导施肥上发挥了重要作用，但仍存在着诸多挑战，如土壤氮素至今缺少满意的表征方法，环境养分（如沉降、排灌等）未能考虑，以及土壤测试不及时或条件不具备等很难做到一家一户测土配方施肥、未考虑养分互作及秸秆和有机肥的施用，以及不同肥料品种、施肥时期和施肥位置等。应用产量反应计算施肥量不考虑土壤中的养分来源，应用地上部的产量反应来表征土壤肥力，用不施某种养分的地上部该养分吸收量来表征土壤中该养分的供应能力（Dobermann et al.，2003a，2003b），解决了长期困扰农业工作者的氮素供应表征问题。产量反应与农学效率间存在着显著的二次曲线关系。产量反应的高低取决于土壤中的基础养分供应，而传统的土壤养分测试值与养分吸收之间的相关性不显著（图 2-13d～图 2-13f）。

由于气候、施肥量和管理措施等差异导致了土壤养分供应的差异，因此产量反应的变异性较大。Chuan 等（2013b）对我国小麦种植区 2000～2011 年的试验研究表明，小麦的 N、P 和 K 产量反应分别为 1.7t/hm^2、1.0t/hm^2 和 0.8t/hm^2，将产量反应应用到推荐施肥中并取得了显著的效果。采用相对产量对产量反应进行估算可以去除诸多影响因子，有助于评估土壤肥力（Pampolino et al.，2012）。

作为评价肥效的指标之一，农学效率与土壤养分、肥料用量、养分管理等息息相关。提高肥料农学效率是中国当前农田可持续利用的重点研究对象，并于 2007 年开展了第一个关于肥料的国家重点基础研究发展计划（973 计划）“肥料减施增效与农田可持续利用基础研究”（2007CB109306）。合理的施肥量和管理措施可以提高产量反应，进而提高农学效率。因此寻找产量反应与农学效率间的相关性对合理推荐施肥是非常重要的，但需要多年多点的田间试验以减少环境方面的影响。

2.8　水稻养分专家系统田间验证与效应评价

2.8.1　施肥量

养分专家系统不是特意地增加和降低施肥量，而是采用 4R 养分管理原则进行平衡施肥，但仍需要通过大量的田间试验对水稻养分专家系统进行验证和改进。为此，于2013～2015 年在早稻、中稻、晚稻和一季稻四种不同种植类型水稻主产区进行田间验证。早稻和晚稻的试验省份有江西省（38）、广东省（28）和湖南省（30）中稻的试验省份有湖北省（27）和安徽省（30），一季稻的试验省份有黑龙江省（28）和吉林省（30），共计 7 个省 211 个田间试验。试验点分布见图 2-32。每个试验包括 6 个处理：水稻养分专家推荐施肥（NE）、农民习惯施肥措施（FP）、当地推荐施肥处理（OPTS）、基于水稻养分专家系统的不施氮、不施磷和不施钾处理。NE 的施肥量、施肥比例和施肥时间按照水稻养分专家系统进行；FP 的施肥量和施肥次数等按照农民自己意愿进行管理，记录农民的施肥量和施肥次数等信息；OPTS 依据测土或当地农技推广部门确定施肥量和管理措施，施肥措施按照当地农技推广部门人员进行。各处理设置的密度相同，且草害、病虫害防治进行统一管理。试验点土壤基础理化性质见表 2-18。

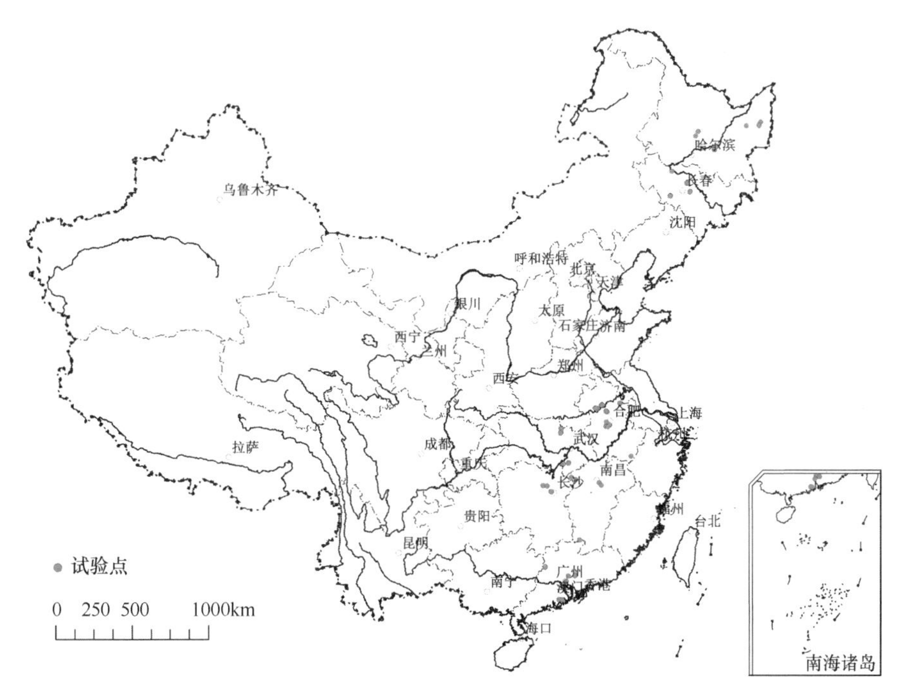

图 2-32 水稻 NE 田间试验分布

表 2-18 试验土壤基本理化性质

省份	pH	有机质/（g/kg）	全氮/（g/kg）	有效磷/（mg/kg）	速效钾/（mg/kg）
黑龙江	5.39～6.78	2.73～49.36	0.85～2.37	12.20～42.85	69.7～269.5
吉林	4.51～8.11	1.98～29.85	1.02～1.45	2.71～21.15	50.3～173.0
安徽	4.90～7.29	1.05～27.44	0.88～1.90	2.48～48.44	46.2～325.2
湖北	5.16～8.28	0.91～38.63	0.38～2.77	3.59～25.18	61.6～213.1
湖南	5.11～6.01	1.58～41.83	1.05～2.92	5.24～28.94	58.3～167.0
江西	4.50～5.44	1.12～33.66	1.39～2.70	3.14～67.60	36.8～266.9
广东	3.78～6.47	2.46～49.66	0.90～2.57	1.74～56.25	8.3～206.2

三年试验施肥量结果显示，四种种植类型水稻 NE 处理平均施氮量处于 146～167kg/hm^2，FP 处理平均施氮量处于 152～191kg/hm^2，而 OPTS 处理平均施氮量处于 151～182kg/hm^2（图 2-33a）。NE 处理中，中稻平均施氮量显著低于 FP 和 OPTS 处理，分别降低了 34kg N/hm^2 和 25kg N/hm^2，而其他三种种植类型水稻三种处理的平均施氮量没有显著差异。但 FP 处理施氮量具有很大变异性，早稻的施氮量变化范围为 87～320kg/hm^2，中稻的变化范围为 108～270kg/hm^2，晚稻的变化范围为 79～342kg/hm^2，一季稻的变化范围为 104～220kg/hm^2，最高施氮量与最低施氮量间相差都在 100kg N/hm^2 以上。FP 处理的平均施氮量看似比较合理，但 FP 处理的施氮量超过 180kg/hm^2 的占全部试验数的 41.7%，说明很大一部分农民的氮肥施用是过量的。

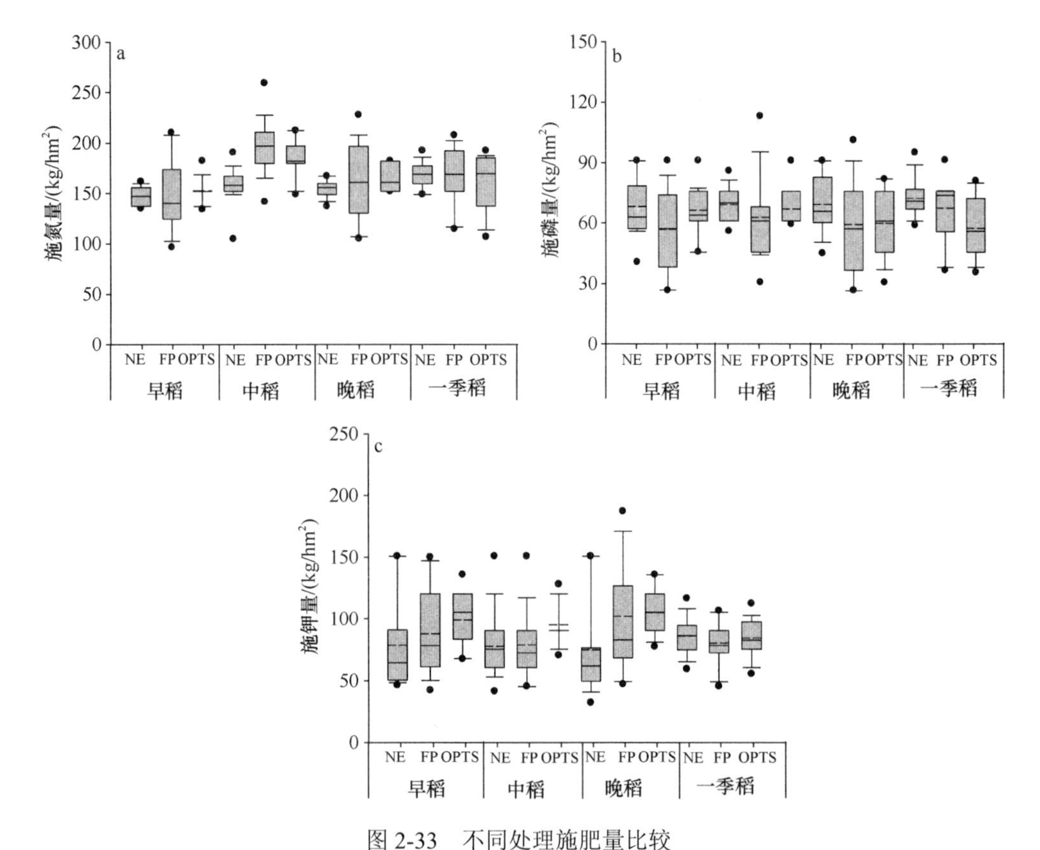

图 2-33 不同处理施肥量比较

中间实线和虚线分别代表中值和平均值，方框上下边缘分别代表上下 25th，方框上下方横线分别代表 90th 和 10th 的数值，上下实心圆圈分别代表 95th 和 5th 的数

磷肥通常以复合肥的形式作为基肥一次性施入土壤中。NE 处理的平均磷肥投入与 FP 和 OPTS 处理没有显著差异（图 2-33b），但略有升高，这是因为 NE 系统在推荐施肥时一部分试验假设秸秆不还田，为保持土壤肥力，磷肥的投入就会有所增加。四种水稻类型平均磷肥施用量 NE 处理的为 67～71kg P_2O_5/hm^2，FP 处理的为 56～67kg P_2O_5/hm^2，OPTS 处理的为 56～66kg P_2O_5/hm^2。在所有试验中 NE 处理的最低磷肥施用量为 35kg P_2O_5/hm^2，最高为 96kg P_2O_5/hm^2，而 FP 处理的最低磷肥用量仅有 26kg P_2O_5/hm^2，最高的则达到了 135kg P_2O_5/hm^2，OPTS 处理的最低和最高施磷量分别为 30kg P_2O_5/hm^2 和

90kg P_2O_5/hm^2。FP 处理中磷肥用量低于 55kg P_2O_5/hm^2 的占全部试验的 38.4%，而超过 90kg P_2O_5/hm^2 的不足 10.0%，说明农民对磷肥的施用还是比较理性的，但一些农民的磷肥施用量偏低。

一季稻 NE 处理的施钾量要高于 FP 处理和 OPTS 处理，分别高 6kg K_2O/hm^2 和 2kg K_2O/hm^2（图 2-33c）。早稻、中稻和晚稻 NE 处理的施钾量低于 FP 处理和 OPTS 处理。FP 处理的施钾量严重失衡，最高施钾量为最低施钾量的近 5 倍。农民习惯施肥处理中有 29.4%的农户施钾量超过了 100kg K_2O/hm^2，说明农民逐渐认识到钾肥对作物生长的重要性，尤其是水稻生长后期的抗逆作用。

2.8.2　产量和经济效益

2013 年试验结果显示（表 2-19），NE 处理与 FP 和 OPTS 处理相比，产量分别增加了 0.2t/hm^2 和 0.1t/hm^2，提高了 2.5%和 1.2%；而经济效益分别增加了 417 元/hm^2 和 205 元/hm^2。2014 年试验与 2013 试验结果相比效果更加显著，NE 处理与 FP 和 OPTS 处理相比，产量分别增加了 0.4t/hm^2 和 0.3t/hm^2，提高了 5.2%和 3.9%；而经济效益分别增加了 1184 元/hm^2 和 863 元/hm^2。随着养分专家系统不断优化，产量差和经济效益差异逐渐扩大，2015 年 NE 处理与 FP 和 OPTS 处理相比，产量分别增加了 0.8t/hm^2 和 0.4t/hm^2，提高了 9.8%和 4.7%；而经济效益分别增加了 2147 元/hm^2 和 1147 元/hm^2。

表 2-19　不同处理水稻产量、经济效益和氮素利用比较

年份	处理	籽粒产量/（t/hm^2）	经济效益/（元/hm^2）	氮素回收率/%	氮素农学效率/（kg/kg）	氮素偏生产力/（kg/kg）
2013	NE	8.2	21 430	30.8	13.3	52.8
	FP	8.0	21 013	23.5	11.4	47.8
	OPTS	8.1	21 225	28.1	12.3	51.3
2014	NE	8.1	20 352	36.7	16.2	52.4
	FP	7.7	19 168	26.1	12.8	47.7
	OPTS	7.8	19 489	28.0	13.8	48.2
2015	NE	9.0	22 145	44.5	20.2	56.8
	FP	8.2	19 998	26.8	16.3	52.9
	OPTS	8.6	20 998	31.9	17.2	51.7
所有	NE	8.4	21 277	37.8	16.8	54.0
	FP	7.9	19 966	25.6	13.6	49.5
	OPTS	8.1	20 495	29.4	14.6	50.3

2013 年为水稻养分专家系统进行的第一年田间试验，而下一年试验是在应用前一年试验结果对系统进行校正与改进后进行的田间试验，其施肥量和施肥措施更加合理，因此 NE 处理的产量和经济效益与 FP 和 OPTS 相比都有所提高。就三年试验平均而言，NE 处理与 FP 和 OPTS 处理相比产量分别增加了 0.5t/hm^2 和 0.3t/hm^2，提高了 6.3%和 3.7%；经济效益分别增加了 1311 元/hm^2 和 782 元/hm^2，提高了 6.6%和 3.8%。然而不同种植类型水稻的产量和经济效益增加幅度有所差异（图 2-34），中稻的 NE 处理与 FP 处

理相比显著地提高了产量和经济效益（$P<0.05$），分别增加了 0.6t/hm^{2}和 1734 元/hm^2，提高了 7.4%和 9.2%；但与 OPTS 相比无显著差异，产量和经济效益分别提高了 0.2t/hm^{2}和 643 元/hm^2。虽然早稻和晚稻三个处理间无显著差异，但早稻的 NE 处理与 FP 和 OPTS 处理相比，产量分别增加了 0.6t/hm^2 和 0.5t/hm^2，经济效益分别增加了 1377 元/hm^2 和 1147 元/hm^2，而晚稻的 NE 处理与 FP 和 OPTS 处理相比，产量分别增加了 0.6t/hm^2 和 0.3t/hm^2，经济效益分别增加了 1613 元/hm^2 和 875 元/hm^2。但一季稻的产量 NE 处理与 FP 和 OPTS 处理间统计上没有显著差异，但产量和经济效益都略有增加，产量分别增加了 0.2t/hm^2 和 0.2t/hm^2，经济效益分别增加了 62 元/hm^2 和 572 元/hm^2。

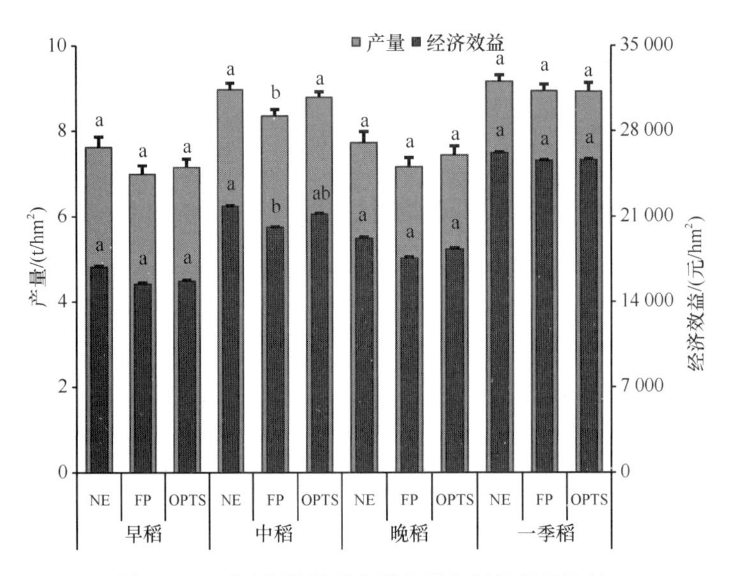

图 2-34　不同种植类型水稻产量和经济效益比较

2.8.3　养分利用率

养分利用率分析结果得出（表 2-19），NE 处理与 FP 和 OPTS 处理相比，REN 在 2013 年分别增加了 7.3 个百分点和 2.7 个百分点；2014 年分别增加了 10.6 个百分点和 8.7 个百分点；2015 年分别增加了 17.7 个百分点和 12.6 个百分点；三年试验平均 REN 分别增加了 12.2 个百分点和 8.4 个百分点。NE 处理中 REN 大于 40%的占全部试验数的 42.2%，而大于 50%的占全部试验数的 23.2%。FP 处理中近半数施氮量过量是导致 REN 低的主要原因，FP 处理中 REN 小于 20%的占全部试验数的 43.3%。农民的氮磷钾养分施用比例失衡，且很多农民氮肥施用只分两次施用，每次的施肥量比较随意，也是导致 REN 低的原因。

早稻、中稻和晚稻的 NE 处理 REN 显著地高于 FP 处理（图 2-35a），分别高 18.3 个百分点、18.1 个百分点和 13.7 个百分点。而一季稻各处理 REN 无差异，其主要原因是黑龙江省的试验点位于绿色水稻生产区，农民习惯施氮量和当地农技部门推荐的施氮量较低，施氮量在 100kg N/hm^2 左右。随着养分专家系统的不断优化，NE 处理的 REN 逐渐升高，由 2013 年 30.8%上升到 2015 年的 44.5%，其 REN 已显著高于数据库中 38.5%的平均值。

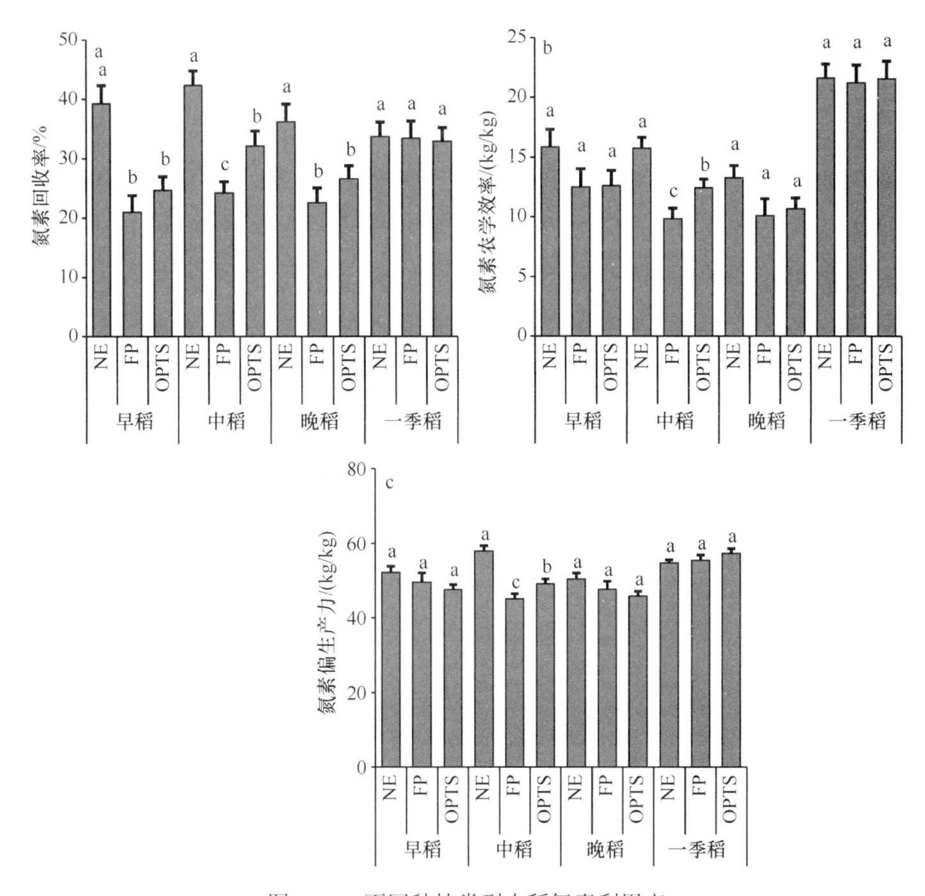

图 2-35　不同种植类型水稻氮素利用率

试验中 AEN 的结果显示（表 2-19），NE 处理与 FP 处理相比，2013 年、2014 年和 2015 年分别增加了 1.9kg/kg、3.4kg/kg 和 3.9kg/kg；NE 处理与 OPTS 处理相比，2013 年、2014 年和 2015 年分别增加了 1.0kg/kg、2.4kg/kg 和 3.0kg/kg，而 NE 处理三年试验平均 AEN 比 FP 和 OPTS 分别增加了 3.2kg/kg 和 2.2kg/kg。NE 处理中 AEN 超过 20kg/kg 的占全部试验数的 33.6%，OPTS 处理中仅有 23.7%的 AEN 超过 20kg/kg，而 FP 处理中 AEN 小于 10kg/kg 的占全部试验数的 44.5%。四种种植类型水稻中（图 2-35b），中稻 NE 处理的 AEN 显著高于 FP 处理，增加了 5.9kg/kg。虽然其余三种种植类型水稻三种处理 AEN 无差异，但早稻、晚稻和一季稻 NE 处理的 AEN 与 FP 处理相比分别增加了 3.4kg/kg、3.2kg/kg 和 0.4kg/kg，比 OPTS 处理增加了 0.1～3.3kg/kg。NE 处理的 AEN 显著高于数据库中所收集的 AEN，尤其是 2015 年 NE 处理的平均 AEN 已达到 20kg/kg。

试验中 PFPN 的结果显示（表 2-19），NE 处理与 FP 和 OPTS 处理相比，2013 年 PFPN 分别增加了 5.0kg/kg 和 1.5kg/kg；2014 年分别增加了 4.7kg/kg 和 4.2kg/kg；2015 年分别增加了 3.9kg/kg 和 5.1kg/kg；而所有试验分别增加了 4.5kg/kg 和 3.7kg/kg。四种种植类型水稻中（图 2-35c），中稻的 NE 处理 PFPN 显著高于 FP 和 OPTS 处理，分别增加了 12.8kg/kg 和 8.7kg/kg，而其他三种种植类型水稻的处理间 PFPN 无显著差异，但早稻和晚稻的 NE 处理要高于 FP 和 OPTS 处理，早稻的分别高 2.6kg/kg 和 4.6kg/kg，晚稻的分别高 2.8kg/kg 和 4.7kg/kg。

基于产量反应和农学效率的水稻养分专家系统（Nutrient Expert for Rice）是由国际植物营养研究所针对以小农户为主要经营模式研制的推荐施肥和养分管理方法。该系统依据产量反应和农学效率结合“4R”原则进行推荐施肥和养分管理，其并不是刻意提高或降低肥料用量，旨在兼顾养分管理中的经济、社会和环境效应，在维持土壤肥力的同时，供给作物充足的养分，达到增产、增效的目的，最终在农业系统可持续发展中发挥作用。该方法以 SSNM 养分管理原则为基础，而 SSNM 在水稻已有诸多研究。如 Pampolino 等（2007）和 Khurana 等（2007）在越南、菲律宾和印度水稻上的 SSNM 试验表明，产量提高了 0.2～0.9t/hm^2。Wang 等（2001）在中国浙江的研究显示，SSNM 方法与农民习惯相比，产量提高了 0.5t/hm^2，氮素回收率提高了 11 个百分点。在中国诸多的研究表明，SSNM 方法可以提高产量和肥料利用率（贺帆等，2008；彭显龙等，2006；Peng et al.，2006）。

均方根误差（RMSE）、标准化均方根误差（*n*-RMSE）和平均差（ME）三个参数用于评价 QUEFTS 模型及实测值和模拟值的偏离程度。均方根误差是模拟值和实测值的平均差异，用相同的单位来表示。标准化均方根误差是去掉单位，可以比较不同单位时的模拟值和实测值的差异程度（Liu et al.，2011b）。

水稻养分专家系统依据的是基于产量反应和农学效率原理进行推荐施肥，农学效率的准确设定对试验结果至关重要。从产量反应和农学效率的关系曲线结果得出（图 2-36a），系统设置的产量反应和农学效率关系曲线与实测值得出的曲线非常相近，只是在较高产量反应时才表现出差异。比较实测产量反应计算得出的氮素农学效率和水稻养分专家系统设定的氮素农学效率（图 2-36b），均方根误差（RMSE）、标准化均方根误差（*n*-RMSE）和平均差（ME）分别为 4.0kg/kg、23.2%和–2.2kg/kg。随着各种措施不断更新和应用，如种植密度、施肥位置和施肥时间等，使得产量不断增加，但同一地块土壤养分供应没有太大变化，即基础产量不变，这就导致了较高的产量反应，而此时施肥量在没有变化的情况下，农学效率显著增加。因此，在高产量反应时（>4t/hm^2），农学效率的实测值高于系统设定值，这也是养分专家系统希望得到的结果。试验结果得出，系统设定的氮素农学效率和实测的氮素农学效率比较吻合。

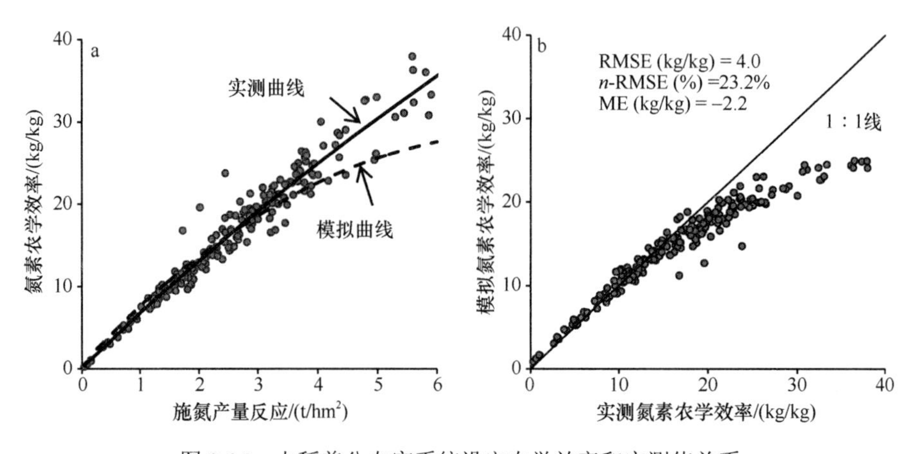

图 2-36 水稻养分专家系统设定农学效率和实测值关系

与 SSNM 方法不同，水稻养分专家系统不需要使用 SPAD 仪或 LCC 等，依据的是作物生育期养分吸收规律对养分进行 4R 管理，即选择正确的肥料品种，给予正确的用量，在正确的时间，施在正确的位置。选择适应土壤性质的肥料品种，评估各种来源的养分供应、作物的养分需求、作物吸收和土壤养分供应动态来确保养分平衡供应。本研究基于水稻养分专家系统与农民习惯施肥相比，四种种植类型水稻平均产量提高了 0.1～0.6t/hm^2。而此产量差只是在施肥量、施肥次数和施肥比例上有所差异，其余栽培措施相同的基础上得出的，如果将其他措施（如高产品种、移栽密度和病虫害管理等）加入水稻养分专家系统中，其增产、增效的效果会更加明显，但这需要一个庞大的数据库支撑。以 SSNM 为基础，结合 4R 原则建立的基于产量反应和农学效率的推荐施肥和养分管理方法在小麦和玉米上已得到验证，并取得了显著的效果（Chuan et al.，2013b；Pampolino et al.，2012）。

第 3 章　基于产量反应和农学效率的玉米推荐施肥

3.1　试验点和数据描述

3.1.1　试验点描述

玉米是我国重要的粮食作物之一，具有广泛的用途，如食用、作为饲料和工业原材料等。玉米是我国种植面积最广的粮食作物，截止到 2013 年，我国玉米种植面积为 $36.3\times10^6hm^2$，玉米总产量为 218.5×10^6t，单产水平达到 $6.0t/hm^2$（中国农业统计年鉴编委会，2014）。为满足人口增长需要，全球的玉米产量到 2050 年需要增加 450×10^6t，而中国的玉米产量占全球玉米产量的 21.4%。

春玉米数据主要包括吉林、辽宁、黑龙江、山西、甘肃、新疆等种植区，夏玉米数据主要包括河北、河南、山东、山西、安徽等种植区。试验点几乎覆盖了中国主要的玉米种植区域，遍布于 22 个省（自治区、直辖市），涵盖了不同气候类型和农艺措施。依据产区分布，将试验区划分为东北、西北、华北、西南、长江中下游和华南 6 个地区。东北地区包括：吉林、辽宁和黑龙江；西北地区包括：内蒙古、新疆、甘肃、青海、宁夏和陕西；华北地区包括：北京、天津、河北、河南、山东和山西；西南地区包括：西藏、四川、重庆、贵州和云南；长江中下游地区包括：江苏、安徽、湖北、湖南、江西、浙江和上海；华南地区包括：福建、广东、广西、海南和台湾。由于华南地区的试验主要位于广西，而长江中下游的玉米试验较少，主要位于安徽和江苏，且轮作制度为冬小麦-夏玉米轮作，与华北地区种植制度相同，因此在分析产量差时将长江中下游数据合并入华北地区，而将广西的数据并入西南地区，统一进行数据分析（图 3-1）。

3.1.2　数据来源

收集和汇总 2000～2015 年中国玉米种植区的田间试验，这些试验来自于国际植物营养研究所（IPNI）中国项目部、同行在期刊中已发表的学术文章，以及博士和硕士学位论文。试验点涵盖了中国玉米主产区春玉米和夏玉米不同种植类型。试验包括品种试验、肥料量级试验、养分限制因子试验及长期定位试验等。所收集的玉米数据处理包括优化养分管理处理（OPT）、减氮处理、减磷处理、减钾处理、空白处理、农民习惯施肥措施处理（FP），以及基于 FP 的减素处理等。试验点的地点分布、气候类型、土壤基础理化性状、玉米种植类型及养分吸收样本数见表 3-1。

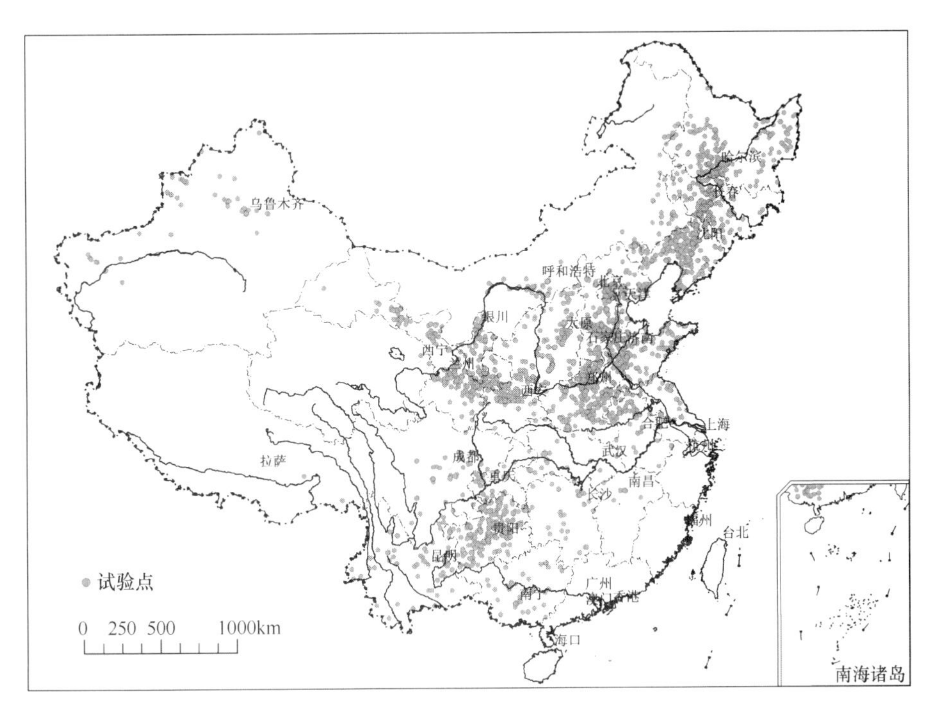

图 3-1　玉米数据样点分布图

表 3-1　玉米主产区试验点气候和土壤特征

地区	省份	类型	pH	有机质/%	降雨量/mm	纬度/（°N）	经度/（°E）	样本数
东北	吉林	春玉米	4.9～8.4	0.8～5.2	400～1000	40.89～46.28	121.65～131.29	1379
	辽宁	春玉米	4.5～8.3	0.5～4.5	450～1000	39.05～43.52	118.86～125.76	1003
	黑龙江	春玉米	4.8～8.3	1.0～6.2	400～650	43.45～53.53	121.22～135.07	745
西北	陕西	春玉米	7.5～8.6	0.2～0.7	200～600	31.76～39.56	105.77～111.19	141
	宁夏	春玉米	7.9～8.4	0.1～0.7	200～600	35.26～39.37	104.35～107.58	100
	甘肃	春玉米	7.3～8.5	0.2～1.5	100～300	32.63～42.79	92.79～108.70	224
	新疆	春玉米	7.8～8.5	0.1～1.5	100～500	34.35～49.17	73.45～97.37	70
	内蒙古	春玉米	6.2～8.9	0.1～4.5	350～450	37.44～53.35	97.19～126.04	122
华北	北京	夏玉米	5.0～8.4	0.2～1.4	550～650	39.44～41.05	115.43～117.49	262
	山西	春玉米、夏玉米	7.8～8.7	0.3～1.7	350～700	31.70～34.57	105.48～111.02	1326
	山东	夏玉米	4.7～8.6	0.2～2.0	550～900	34.42～38.38	114.60～112.72	1204
	河南	夏玉米	5.3～8.4	0.2～1.7	500～900	31.41～36.37	110.39～116.62	1794
	河北	夏玉米	5.2～8.2	0.2～1.5	350～500	36.08～42.67	113.45～119.83	1340
	天津	夏玉米	7.7～8.5	0.9～2.3	400～690	38.56～40.24	116.71～118.05	22
长江中下游	湖北	夏玉米	5.3～7.9	0.4～2.4	750～1500	29.14～33.26	108.36～116.12	33
	湖南	春玉米、夏玉米	4.4～7.7	0.4～2.2	900～1700	24.65～30.12	108.78～114.25	48
	江苏	夏玉米	7.2～8.4	0.2～1.7	800～1200	30.76～35.12	116.37～121.89	90
	安徽	夏玉米	4.9～7.6	0.4～1.7	700～1400	29.41～34.65	114.89～119.64	182
西南	重庆	夏玉米	4.6～7.7	0.5～1.5	750～1400	28.18～32.21	105.29～110.18	42
	贵州	春玉米、夏玉米	4.4～7.4	0.4～3.1	1100～1400	24.64～29.22	103.60～109.45	75
	云南	春玉米、夏玉米	4.4～6.6	0.6～2.5	600～2000	21.16～29.23	97.55～106.16	99
	四川	夏玉米	5.5～7.9	0.4～2.3	1000～1300	26.05～34.31	97.37～108.51	53
	广西	夏玉米	5.3～7.5	0.9～3.0	800～1500	21.42～26.38	104.49～112.04	52

3.2 玉米养分吸收特征

3.2.1 养分含量与吸收量

表 3-2 中显示了所有玉米产量（含水量 15.5%）、收获指数、籽粒和秸秆 N、P 和 K 含量、籽粒和秸秆 N、P 和 K 吸收量、地上部总 N、P 和 K 吸收量及 N、P 和 K 收获指数等特征参数。表中的产量数据由同时具有产量和养分吸收数据（至少有三大营养元素吸收量之一，下同）的样本获得，只有产量而没有养分吸收的数据未统计在内。

从表 3-2 中可以看出，收集的所有玉米数据中，玉米的平均产量为 9.1t/hm^2（包括缺素处理），变化范围为 1.2～20.6t/hm^2。籽粒收获指数平均值为 0.49kg/kg，变化范围为 0.10～0.77kg/kg。

表 3-2 所有玉米养分吸收特征

参数	单位	样本数	平均值	标准差	最小值	25th	中值	75th	最大值
产量	t/hm^2	10 406	9.1	2.3	1.2	7.5	9.0	10.6	20.6
收获指数	kg/kg	8 462	0.49	0.06	0.10	0.45	0.49	0.53	0.77
籽粒 N 吸收量	kg/hm^2	8 041	98.4	29.8	10.2	79.8	96.1	114.8	289.7
籽粒 P 吸收量	kg/hm^2	6 601	24.4	11.8	2.7	16.4	21.2	29.7	91.1
籽粒 K 吸收量	kg/hm^2	6 587	28.4	15.3	2.9	18.8	25.8	33.7	166.4
秸秆 N 吸收量	kg/hm^2	7 691	65.7	27.8	10.1	47.4	62.0	79.9	348.5
秸秆 P 吸收量	kg/hm^2	6 548	10.9	8.6	0.2	5.1	8.0	14.9	116.5
秸秆 K 吸收量	kg/hm^2	6 566	111.4	51.8	8.8	77.2	101.9	136.0	520.2
籽粒 N 含量	g/kg	7 569	12.6	3.0	2.6	11.1	12.3	13.6	33.2
籽粒 P 含量	g/kg	6 519	3.2	1.6	0.3	2.2	2.7	3.5	13.4
籽粒 K 含量	g/kg	6 517	3.6	1.5	0.7	2.7	3.4	4.2	16.2
秸秆 N 含量	g/kg	7 515	7.9	2.7	1.7	6.1	7.4	9.5	23.1
秸秆 P 含量	g/kg	6 470	1.3	0.9	0.1	0.7	1.0	1.7	11.0
秸秆 K 含量	g/kg	6 465	13.7	5.4	2.4	9.6	12.5	17.2	43.2
地上部 N 吸收量	kg/hm^2	10 003	169.3	52.8	18.2	135.6	165.2	196.5	520.0
地上部 P 吸收量	kg/hm^2	7 400	35.8	17.1	5.6	23.3	31.5	45.1	155.1
地上部 K 吸收量	kg/hm^2	7 406	141.4	59.0	17.2	102.3	130.5	168.3	605.6
N 收获指数	kg/kg	8 001	0.60	0.09	0.15	0.54	0.61	0.66	0.88
P 收获指数	kg/kg	6 566	0.70	0.13	0.13	0.64	0.73	0.80	0.98
K 收获指数	kg/kg	6 572	0.21	0.09	0.03	0.15	0.20	0.26	0.80

由于数据所覆盖的范围较广，籽粒和秸秆的 N、P 和 K 养分含量变化范围都较大，籽粒中 N、P 和 K 养分含量的平均值分别为 12.6g/kg、3.2g/kg 和 3.6g/kg，变化范围分别为 2.6～33.2g/kg、0.3～13.4g/kg 和 0.7～16.2g/kg。秸秆中 N、P 和 K 的养分含量平均值分别为 7.9g/kg、1.3g/kg 和 13.7g/kg，变化范围分别为 1.7～23.1g/kg、0.1～11.0g/kg 和 2.4～43.2g/kg。籽粒和秸秆中 N、P 和 K 的最高和最低养分含量分别来自过量施肥和

不施肥小区。整个地上部 N、P 和 K 吸收量的平均值分别为 169.3kg/hm^2、35.8kg/hm^2 和 141.4kg/hm^2，其变化范围分别为 18.2～520.0kg/hm^2、5.6～155.1kg/hm^2 和 17.2～605.6kg/hm^2。由于施肥量和养分管理等差异，三大营养元素的收获指数差异很大，N、P 和 K 收获指数的平均值分别为 0.60kg/kg、0.70kg/kg 和 0.21kg/kg，其变化范围分别为 0.15～0.88kg/kg、0.13～0.98kg/kg 和 0.03～0.80kg/kg。

表 3-3 显示了春玉米产量（含水量 15.5%）、收获指数、籽粒和秸秆 N、P 和 K 含量、籽粒和秸秆 N、P 和 K 吸收量、地上部总 N、P 和 K 吸收量及 N、P 和 K 收获指数等特征参数。

表 3-3　春玉米养分吸收特征

参数	单位	样本数	平均值	标准差	最小值	25th	中值	75th	最大值
产量	t/hm^2	4 437	9.9	2.3	1.7	8.3	9.9	11.4	20.6
收获指数	kg/kg	3 589	0.48	0.06	0.20	0.44	0.48	0.52	0.71
籽粒 N 吸收量	kg/hm^2	3 396	99.2	29.8	18.3	81.0	97.1	116.2	289.7
籽粒 P 吸收量	kg/hm^2	2 849	24.5	11.3	2.7	16.7	22.2	29.4	91.1
籽粒 K 吸收量	kg/hm^2	2 859	32.4	17.3	4.7	22.4	29.4	37.1	166.4
秸秆 N 吸收量	kg/hm^2	3 237	66.4	30.7	10.6	48.0	61.0	77.8	348.5
秸秆 P 吸收量	kg/hm^2	2 824	11.5	9.0	1.2	5.0	8.7	16.4	116.5
秸秆 K 吸收量	kg/hm^2	2 857	106.0	58.1	10.0	72.2	94.9	121.4	520.2
籽粒 N 含量	g/kg	3 141	11.5	2.0	2.6	10.4	11.6	12.6	21.9
籽粒 P 含量	g/kg	2 741	2.9	1.2	0.3	2.2	2.6	3.2	13.4
籽粒 K 含量	g/kg	2 779	3.8	1.7	0.7	2.8	3.5	4.3	16.2
秸秆 N 含量	g/kg	3 141	6.9	2.3	1.7	5.7	6.6	7.8	23.1
秸秆 P 含量	g/kg	2 741	1.1	0.7	0.1	0.6	1.0	1.6	11.0
秸秆 K 含量	g/kg	2 773	11.0	4.6	2.5	8.7	10.1	11.9	43.2
地上部 N 吸收量	kg/hm^2	4 196	169.3	55.7	34.6	135.6	163.4	193.7	470.0
地上部 P 吸收量	kg/hm^2	3 323	36.6	17.2	6.9	25.1	32.8	44.5	155.1
地上部 K 吸收量	kg/hm^2	3 336	142.0	67.9	17.2	100.8	128.1	161.1	605.6
N 收获指数	kg/kg	3 380	0.60	0.09	0.15	0.55	0.61	0.66	0.86
P 收获指数	kg/kg	2 832	0.70	0.14	0.13	0.60	0.71	0.82	0.98
K 收获指数	kg/kg	2 853	0.25	0.09	0.03	0.19	0.24	0.29	0.80

从春玉米养分吸收特征来看，所收集试验数据中平均产量为 9.9t/hm^2，变化范围为 1.7～20.6t/hm^2。籽粒收获指数平均值为 0.48kg/kg，变化范围为 0.20～0.71kg/kg。籽粒中 N、P 和 K 含量的平均值分别为 11.5g/kg、2.9g/kg 和 3.8g/kg，变化范围分别为 2.6～21.9g/kg、0.3～13.4g/kg 和 0.7～16.2g/kg。秸秆中 N、P 和 K 含量的平均值分别为 6.9g/kg、1.1g/kg 和 11.0g/kg，变化范围分别为 1.7～23.1g/kg、0.1～11.0g/kg 和 2.5～43.2g/kg。整个地上部 N、P 和 K 吸收量的平均值分别为 169.3kg/hm^2、36.6kg/hm^2 和 142.0kg/hm^2，其变化范围分别为 34.6～470.0kg/hm^2、6.9～155.1kg/hm^2 和 17.2～605.6kg/hm^2。三大营养元素的平均养分收获指数分别为 0.60kg/kg、0.70kg/kg 和 0.25kg/kg，其变化范围分别为 0.15～0.86kg/kg、0.13～0.98kg/kg 和 0.03～0.80kg/kg。

表 3-4 显示了夏玉米产量（含水量 15.5%）、收获指数、籽粒和秸秆 N、P 和 K 含量、籽粒和秸秆 N、P 和 K 吸收量、地上部总 N、P 和 K 吸收量及 N、P 和 K 收获指数等特征参数。

表 3-4　夏玉米养分吸收特征参数

参数	单位	样本数	平均值	标准差	最小值	25th	中值	75th	最大值
产量	t/hm^2	5 969	8.5	2.0	1.2	7.1	8.4	9.7	17.3
收获指数	kg/kg	4 873	0.49	0.06	0.10	0.46	0.50	0.54	0.77
籽粒 N 吸收量	kg/hm^2	4 645	97.8	29.7	10.2	78.7	95.5	113.6	269.9
籽粒 P 吸收量	kg/hm^2	3 752	24.3	12.2	2.8	16.1	20.3	29.9	83.2
籽粒 K 吸收量	kg/hm^2	3 728	25.3	12.8	2.9	17.2	22.8	31.1	152.4
秸秆 N 吸收量	kg/hm^2	4 454	65.2	25.5	10.1	46.9	62.7	81.2	224.1
秸秆 P 吸收量	kg/hm^2	3 724	10.5	8.3	0.2	5.1	7.8	13.3	69.3
秸秆 K 吸收量	kg/hm^2	3 709	115.5	46.0	8.8	81.3	109.3	145.0	297.2
籽粒 N 含量	g/kg	4 428	13.5	3.2	4.1	11.7	12.9	14.5	33.2
籽粒 P 含量	g/kg	3 778	3.5	1.8	0.8	2.3	2.8	3.8	10.2
籽粒 K 含量	g/kg	3 738	3.5	1.4	0.9	2.6	3.2	4.1	14.4
秸秆 N 含量	g/kg	4 374	8.7	2.7	2.3	6.6	8.5	10.5	20.5
秸秆 P 含量	g/kg	3 729	1.5	1.0	0.1	0.7	1.0	1.9	5.9
秸秆 K 含量	g/kg	3 692	15.8	5.1	2.4	12.1	15.6	19.4	34.6
地上部 N 吸收量	kg/hm^2	5 807	169.3	50.6	18.2	135.6	166.5	198.1	520.0
地上部 P 吸收量	kg/hm^2	4 077	35.1	17.0	5.6	22.4	30.2	45.5	112.3
地上部 K 吸收量	kg/hm^2	4 070	140.9	50.6	26.7	103.4	133.1	173.8	341.0
N 收获指数	kg/kg	4 621	0.60	0.09	0.16	0.54	0.61	0.66	0.88
P 收获指数	kg/kg	3 734	0.71	0.12	0.14	0.67	0.73	0.79	0.98
K 收获指数	kg/kg	3 719	0.19	0.08	0.05	0.13	0.17	0.23	0.79

从夏玉米养分吸收特征来看，所收集试验数据的平均产量为 8.5t/hm^2，变化范围为 1.2～17.3t/hm^2。籽粒收获指数平均值为 0.49kg/kg，变化范围为 0.10～0.77kg/kg。籽粒中 N、P 和 K 含量的平均值分别为 13.5g/kg、3.5g/kg 和 3.5g/kg，变化范围分别为 4.1～33.2g/kg、0.8～10.2g/kg 和 0.9～14.4g/kg。秸秆中 N、P 和 K 含量的平均值分别为 8.7g/kg、1.5g/kg 和 15.8g/kg，变化范围分别为 2.3～20.5g/kg、0.1～5.9g/kg 和 2.4～34.6g/kg。整个地上部 N、P 和 K 吸收量的平均值分别为 169.3kg/hm^2、35.1kg/hm^2 和 140.9kg/hm^2，其变化范围分别为 18.2～520.0kg/hm^2、5.6～112.3kg/hm^2 和 26.7～341.0kg/hm^2。三大营养元素 N、P 和 K 的平均养分收获指数分别为 0.60kg/kg、0.71kg/kg 和 0.19kg/kg，其变化范围分别为 0.16～0.88kg/kg、0.14～0.98kg/kg 和 0.05～0.79kg/kg。

比较春玉米和夏玉米的养分吸收特征（表 3-3 和表 3-4）。春玉米的平均产量高于夏玉米 1.4t/hm^2；二者籽粒收获指数的平均值相近；氮素和磷素的养分收获指数比较接近，但钾素的养分收获指数春玉米大于夏玉米；除籽粒中钾素养分含量外，夏玉米籽粒的 N、P 和秸秆的 N、P、K 养分含量的平均值都要高于春玉米。但地上部 N、P 和 K 的养分吸收量春玉米和夏玉米相近。由于春玉米和夏玉米的产量相差较大，以及气候、施肥量及轮作制度等差异，二者养分吸收特征存在差异，因此在依据养分吸收进行施肥指导时春玉米和夏玉米要区别对待。

3.2.2　养分内在效率与吨粮养分吸收

玉米地上部养分吸收的利用效率可以通过养分的内在效率（IE）和吨粮养分吸收（RIE）来表征。表 3-5 列出了所有玉米、春玉米和夏玉米 N、P 和 K 的 IE 和 RIE 值。

表 3-5　玉米养分的内在效率（IE）和吨粮养分吸收（RIE）描述统计

数据组	参数	单位	样本数	平均值	标准差	最小值	25th	中值	75th	最大值
所有玉米	IE-N	kg/kg	10 003	56.2	14.6	4.3	46.4	54.4	63.7	171.4
	IE-P	kg/kg	7 400	297.4	123.5	40.0	192.2	295.8	384.5	1782.9
	IE-K	kg/kg	7 406	70.3	23.3	19.0	53.6	67.5	84.2	195.5
	RIE-N	kg/t	10 003	19.0	5.3	5.8	15.7	18.4	21.5	230.8
	RIE-P	kg/t	7 400	4.1	2.0	0.6	2.6	3.4	5.2	25.0
	RIE-K	kg/t	7 406	15.9	5.6	5.1	11.9	14.8	18.7	52.6
春玉米	IE-N	kg/kg	4 196	61.4	14.9	21.5	51.6	60.1	68.5	171.4
	IE-P	kg/kg	3 323	312.2	120.5	62.3	219.7	307.8	387.5	1782.9
	IE-K	kg/kg	3 336	78.0	25.2	19.0	61.2	76.5	92.4	195.5
	RIE-N	kg/t	4 196	17.2	4.2	5.8	14.6	16.6	19.4	46.6
	RIE-P	kg/t	3 323	3.7	1.6	0.6	2.6	3.2	4.6	16.0
	RIE-K	kg/t	3 336	14.5	5.8	5.1	10.8	13.1	16.3	52.6
夏玉米	IE-N	kg/kg	5 807	52.5	13.1	4.3	44.1	50.6	58.5	123.3
	IE-P	kg/kg	4 077	285.3	124.6	40.0	160.4	283.7	382.1	945.5
	IE-K	kg/kg	4 070	64.1	19.6	22.3	49.9	61.0	75.7	181.1
	RIE-N	kg/t	5 807	20.2	5.6	8.1	17.1	19.8	22.7	230.8
	RIE-P	kg/t	4 077	4.4	2.2	1.1	2.6	3.5	6.2	25.0
	RIE-K	kg/t	4 070	17.1	5.2	5.5	13.2	16.4	20.0	44.8

从表 3-5 可以看出，所有玉米 N、P 和 K 的 IE 平均值分别为 56.2kg/kg、297.4kg/kg 和 70.3kg/kg，相应的 RIE 平均值分别为 19.0kg/t、4.1kg/t 和 15.9kg/t；春玉米 N、P 和 K 的 IE 平均值分别为 61.4kg/kg、312.2kg/kg 和 78.0kg/kg，相应的 RIE 平均值分别为 17.2kg/t、3.7kg/t 和 14.5kg/t；夏玉米 N、P 和 K 的 IE 平均值分别为 52.5kg/kg、285.3kg/kg 和 64.1kg/kg，相应的 RIE 平均值分别为 20.2kg/t、4.4kg/t 和 17.1kg/t。春玉米 N、P 和 K 的 IE 值要高于夏玉米，相应的 RIE 值低于夏玉米，二者的 IE 和 RIE 值变化范围都比较大，因此不宜直接通过 IE 和 RIE 进行 N、P 和 K 的养分吸收估测。

3.3　玉米养分最佳需求量估算

3.3.1　养分最大累积和最大稀释参数确定

QUEFTS 模型估测的是最佳养分需求量，在使用 QUEFTS 模型进行养分吸收估计要求数据的收获指数大于 0.4kg/kg。因此首先要对收获指数进行分析。

从图 3-2 看出，大多数的收获指数都位于 0.4～0.6kg/kg，但有一部分小于 0.4kg/kg。若收获指数小于 0.4kg/kg，则认为作物生长受到养分以外的其他生物或非生物胁迫，因此在下面的分析中把这部分收获指数小于 0.4kg/kg 的数据剔除掉。应用 QUEFTS 模型模拟产量与地上部养分吸收的关系，能够得到最佳养分吸收曲线。

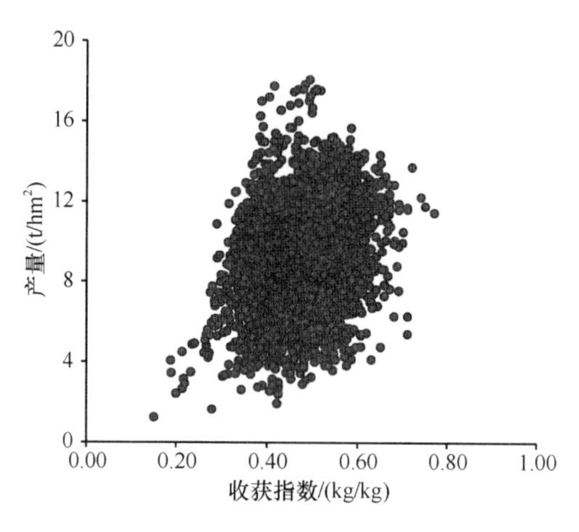

图 3-2　玉米产量与收获指数关系

a 和 *d* 分别为作物的最大累积边界和最大稀释边界，即在最大累积和最大稀释状态下每千克养分所生产的籽粒产量。当某种养分供给不充分时，作物体内该养分含量为最大稀释状态，此时籽粒产量与地上部养分吸收量比值的斜率称为最大稀释边界（*a*），该养分吸收率随着供肥量的增加而减小，直到该养分在作物体内最大化累积，此时的斜率称为最大累积边界（*d*）。在产量和养分吸收的关系分析中，我们分别采用养分内在效率上下的 2.5th、5.0th 和 7.5th 所对应的养分内在效率数值作为模拟养分最大累积和养分最大稀释的边界以验证模型的灵敏性，去除边界外的点，以得到最佳养分吸收曲线（表 3-6）。

表 3-6　玉米地上部最大累积边界（*a*）和最大稀释边界（*d*）参数设置（单位：kg/kg）

养分	参数 I		参数 II		参数III	
	a（2.5th）	*d*（97.5th）	*a*（2.5th）	*d*（97.5th）	*a*（2.5th）	*d*（97.5th）
N	34	88	37	81	39	77
P	116	519	125	482	132	458
K	34	124	38	113	41	106

用三组参数分别运行 QUEFTS 模型，得到各组的养分吸收曲线。图 3-3 显示的是产量潜力为 14t/hm^2 时三组参数的地上部养分吸收曲线。运行模型后发现虽然各组的最大累积边界和最大稀释边界的斜率均不同，但是三组的最佳养分吸收曲线的直线部分非常相近，只是在接近产量潜力（平台）时表现出差异。从模拟的结果看出，三组参数设置虽然影响养分吸收的最大稀释边界和最大累积边界，但是对养分吸收

最佳曲线影响较小（图 3-3），因此我们采用养分内在效率（IE）的上下 2.5th 作为最终的参数设置。

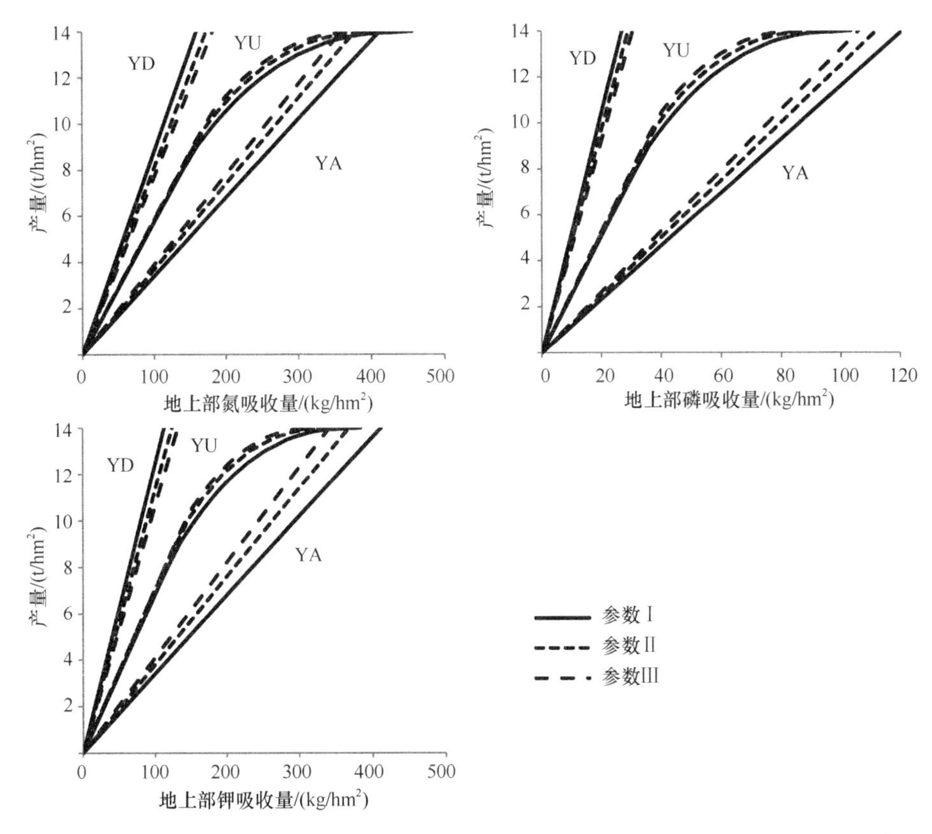

图 3-3　三种不同参数设置下 N、P 和 K 的养分吸收与产量关系（产量潜力为 14t/hm²）
YA、YD 和 YU 分别为地上部养分最大累积边界、最大稀释边界和最佳养分吸收曲线

3.3.2　地上部养分最佳需求量估算

QUEFTS 模型应用潜在产量、目标产量和养分内在效率进行最佳养分估测，因此在进行目标产量的养分吸收量估测时，要设置潜在产量。我国的玉米种植范围比较广泛，又分为春玉米和夏玉米种植区，产量潜力有很大的差异，因此通过设置不同潜在产量来分析目标产量的养分吸收。此模型除了可以估测产量和地上部养分吸收外，还可以估测籽粒养分吸收与产量间的关系曲线，这样就可以很好地估算出籽粒收获带走的养分量，为指导施肥提供更好的依据。

3.3.2.1　春玉米最佳养分吸收估测

我国的春玉米种植区主要分布在东北平原和西北地区，其中东北平原是世界著名的三大“黄金玉米带”之一，所收集的春玉米数据也多集中在此地区。选择春玉米养分内在效率的上下 2.5th 作为最终的参数设置，地上部养分吸收 N、P 和 K 的 *a* 和 *d* 值分别为 37kg/kg 和 90kg/kg、128kg/kg 和 549kg/kg、34kg/kg 和 135kg/kg（表 3-7）。籽粒养分吸收 N、P

和 K 的 *a* 和 *d* 值分别为 70kg/kg 和 153kg/kg、192kg/kg 和 883kg/kg、137kg/kg 和 691kg/kg。

表 3-7 春玉米地上部不同参数设置的 N、P 和 K 最大累积边界（*a*）和最大稀释边界（*d*）（单位：kg/kg）

养分	参数 I		参数 II		参数III	
	a（2.5th）	*d*（97.5th）	*a*（2.5th）	*d*（2.5th）	*d*（97.5th）	*a*（2.5th）
N	37	90	41	84	80	43
P	128	549	151	503	471	164
K	34	135	40	124	117	45

从模拟不同潜在产量下春玉米地上部养分吸收曲线结果得出（图 3-4a～图 3-4c），当目标产量达到潜在产量的 60%～70%时，每吨春玉米产量所需地上部养分吸收是一定的，直线部分每吨春玉米产量所需地上部 N、P 和 K 分别为 16.5kg/t、3.6kg/t 和 14.1kg/t，相应的 N、P 和 K 养分内在效率分别为 60.5kg/kg、276.1kg/kg 和 71.0kg/kg，需要 N∶P∶K 为 4.58∶1∶3.92（表 3-8）。

从模拟的不同潜在产量下籽粒养分吸收结果可以得出（图 3-4d～图 3-4f），直线部分每吨籽粒吸收的 N、P 和 K 分别为 9.3kg/t、2.3kg/t 和 3.2kg/t，其 N∶P∶K 为 4.04∶1∶

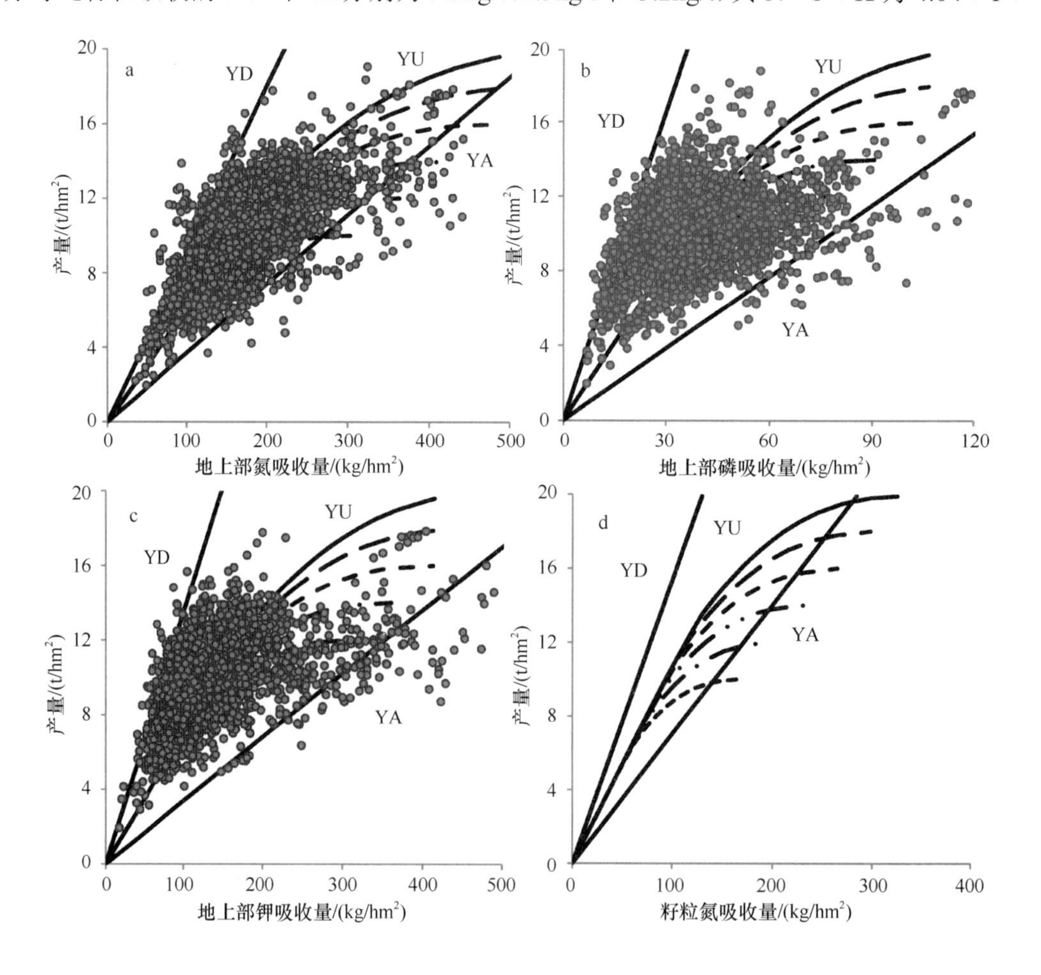

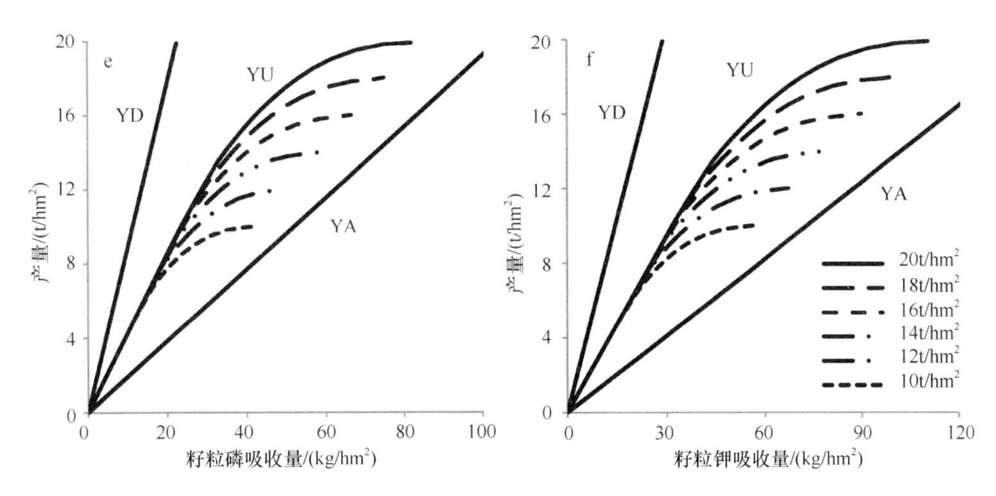

图 3-4　春玉米不同潜在产量下地上部（a～c）和籽粒（d～f）N、P 和 K 养分吸收与产量的关系曲线

YA、YD 和 YU 分别为地上部养分最大累积边界、最大稀释边界和最佳养分吸收曲线

表 3-8　潜在产量为 16 000kg/hm² 时春玉米不同目标产量下 QUEFTS 模型计算的 N、P 和 K 最佳养分吸收量、养分内在效率和吨粮养分吸收

产量/（kg/hm²）	地上部养分吸收/（kg/hm²）			养分内在效率/（kg/kg）			吨粮养分吸收/（kg/t）		
	N	P	K	N	P	K	N	P	K
0	0	0	0	0	0	0	0	0	0
1 000	16.5	3.6	14.1	60.5	276.1	71.0	16.5	3.6	14.1
2 000	33.1	7.2	28.2	60.5	276.1	71.0	16.5	3.6	14.1
3 000	49.6	10.9	42.3	60.5	276.1	71.0	16.5	3.6	14.1
4 000	66.1	14.5	56.3	60.5	276.1	71.0	16.5	3.6	14.1
5 000	82.7	18.1	70.4	60.5	276.1	71.0	16.5	3.6	14.1
6 000	99.2	21.7	84.5	60.5	276.1	71.0	16.5	3.6	14.1
7 000	115.7	25.3	98.6	60.5	276.1	71.0	16.5	3.6	14.1
8 000	132.3	29.0	112.7	60.5	276.1	71.0	16.5	3.6	14.1
9 000	149.7	32.8	127.5	60.1	274.5	70.6	16.6	3.6	14.2
10 000	168.0	36.8	143.1	59.5	271.8	69.9	16.8	3.7	14.3
11 000	189.2	41.4	161.2	58.1	265.4	68.3	17.2	3.8	14.7
12 000	215.4	47.2	183.5	55.7	254.4	65.4	18.0	3.9	15.3
13 000	245.6	53.8	209.2	52.9	241.6	62.1	18.9	4.1	16.1
14 000	282.5	61.9	240.6	49.6	226.3	58.2	20.2	4.4	17.2
15 000	332.8	72.9	283.5	45.1	205.8	52.9	22.2	4.9	18.9
16 000	484.9	106.2	413.0	33.0	150.7	38.7	30.3	6.6	25.8

1.39。当目标产量达到潜在产量的 80%时，籽粒吸收的 N、P 和 K 占地上部养分吸收的比例分别为 56.4%、64.8%和 22.5%（表 3-9）。

表 3-9 QUEFTS 模型计算的春玉米籽粒 N、P 和 K 的最佳养分吸收及占地上部养分吸收比例

产量/（kg/hm^2）	地上部养分吸收/（kg/hm^2）			籽粒养分吸收/（kg/hm^2）			所占比例/%		
	N	P	K	N	P	K	N	P	K
0	0	0	0	0.0	0.0	0.0	0	0	0
1 000	16.5	3.6	14.1	9.3	2.3	3.2	56.4	64.7	22.5
2 000	33.1	7.2	28.2	18.7	4.7	6.3	56.4	64.7	22.5
3 000	49.6	10.9	42.3	28.0	7.0	9.5	56.4	64.7	22.5
4 000	66.1	14.5	56.3	37.3	9.4	12.7	56.4	64.7	22.5
5 000	82.7	18.1	70.4	46.6	11.7	15.8	56.4	64.7	22.5
6 000	99.2	21.7	84.5	56.0	14.1	19.0	56.4	64.7	22.5
7 000	115.7	25.3	98.6	65.3	16.4	22.1	56.4	64.7	22.5
8 000	132.3	29.0	112.7	74.8	18.8	25.4	56.6	64.9	22.5
9 000	149.7	32.8	127.5	85.1	21.4	28.8	56.8	65.2	22.6
10 000	168.0	36.8	143.1	95.6	24.0	32.4	56.9	65.3	22.6
11 000	189.2	41.4	161.2	106.8	26.8	36.2	56.4	64.8	22.5
12 000	215.4	47.2	183.5	121.6	30.6	41.2	56.4	64.8	22.5
13 000	245.6	53.8	209.2	138.6	34.8	47.0	56.4	64.8	22.5
14 000	282.5	61.9	240.6	159.4	40.1	54.1	56.4	64.8	22.5
15 000	332.8	72.9	283.5	188.0	47.3	63.7	56.5	64.8	22.5
16 000	484.9	106.2	413.0	264.9	66.6	89.8	54.6	62.7	21.7

3.3.2.2 夏玉米最佳养分吸收估测

我国的夏玉米种植区主要分布在华北平原和长江中下游，其中华北平原是小麦-玉米轮作制度，长江中下游是水稻-玉米轮作制度。所收集的夏玉米数据多集中在华北地区和长江中下游地区。a 和 d 值选择夏玉米数据养分内在效率的上下 2.5th 作为最终的参数设置，地上部养分吸收 N、P 和 K 的 a 和 d 值分别为 33kg/kg 和 86kg/kg、115kg/kg 和 498kg/kg、34kg/kg 和 106kg/kg（表 3-10）。籽粒养分吸收 N、P 和 K 的 a 和 d 值分别为 53kg/kg 和 132kg/kg、142kg/kg 和 674kg/kg、149kg/kg 和 606kg/kg。

表 3-10 夏玉米地上部不同参数设置的 N、P 和 K 最大累积边界（*a*）和最大稀释边界（*d*）（单位：kg/kg）

养分	参数 I		参数 II		参数 III	
	a（2.5th）	*d*（97.5th）	*a*（5th）	*d*（95th）	*a*（7.5th）	*d*（92.5th）
N	33	86	35	77	37	72
P	115	498	120	470	125	450
K	34	106	38	100	40	95

从模拟的不同潜在产量下夏玉米地上部养分吸收结果得出（图 3-5a～图 3-5c），当目标产量达到潜在产量的 60%～70%时，形成每吨夏玉米籽粒产量其地上部养分吸收量是一定的，相应的直线部分养分内在效率分别为 56.4kg/kg、247.3kg/kg 和 63.6kg/kg，

需要养分 N∶P∶K 为 4.43∶1∶3.93（表 3-11）。

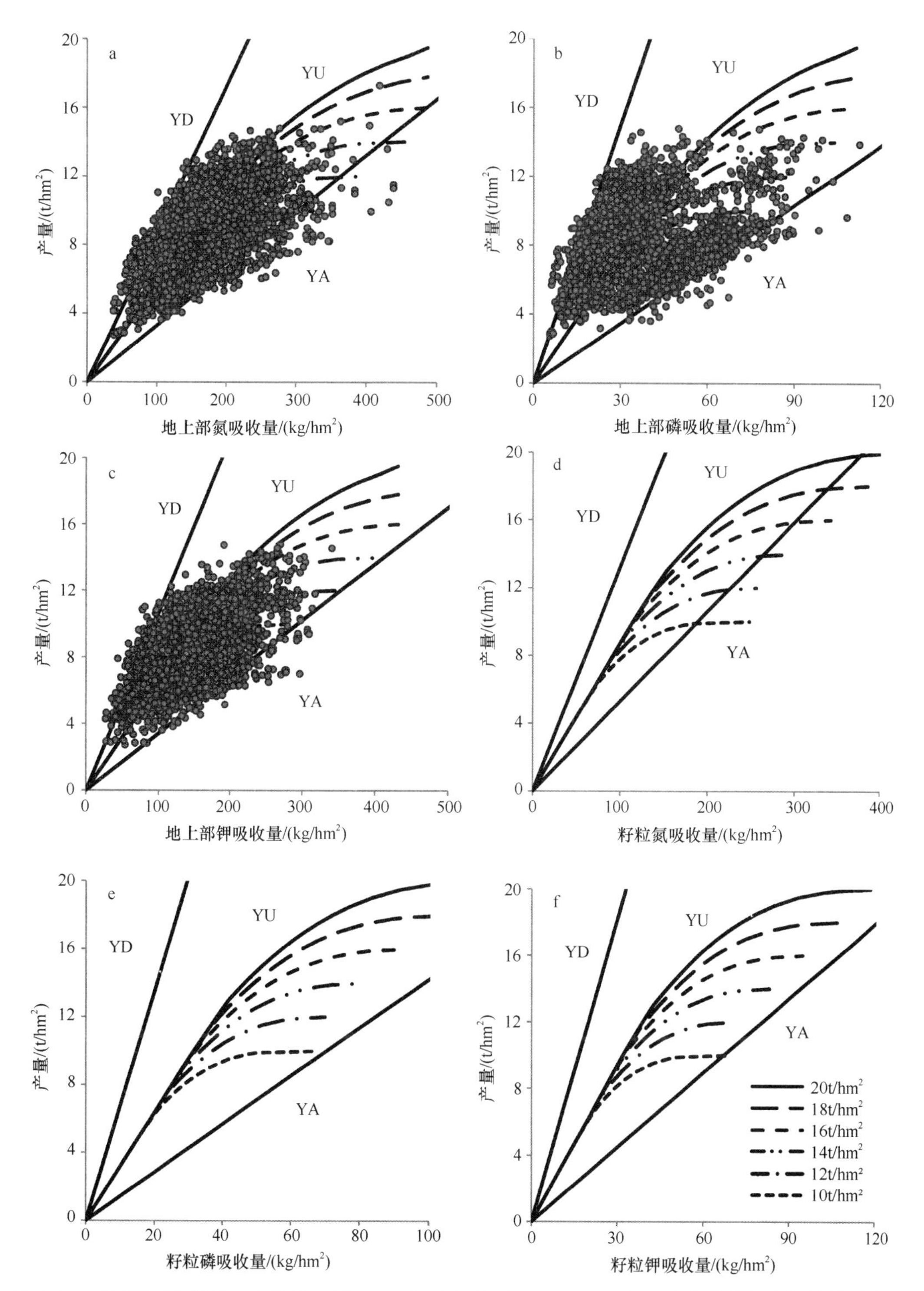

图 3-5　夏玉米不同潜在产量下地上部（a～c）和籽粒（d～f）N、P 和 K 养分吸收与产量的关系曲线

YA、YD 和 YU 分别为地上部养分最大累积边界、最大稀释边界和最佳养分吸收曲线

表 3-11　潜在产量为 16 000kg/hm² 时夏玉米不同目标产量下 QUEFTS 模型计算的 N、P 和 K 最佳养分吸收、养分内在效率和吨粮养分吸收

产量/（kg/hm²）	地上部养分吸收/（kg/hm²）			养分内在效率/（kg/kg）			吨粮养分吸收/（kg/t）		
	N	P	K	N	P	K	N	P	K
0	0	0	0	0	0	0	0	0	0
1 000	17.7	4.0	15.7	56.4	247.3	63.6	17.7	4.0	15.7
2 000	35.4	8.1	31.5	56.4	247.3	63.6	17.7	4.0	15.7
3 000	53.2	12.1	47.2	56.4	247.3	63.6	17.7	4.0	15.7
4 000	70.9	16.2	62.9	56.4	247.3	63.6	17.7	4.0	15.7
5 000	88.6	20.2	78.6	56.4	247.3	63.6	17.7	4.0	15.7
6 000	106.3	24.3	94.4	56.4	247.3	63.6	17.7	4.0	15.7
7 000	124.1	28.3	110.1	56.4	247.3	63.6	17.7	4.0	15.7
8 000	141.8	32.4	125.8	56.4	247.3	63.6	17.7	4.0	15.7
9 000	159.5	36.4	141.5	56.4	247.3	63.6	17.7	4.0	15.7
10 000	177.9	40.6	157.9	56.2	246.3	63.3	17.8	4.1	15.8
11 000	200.9	45.8	178.2	54.8	240.0	61.7	18.3	4.2	16.2
12 000	228.6	52.2	202.8	52.5	230.1	59.2	19.0	4.3	16.9
13 000	260.5	59.4	231.2	49.9	218.7	56.2	20.0	4.6	17.8
14 000	299.3	68.3	265.6	46.8	205.0	52.7	21.4	4.9	19.0
15 000	352.3	80.4	312.6	42.6	186.6	48.0	23.5	5.4	20.8
16 000	486.6	111.0	431.8	32.9	144.1	37.1	30.4	6.9	27.0

从模拟的籽粒养分吸收结果可以得出，直线部分每吨籽粒吸收的 N、P 和 K 分别为 11.5kg/t、3.1kg/t 和 3.2kg/t，其 N∶P∶K 为 3.71∶1∶1.03。当目标产量达到潜在产量的 80%时，籽粒吸收的 N、P 和 K 占地上部养分吸收的比例分别为 66.0%、79.3%和 20.7%（表 3-12）。

表 3-12　QUEFTS 模型计算的夏玉米籽粒氮、磷和钾最佳养分吸收及占地上部养分吸收比例

产量/（kg/hm²）	地上部养分吸收/（kg/hm²）			籽粒养分吸收/（kg/hm²）			所占比例/%		
	N	P	K	N	P	K	N	P	K
0	0	0	0	0	0	0	0	0	0
1 000	17.7	4.0	15.7	11.5	3.1	3.2	64.8	77.9	20.3
2 000	35.4	8.1	31.5	23.0	6.3	6.4	64.8	77.9	20.3
3 000	53.2	12.1	47.2	34.4	9.4	9.6	64.8	77.9	20.3
4 000	70.9	16.2	62.9	45.9	12.6	12.8	64.8	77.9	20.3
5 000	88.6	20.2	78.6	57.4	15.7	16.0	64.8	77.9	20.3
6 000	106.3	24.3	94.4	68.9	18.9	19.2	64.8	77.9	20.3
7 000	124.1	28.3	110.1	80.4	22.0	22.4	64.8	77.9	20.3
8 000	141.8	32.4	125.8	91.9	25.2	25.6	64.8	77.9	20.3
9 000	159.5	36.4	141.5	104.1	28.6	29.0	65.3	78.4	20.5
10 000	177.9	40.6	157.9	116.9	32.1	32.5	65.7	78.9	20.6
11 000	200.9	45.8	178.2	132.3	36.3	36.8	65.9	79.2	20.7
12 000	228.6	52.2	202.8	150.7	41.3	41.9	65.9	79.2	20.7
13 000	260.5	59.4	231.2	171.9	47.2	47.9	66.0	79.3	20.7
14 000	299.3	68.3	265.6	197.9	54.3	55.1	66.1	79.4	20.7
15 000	352.3	80.4	312.6	233.4	64.0	65.0	66.2	79.6	20.8
16 000	486.6	111.0	431.8	340.6	93.4	94.8	70.0	84.1	22.0

玉米产量及养分吸收特征参数，不仅可以间接反映地力情况，还可以反映施肥情况，了解玉米不同目标产量下的N、P和K养分吸收量对指导施肥具有十分重要的指导意义。本研究中收集的所有数据（同时具有产量和养分吸收数据）平均产量为 9.1t/hm^2，与已有的研究进行比较（Setiyono et al.，2010），要低于美国和东南亚的平均产量（12.0t/hm^2），但是要远高于 5.6t/hm^2 的世界平均水平（FAOSTAT，2014），本研究的玉米平均产量也高于中国统计年鉴中 5.8t/hm^2 的平均产量（中国农业统计年鉴编委会，2014），其原因是本研究所收集的玉米数据都是来自试验数据，试验地点多位于平原地带的玉米主产区，且田间管理也要优于农民施肥措施。所收集的数据中，常规统计的养分吸收变化范围很大，作物对养分的需求也因土壤类型、养分供应、作物管理及气候等有很大的差异，因此不能简单依据平均值进行养分吸收估测，这就需要一个具有代表性的定量化模型对目标产量下的养分吸收进行估测（Witt et al.，1999；van Duivenbooden et al.，1996）。

QUEFTS 模型是应用大量不同试验地点的数据分析作物产量与养分吸收之间关系的模型，避免了由于少数数据带来的偏差，因此具有一定的普遍性（Smaling and Janssen，1993； Janssen et al.，1990）。QUEFTS 模型最大的特点是考虑了氮磷钾养分间的相互作用机制，结合线性-抛物线-平台函数估测不同目标产量下的最佳养分吸收。该模型可以依据养分最大累积边界和养分最大稀释边界，求算氮磷钾养分最佳吸收曲线、养分内在效率（作物吸收单位养分所产生的籽粒产量）和吨粮养分吸收（形成单位籽粒产量所吸收的养分量）。Witt 等（1999）利用 QUEFTS 模型估测南亚和东南亚灌溉水稻的氮磷钾需求量。Khurana 等（2008a）通过 QUEFTS 模型讨论了印度西北部灌溉小麦的定位施肥管理，可以潜在提高产量和肥料利用率。Setiyono 等（2010）通过 QUEFTS 模型估测了美国和东南亚的玉米养分需求。Buresh 等（2010）通过 QUEFTS 模型阐述了灌溉水稻磷和钾的需求平衡。使用此模型进行养分平衡管理的研究还有很多（Das et al.，2009；Tabi et al.，2008；Mowo et al.，2006；Haefele et al.，2003；Pathak et al.，2003）。而我国也有关于应用 QUEFTS 模型研究玉米产量和养分吸收关系（Zhang et al.，2012；Liu et al.，2006a），以及本课题组的研究（Xu et al.，2013）。但随着高产高效型玉米品种的不断涌现，需要对数据库的产量和养分吸收数据不断更新，才能进行更加精确的养分管理。

应用 QUEFTS 模型估算一定目标产量的养分吸收时采用的基本是最佳养分吸收曲线的直线部分，因为大多数玉米生产体系中很少有超过潜在产量 80%的情况（Lobell et al.，2009），本研究中模拟结果与 Witt 等（1999）的研究趋势是一致的。轮作制度、气候差异及养分管理等差异导致了我国春玉米和夏玉米在养分吸收和产量上的差异。从估算的结果看，N、P 和 K 吨粮地上部养分吸收春玉米均要低于夏玉米。Liu 等（2006a）应用 QUEFTS 模型利用 1985～1995 年的 521 个玉米田间试验数据进行模拟，得出每生产 1t 玉米籽粒产量地上部所需 N、P 和 K 分别为 25.8kg/t、4.3kg/t 和 23.1kg/t，本研究结果除了夏玉米磷素吸收与其较接近之外，其余的都要低于 Liu 等（2006a）的研究结果，其主要原因在于 Liu 等使用的是 1985～1995 年的数据，此后玉米品种已经更新了两代以上，而且施肥量及养分管理都已有了较大的差异。当前用于推荐施肥中的玉米养分吸收参数的研究还只是限于 1995 年前或此后来自零星或个别的试验数据，不能依据这些过去较低玉米产量水平下的养分吸收数据或个别点的试验数据指导当前集约化条件下的玉米养分管理和推荐施肥，迫切需要应用 QUEFTS 模型开展高产玉米养分吸收特征研究，并建立养分吸收与高效施肥之间的定量参数。Setiyono 等（2010）对美国和东南亚的玉米数据进行模拟，得出地上部吨粮养分吸收 N、P 和 K 分别为 16.4kg/t、2.3kg/t 和 15.9kg/t，本研究中的 N 和 K 吸收与 Setiyono 等（2010）的研究结果较接近，但是 P 的地上部吨粮养分吸收要高于后者的研究结果，尤其是夏玉米 P 的地上部吨粮养分吸收要明显地高于后者，这与夏玉米种植区的高施肥量有很大关系，造成作物对 N 和 P 的奢侈吸收。有研究表明，在华北平原许多地区，农民在夏玉米作物单季的氮肥用量超过 $300kg/hm^2$，远远超过达最高产量时的优化施氮量（$180\sim225kg/hm^2$）（He et al.，2009；Ju et al.，2006）。

3.4 玉米可获得产量、产量差和产量反应

3.4.1 可获得产量与产量差

玉米是我国重要的粮食作物之一，具有广泛的用途，如食用、饲料和工业原材料等。玉米是我国种植面积最广的粮食作物，玉米生产力在保证国家乃至世界的粮食安全中都起着重要作用。分析当前措施下的玉米可获得产量和产量差对了解我国当前玉米的生产力和生产潜力具有重要意义，并有助于确定产量限制因子，改善管理策略，采取有效措施，缩小产量差。通过对遗传性状改进，在短期内很难提高产量潜力，为保证玉米持续增产，缩小农民产量与可获得产量间的产量差对保障粮食安全是必要的（Tollenaar and Lee，2002）。近年来国际上对玉米产量差的研究已有诸多报道，从点、区域、国家甚至全球的尺度对产量差进行了研究（van Ittersum et al.，2013；Schulthess et al.，2013；Mueller et al.，2012；Grassini et al.，2011；Sileshi et al.，2010）。国内也有诸多对玉米产量差的定量化研究，从点到省到区域都有报道（Wang et al.，2014；Meng et al.，2013；Liang et al.，2011）。但这些研究是基于少量试验点，或是农民的产量来自于调查，为了反映农民的真实产量水平，农民习惯措施的田间试验数据是必需的。与此同时，在当前管理措施下的玉米土壤基础养分供应、当前土壤肥力下施用某种养分的产量反应及养分利用率对改进玉米管理措施和平衡施肥，最终达到高产和高效的目的，都是必不可少的。

深入探讨和分析我国不同玉米种植区玉米的可获得产量、产量差和产量反应，可为玉米养分专家系统提供数据支撑。本节中所使用的数据不仅包含了养分吸收的产量数据，还包含了没有养分吸收的产量数据，数据来源于国际植物营养研究所（IPNI）中国项目部，包括本课题组前期研究成果及同行在学术期刊已发表的论文等，从 2001～2015 年共计 5893 个田间试验，其中包含农民习惯施肥措施的试验有 2334 个。比较分析不同地区玉米可获得产量（Ya）和农民实际产量（Yf）间的产量差（Ygf）有助于玉米养分专家系统设置目标产量。

总体而言，Ya 和 Yf 分别为 $9.8t/hm^2$ 和 $8.8t/hm^2$，但不同地区间存在显著差异（表 3-13）。区域间的比较结果显示，东北地区的产量最高，Ya 和 Yf 分别为 $10.6t/hm^2$ 和

9.9t/hm^2，然后依次为西北>华北>西南。东北和西北地区具有较长的生长期，其生长期比华北和西南地区长 40～50 天，是其具有较高产量的重要原因之一。Meta 分析结果显示，Ya 显著高于 Yf（P<0.000 01），所有数据点 Ya 比 Yf 平均高 1.0t/hm^2。四个区域的平均 Ya 均高于平均 Yf，东北、西北、华北和西南地区的 Ygf 分别达到了 0.7t/hm^2、1.9t/hm^2、0.9t/hm^2 和 1.1t/hm^2，这说明优化的养分管理措施可以明显提高产量。西北地区的 Ygf 最高，推测其原因可能是该地区水分比较缺乏。收集的试验中，许多优化养分管理措施采用了膜下滴灌技术，有助于提高 Ya，进而扩大产量差。随着各种栽培管理技术在试验中得到应用，玉米可获得产量呈逐年增加趋势（图 3-6）。

表 3-13 不同地区玉米可获得产量、农民实际产量及其产量差

区域	可获得产量/（t/hm^2）			农民实际产量/（t/hm^2）				产量差/（t/hm^2）
	平均值	标准差	样本	平均值	标准差	样本	权重/%	加权均数差，95%置信区间
东北	10.6	2.2	1650	9.9	2.0	653	31.0	0.7（0.5，0.9）
西北	10.5	3.2	1095	8.6	3.1	400	8.4	1.9（1.5，2.3）
华北	9.5	2.2	2230	8.6	2.0	995	45.3	0.9（0.8，1.1）
西南	8.6	2.3	918	7.5	1.9	286	15.3	1.1（0.8，1.4）
总体置信区间			5893			2334	100.0	1.0（0.9，1.1）
异质性						P<0.000 01		
合并效应量						P<0.000 01		

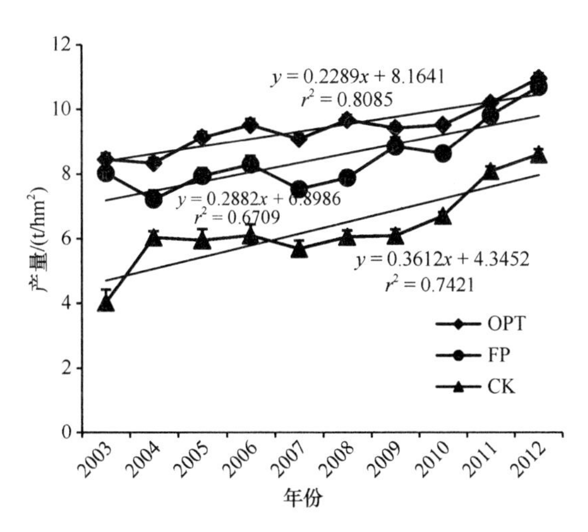

图 3-6 不同处理玉米产量年际变化趋势

产量数据为 2003～2012 年收集数据，误差线为标准误

随着各种农业技术和机械设备应用到农业生产中，以及农民施肥量的不断增加（图 3-7），在减轻农民劳动负担的同时，产量也在不断增加。从 2003～2012 年产量的数据可以看出（图 3-6），在过去的 10 年里农民的产量不断提高，并逐渐接近 Ya，导致了低的 Ygf。

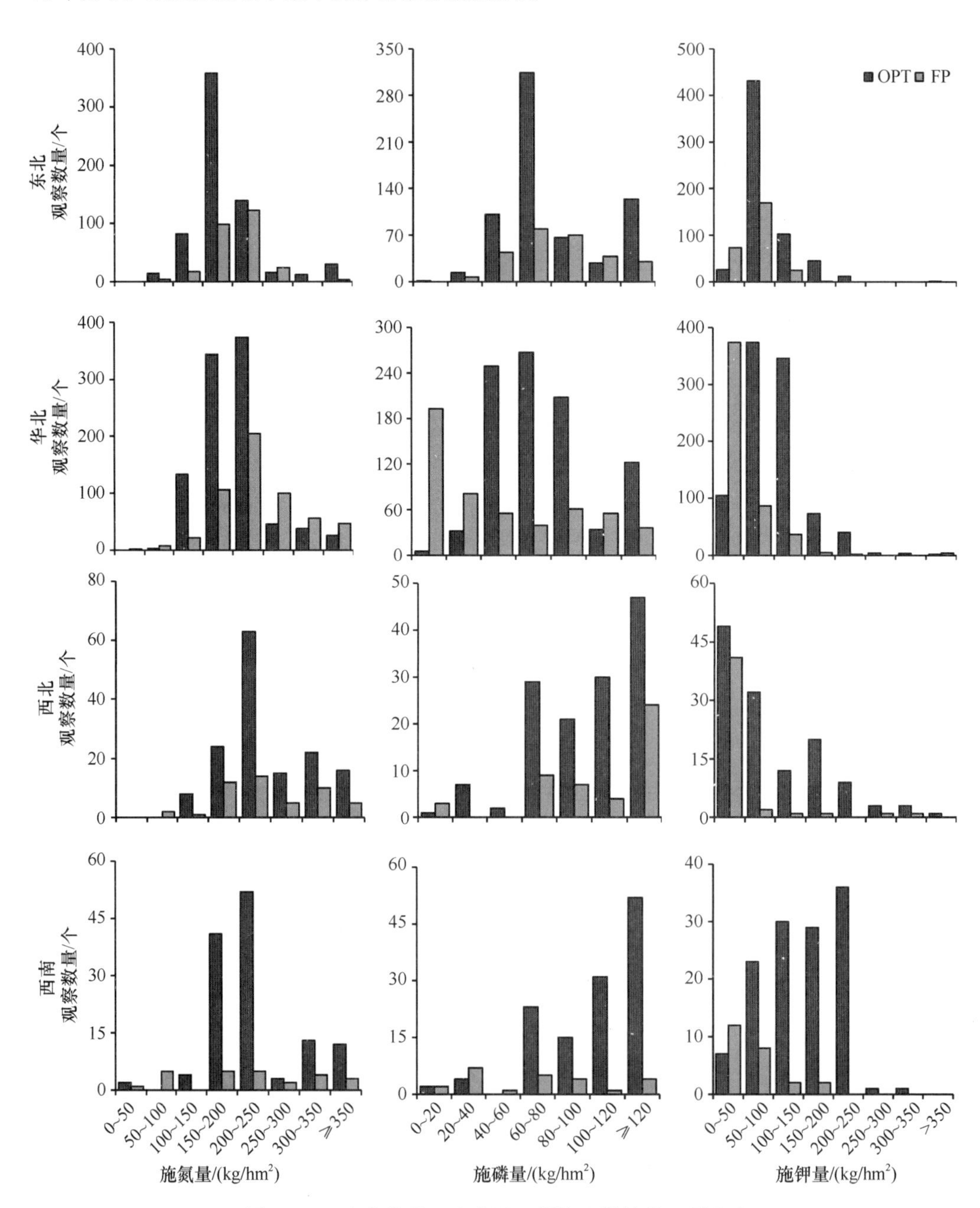

图 3-7 玉米优化处理和农民习惯施肥措施施肥量分布

然而，农民的过量施肥使得养分在土壤中不断累积，即使在不施肥的情况下也能得到较高的产量，即不施肥处理（CK）的产量（Yck）呈逐年增加趋势（图 3-6）。本研究中不施肥处理的平均产量达到了 6.7t/hm^2，平均基于空白处理的产量差（Ygck，Ya-Yck）仅有 3.1t/hm^2，Yck 相当于 68%的 Ya 和 76%的 Yf。不同区域间 Yck 有很大差异，如东北地区的 Yck 比西南地区高 2.7t/hm^2。Yck 的差异导致了 Ygck 在区域间的异质性（P<0.000 01）（图 3-8），Yck 在逐年升高的同时，也使得 Ygck 逐年降低。农民的过量施肥致使土壤养分累积是导致 Ygck 低的主要原因，尤其是氮肥的过量施用（图 3-7）。

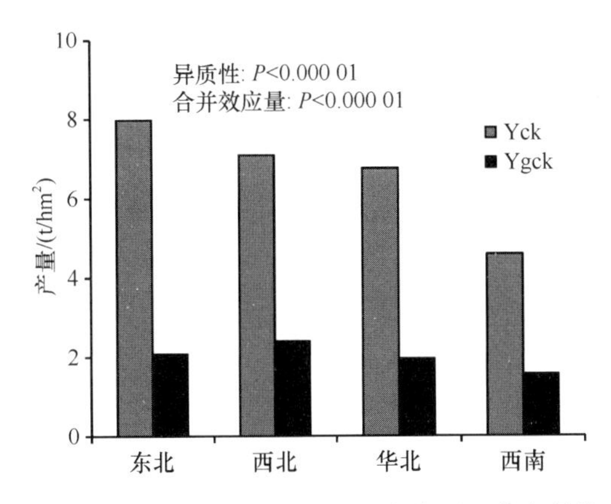

图 3-8　不同地区不施肥处理玉米产量及其产量差

分析玉米产量差对保障地区、国家乃至全球的粮食安全都是有必要的，将有助于研究增产对策及降低环境污染风险（van Wart et al.，2013；van Ittersum et al.，2013）。随着玉米生产过程中农业机械化的不断普及，以及化肥、农药等投入的不断增加，使得 FP 产量逐年升高，Ygf 不断降低。同时高量化肥的投入使得 Yck 呈逐年增加趋势，Ygck 逐年降低，大量的 N 和 P 在土壤中累积。

化肥的合理施用有助于缩小产量差，但其他一些因素也有助于降低 Yf 与 Ya 间的差距，如产量差受灌溉、经济投入、劳动力等因素影响（Neumann et al.，2010）。除此之外，与平衡施肥、作物品种、栽培技术、草害和病虫害防治及地区经济有着直接的关系。与其他研究相比，本研究中东北地区的产量高于 2004～2008 年美国雨养玉米的产量（9.7t/hm^2），但低于其灌溉玉米的产量（11.2t/hm^2）（van Wart et al.，2013），更低于美国西部玉米带高产灌溉区玉米的产量（13.1t/hm^2）（Grassini et al.，2011）。四个研究区域无论是 OPT 处理还是 FP 处理的产量都显著高于肯尼亚的产量（Tittonell et al.，2008）。Chen 等（2011）在我国东北、华北和西南地区的试验研究表明（66 个田间试验），玉米产量在良好的天气和土壤状况及大量水肥投入前提下，平均产量可以达到 13.0t/hm^2（即 86%的潜在产量，潜在产量为 15.1t/hm^2），在一些高产地区甚至可以达到 15.2t/hm^2（即 91%的潜在产量，潜在产量为 16.8t/hm^2）。而本研究中的 Yf 和 Ya 只能达到 Chen 等(2011) 研究所得到潜在产量的 65%和 58%。将作物养分需求规律与来自土壤、环境和人为施入的养分高度同步，能够显著提高玉米产量（He et al.，2009；Chen et al.，2011）。然而，气候、土壤及轮作制度的差异导致了不同地区 Ya 的变异，此外如播种日期、播种量及作物管理和栽培模式也导致了产量的差异，进而导致了不同区域间产量差的变异（van Wart et al.，2013）。

3.4.2　相对产量与产量反应

产量反应（yield response，YR）即最佳处理（OPT）小区产量与缺素小区的产量差。产量反应可以反映地块的养分丰缺及肥料效应情况。随着施肥量的不断增加，土壤中养分不断累积，产量反应也不断降低。从所收集的产量反应的分布情况可以看出，YRN

低于 3.0t/hm^{2}的占全部观测数量的 71.4%（n≈2195），YRP 和 YRK 低于 1.5t/hm^{2}的分别占各自观察数据的 63.0%（n≈1635）和 67.3%（n≈1840），N、P 和 K 的平均 YR 分别为 2.4t/hm^2、1.4t/hm^{2}和 1.3t/hm^2（图 3-9）。氮素对玉米增产效果最为明显，说明氮素是玉米增产的首要限制因子。

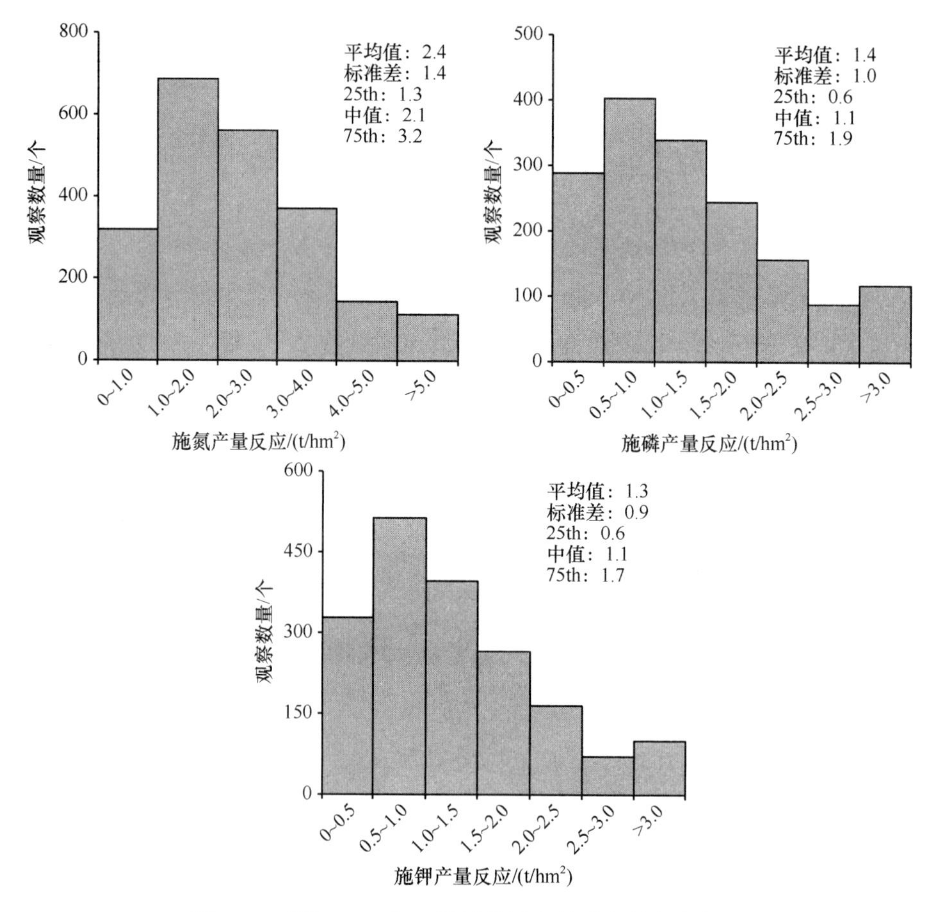

图 3-9 玉米 N、P 和 K 肥料施用产量反应频率分布图

可获得产量显著高于不施某种养分处理的产量（P<0.000 01，表 3-14）。但 Meta 分析结果显示，四个地区 N 和 K 的产量反应存在很大变异性，区域间的异质性分别为

表 3-14 中国不同玉米种植区 N、P 和 K 产量反应

区域	氮产量反应/（t/hm^2）		磷产量反应/（t/hm^2）		钾产量反应/（t/hm^2）	
	YRN	样本	YRP	样本	YRK	样本
华北	1.8（1.6，2.0）	920	1.4（1.2，1.6）	646	1.5（1.3，1.7）	784
东北	2.3（2.1，2.5）	564	1.1（0.9，1.3）	443	1.3（1.1，1.5）	550
西北	3.0（2.7，3.3）	389	1.5（1.1，1.9）	268	0.9（0.5，1.3）	230
西南	2.6（2.3，2.9）	322	1.4（1.1，2.7）	278	1.4（1.1，1.7）	276
总体置信区间	2.4（2.3，2.5）	2 195	1.4（1.3，1.5）	1635	1.3（1.2，1.5）	1 840
异质性	P<0.000 1		P=0.12		P=0.05	
合并效应量	P<0.000 01		P<0.000 01		P<0.000 01	

P<0.0001 和 P=0.05，但 P 的产量反应区域间异质性不显著（P=0.12），即磷肥增产效果区域间无显著差异。华北、东北、西北和西南地区的 YRN 分别为 1.8t/hm^2、2.3t/hm^2、3.0t/hm^2 和 2.6t/hm^2，YRP 分别为 1.4t/hm^2、1.1t/hm^2、1.5t/hm^2 和 1.4t/hm^2，YRK 分别为 1.5t/hm^2、1.3t/hm^2、0.9t/hm^2 和 1.4t/hm^2。

用不施某种养分的产量与最佳处理产量的比值来表示相对产量（RY），其高低直接反映土壤肥力和养分状况。RY 越低，表明土壤基础养分供应越低，土壤生产能力越低，肥料的增产越明显，反之相对产量越高，土壤养分基础供应越高。从收集的 RY 数据的频率分布看出，RYN 基本上都位于 0.60～1.00，占全部观察数据的 89.1%（n≈2195），P 和 K 的 RY 基本上位于 0.80～1.00，分别占各自观测数据的 78.6%（n≈1635）和 92.4%（n≈1840），N、P 和 K 相对产量的平均值分别为 0.76、0.86 和 0.87（图 3-10）。

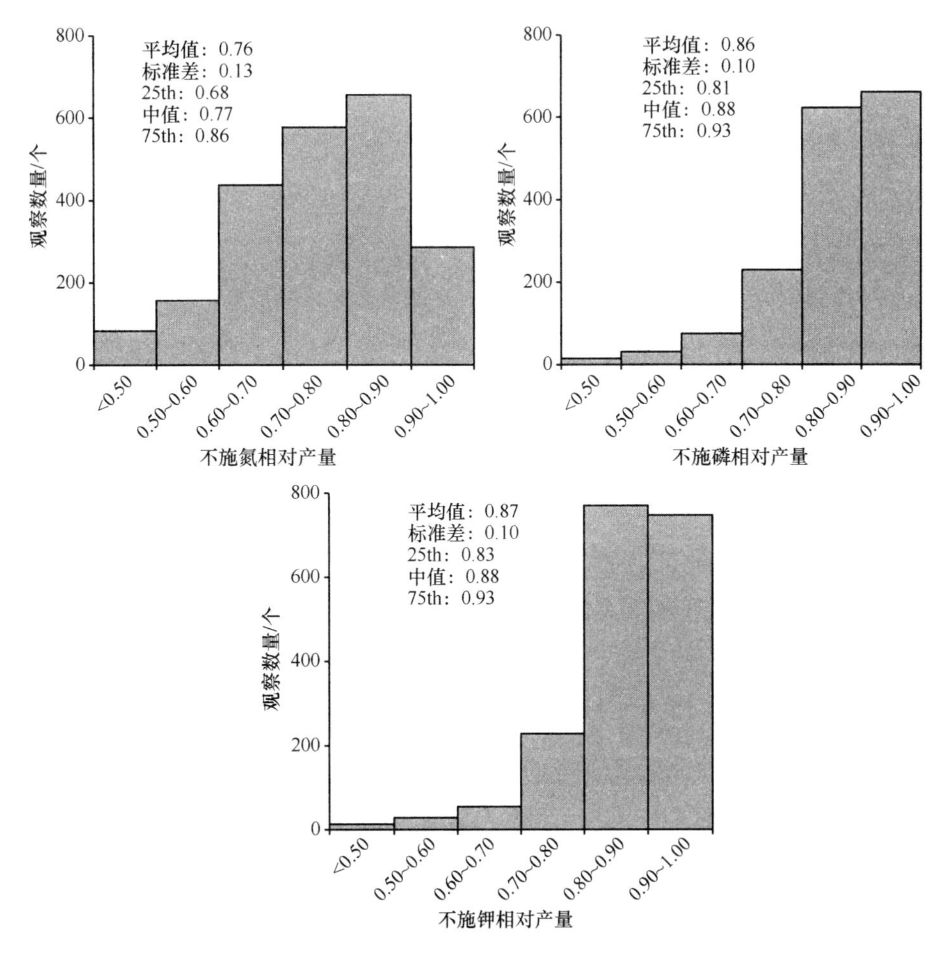

图 3-10　玉米不施 N、P 和 K 相对产量频率分布图

3.4.3　相对产量与产量反应的关系

土壤肥力越高，RY 越低，YR 就越高。从图 3-11 可以看出，YR 与 RY 呈显著的线

性负相关。N、P 和 K 的 YR 与 RY 的相关系数（r^2）分别达到了 0.744（n≈2195）、0.782（n≈1635）和 0.833（n≈1840）（图 3-11）。

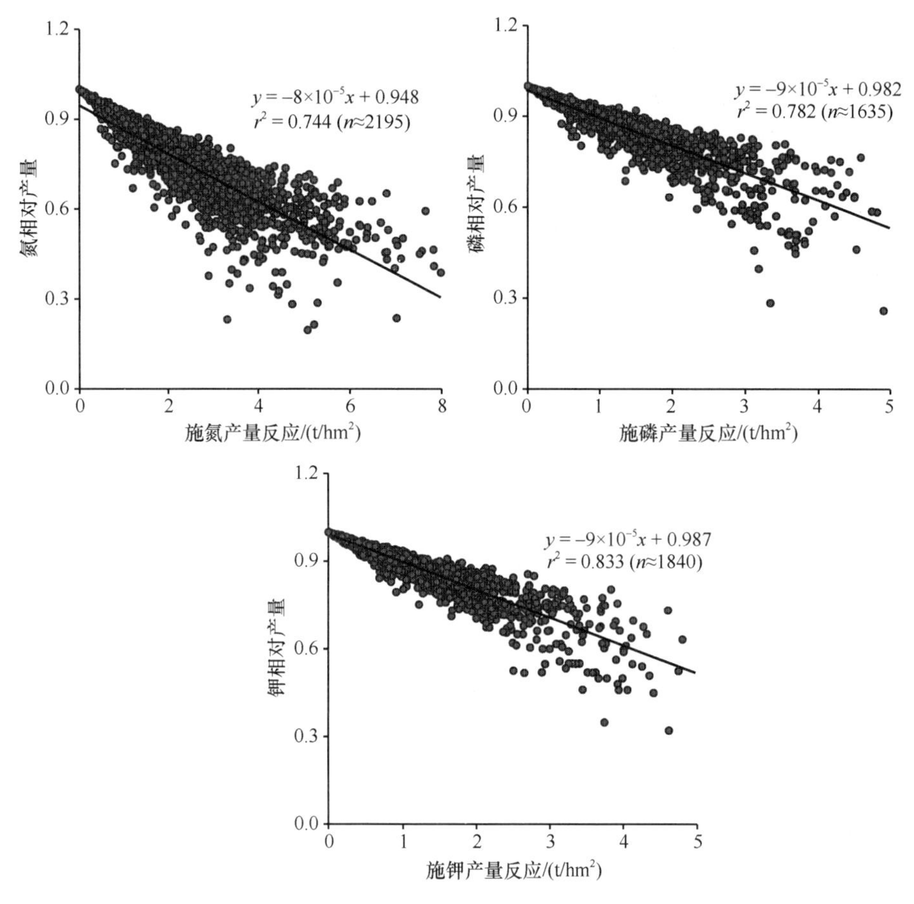

图 3-11 玉米产量反应与相对产量关系

依据土壤测试进行施肥推荐，可以增加作物产量并提高肥料利用率（He et al., 2009），但存在工作量大和土壤测试方法等方面的挑战。作物吸收的养分主要来自肥料和土壤，而土壤中的养分来自大气沉降、灌溉水和土壤矿化等（Liu et al., 2006b），这些来自环境和土壤的养分影响着肥料的有效利用，在施肥推荐时都应加以考虑，这就需要一些农学参数来反映土壤和环境中养分对作物的作用及肥料增产效应。

作物产量反应的定义是最佳处理产量与不施某种养分的产量差，评价的是肥料的增产效应，相对产量为不施某种养分处理作物产量与最佳施肥处理的比值。作物的产量反应可以表征地块的养分丰缺及肥料效应情况，作物施肥后主要通过作物产量表现差异，依据作物产量反应来表征作物的养分状况，是评价施肥效应的直接有效手段。随着肥料的大量施入，作物的产量反应越来越低，本研究中氮肥的增产效果最为明显，说明氮素是产量的首要限制因子。农民为了追求高产，盲目施肥，大多数农民没有根据实际的土壤状态进行肥料用量的调整，土壤养分出现累积。

3.5　玉米土壤养分供应、产量反应和农学效率的关系

3.5.1　土壤基础养分供应

土壤基础养分供应（indigenous nutrient supply，kg/hm^2），即土壤在不施某种养分而其他养分供应充足条件下土壤中该种养分的供应能力。土壤基础养分供应可以反映某种养分的基础供应能力，在一定程度上反映了土壤肥力。土壤基础供 N 量（INS）通常用不施氮小区的地上部氮素吸收量来表示，不仅包含来自土壤本身有机质矿化的氮素，还包含上季作物施用有机和无机肥料带来的氮素、环境中的氮素、生物和非生物固氮及大气沉降和降雨带来的氮素养分。土壤基础供 P 量（IPS）为不施 P 但其他养分供应充分的情况下作物地上部的 P 吸收量，土壤基础供 K 量（IKS）为不施 K 但其他养分供应充分的情况下作物地上部的 K 吸收量。

随着大量营养元素在土壤中不断累积，土壤基础养分供应能力在不断提高。从土壤基础养分供应的频率分布看，我国玉米种植区 N 和 P 的基础养分供应都较高，INS 高于 $100kg/hm^2$ 的占全部观察数据的 81.7%（$n\approx1250$），IPS 大于 $30kg/hm^2$ 的占全部观察数据的 51.0%（$n\approx832$），而 IKS 小于 $100kg/hm^2$ 的则占全部观察数据的 69.5%（$n\approx918$）（图 3-12）。

INS、IPS 和 IKS 的平均值分别为 $136.8kg/hm^2$、$34.3kg/hm^2$ 和 $130.5kg/hm^2$，土壤的基础养分供应都比较高。肥料的大量施用使基础养分供应增加，产量反应则不断地降低，导致肥料的增产效果不明显，尤其是 N 和 P。不同区域农民的施肥量存在很大差异，导致了土壤基础养分供应在区域间的差异性。本研究中，不同地区间的 INS 存在一定变异。东北、华北、西北和西南地区的平均 INS 分别为 $130.5kg/hm^2$、$141.9kg/hm^2$、$138.5kg/hm^2$ 和 $121.3kg/hm^2$，平均 IPS 分别为 $34.1kg/hm^2$、$32.8kg/hm^2$、$36.6kg/hm^2$ 和 $45.7kg/hm^2$，平均 IKS 分别为 $118.3kg/hm^2$、$133.8kg/hm^2$、$188.9kg/hm^2$ 和 $130.7kg/hm^2$。西北地区的 IKS 显著高于其他地区，主要与该地区低降雨量和低 K 淋洗有关，并与伊利石的母质具有较高的土壤 K 供应能力有关。玉米养分专家系统考虑了区域间的土壤基础养分供应差异（图 3-13）。区域间的土壤基础养分供应差异与农民的施肥习惯存在着很大联系，如在华北地区，农民通常在玉米季仅施氮肥而不施磷钾肥，而在东北地区，农民通常施氮磷肥，而钾肥施用量较少。与 Liu 等（2006a）研究相比（INS、IPS 和 IKS 的平均值分别为 $75.9kg/hm^2$、$16.4kg/hm^2$ 和 $147.1kg/hm^2$），本研究中 INS 和 IPS 增加，而 IKS 降低，但与 Cui 等（2008a）研究的 INS 相似。玉米生长期内较高的 INS 和 IPS 与上季作物的过量施肥密切相关（Liu et al.，2011a；Cui et al.，2008b，2008c；Zhao et al.，2006）。

土壤基础养分供应用不施肥小区的作物养分吸收来表示（Dobermann et al.，2003a，2003b；Janssen et al.，1990），这部分养分包括了土壤本身和环境中进入土壤的各种养分（Legg and Meisinger，1982）。进行推荐施肥就必须讨论产量反应与土壤基础养分供应之间的关系，土壤基础养分供应能力反映了土壤肥力情况，土壤基础养分供应能力越高，不施肥的产量就越高，相应的产量反应就越低，肥料效应就越低。土壤肥力与玉米产量呈正相关，而与产量反应呈负相关。土壤基础养分供应已成为推荐施肥要考虑的一个

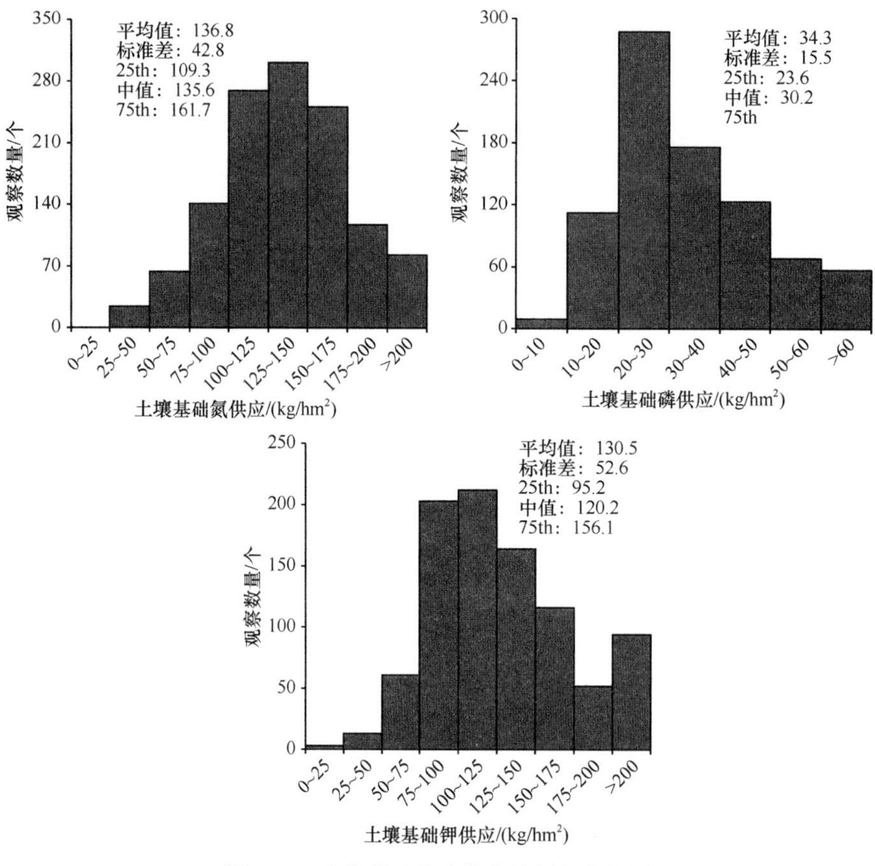

图 3-12　土壤基础养分供应量频率分布图

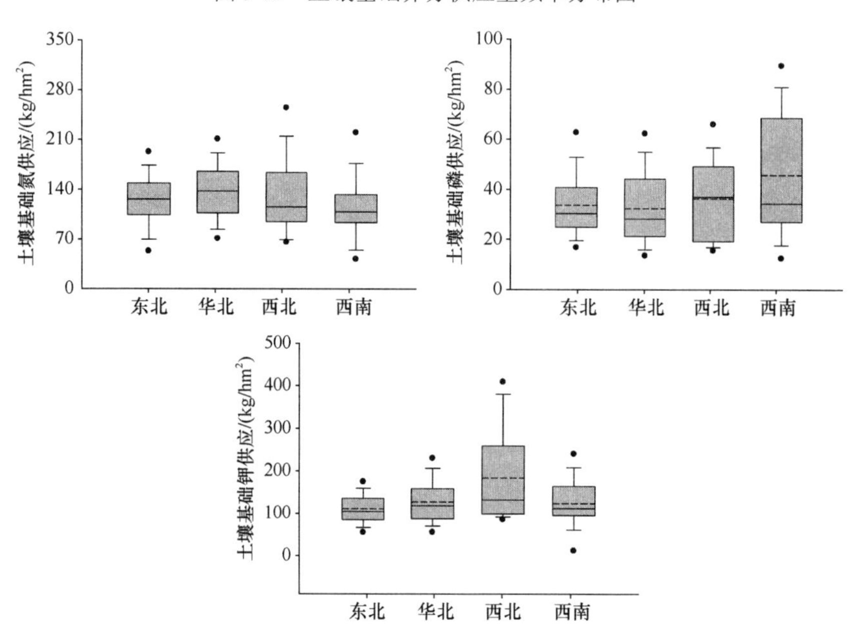

图 3-13　玉米不同地区土壤基础养分供应

图中中间虚线和实线分别代表平均值和中值，方框上下边缘分别代表上下 25th，方框上下方横线分别代表 90th 和 10th 的数值，上下实心圆圈分别代表 95th 和 5th 的数

主要因素，基础养分供应的变异使得最佳施肥量也在不断波动（Pathak et al.，2003）。土壤基础养分供应的重要来源之一就是上季养分的残效，在进行推荐施肥时，不仅要考虑土壤肥力，还要考虑上季的残留。研究表明，吉林黑土区氮素施用量高的已超过 300kg N/hm²（姜国钧，2007），也有研究表明残留在土壤中的磷肥在观察的 12 年中对玉米均有后效作用（谢佳贵等，2006）。土壤肥力越高及上季施肥量越高，产量反应就越低。

3.5.2　产量反应与土壤基础养分供应的相关关系

在估测玉米产量反应过程中，判定土壤基础养分供应的低、中、高等级时，需对相对产量参数不断地进行校正和优化（图 3-14）。采用某种养分相对产量的 25th、中值和 75th 所对应的相对产量数值分别表示该养分土壤基础供应能力的低、中和高的临界值（表 3-15）。

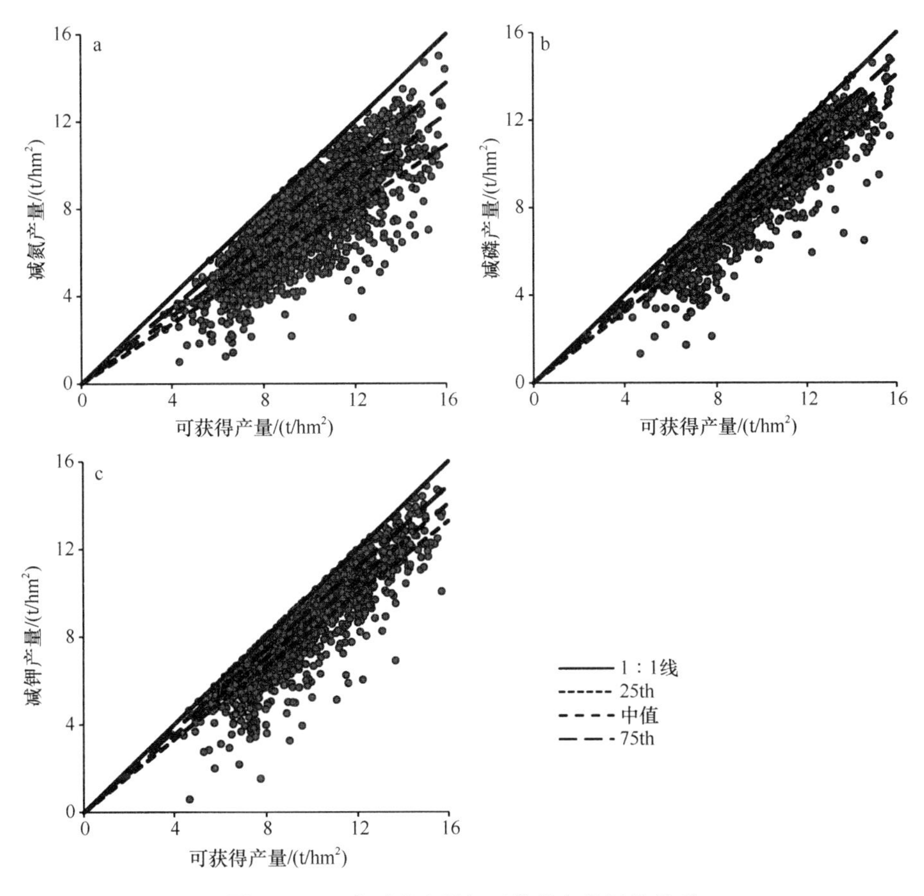

图 3-14　玉米减素产量与可获得产量间的关系

结果得出，INS 低、中和高等级判定的 RYN 参数分别为 0.68、0.77 和 0.86；IPS 低、中和高等级判定的 RYP 参数分别为 0.81、0.88 和 0.93；IKS 低、中和高等级判定的 RYK 参数分别为 0.83、0.88 和 0.93。养分专家系统中，在没有产量反应数据时，应用可获得产量和产量反应参数对产量反应进行估测，氮的产量反应参数低、中和高等级分别为 0.32、0.24 和 0.14，磷的产量反应参数低、中和高等级分别为 0.16、0.12 和 0.07，钾的产量反应参数低、中和高等级分别为 0.17、0.12 和 0.07（表 3-15）。

表 3-15　玉米土壤基础养分供应能力分级参数

参数	N		P		K		等级
	相对产量	产量反应参数	相对产量	产量反应参数	相对产量	产量反应参数	
25th	0.68	0.32	0.81	0.16	0.83	0.17	低
中值	0.77	0.24	0.88	0.12	0.88	0.12	中
75th	0.86	0.14	0.93	0.07	0.93	0.07	高

3.5.3　产量反应与农学效率的关系

产量反应反映土壤的养分丰缺及肥料效应情况，而土壤中的养分不仅来自肥料，还来自土壤矿化、灌溉水、大气沉降和上季残留等，因此这就要求选择一个合适的指标来表征肥料的利用情况。农学效率是吸收单位养分作物产量的增量，N 的农学效率=（NPK 全施小区产量–减氮小区产量）/施氮量，磷钾同理，这就消除了肥料养分之外其他来源养分的干扰。分析产量反应与农学效率间的关系结果显示，随着施肥量的增加，产量反应不断增加，农学效率也随之增加，当施肥量达到一定程度时，即使再增加施肥量，产量反应也不会增加，相反还会使产量降低，导致农学效率下降。图 3-15 呈现了产量反应和农学效率之间存在显著的二次曲线关系，N、P 和 K 的相关系数（r^2）分别达到了 0.668、0.680 和 0.505。

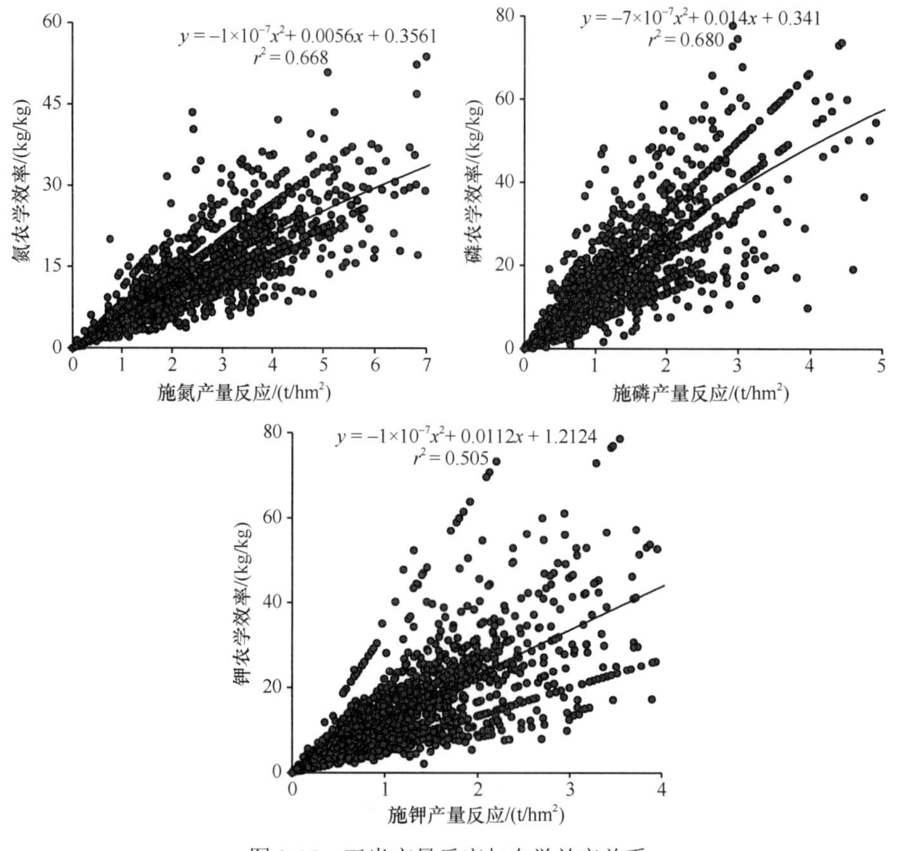

图 3-15　玉米产量反应与农学效率关系

3.6　玉米养分利用率

3.6.1　农学效率

气候、土壤肥力、施肥量、养分管理及其他管理措施差异导致不同地区和处理的产量和产量反应存在很大变异，并导致了不同的养分利用率（图 3-16）。OPT 处理的 AEN、AEP 和 AEK 都显著高于 FP 处理，但不同区域间的 AE 存在着显著差异（P<0.0001），这与土壤基础养分供应和施肥量有关。OPT 处理中，东北和西北地区的 AE 要高于华北和西南地区，这主要与轮作系统有关，东北和西北地区的玉米生长期长、昼夜温差大有助于籽粒养分累积并增加产量。除华北地区的 AEK 外，其余地区 OPT 处理的 AE，与 FP 处理相比，增幅都在 30%以上，东北地区主要是由于该地区农民的施钾量比较低，多数农民的施钾量都低于 50kg/hm^2。由于在西北地区的试验中大多数 FP 不施钾肥，因此 FP 的养分利用率数据量较少。就所有数据而言，OPT 处理的平均 AEN、AEP 和 AEK 分别为 12.7kg/kg、18.4kg/kg 和 15.1kg/kg，而农民习惯施肥的分别为 7.6kg/kg、10.4kg/kg 和 12.5kg/kg，分别增加了 5.1kg/kg、8.0kg/kg 和 2.6kg/kg。

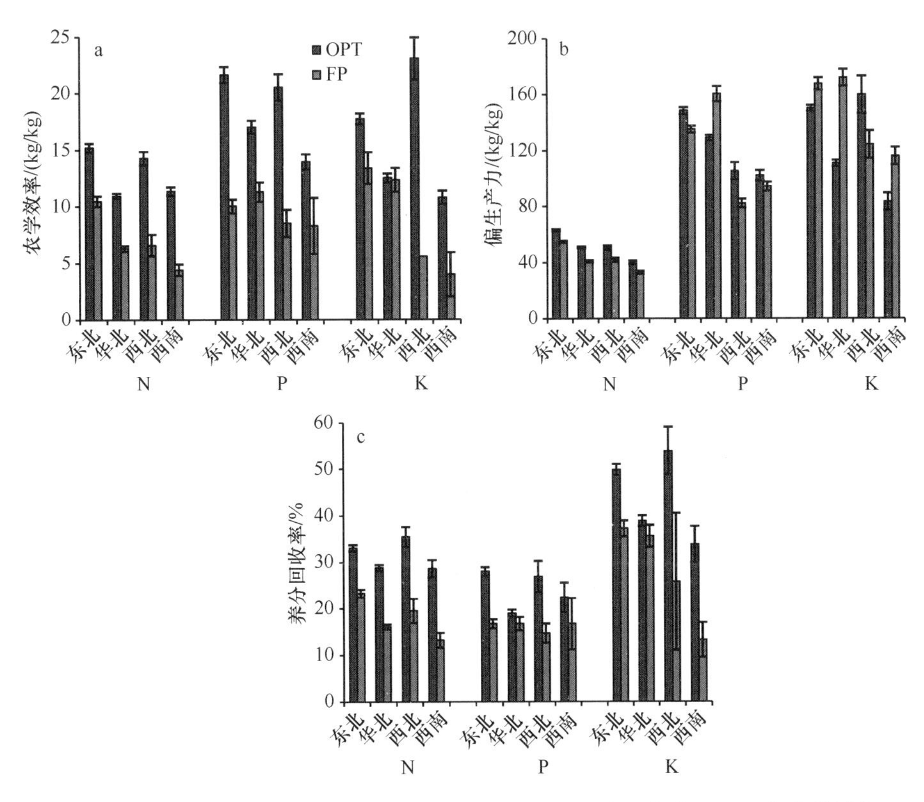

图 3-16　玉米不同地区优化处理（OPT）和农民习惯施肥措施（FP）养分利用率

从农学效率的分布情况可以看出，N 的农学效率低于 15kg/kg 的占全部观察数据的 68.7%（n≈2040），P 的农学效率低于 15kg/kg 的占全部观察数据的 52.1%（n≈1501），

K 的农学效率低于 15kg/kg 的占全部观察数据的 61.4%（n≈1713）。N、P 和 K 农学效率的平均值分别为 12.7kg/kg、18.4kg/kg 和 15.1kg/kg（图 3-17）。

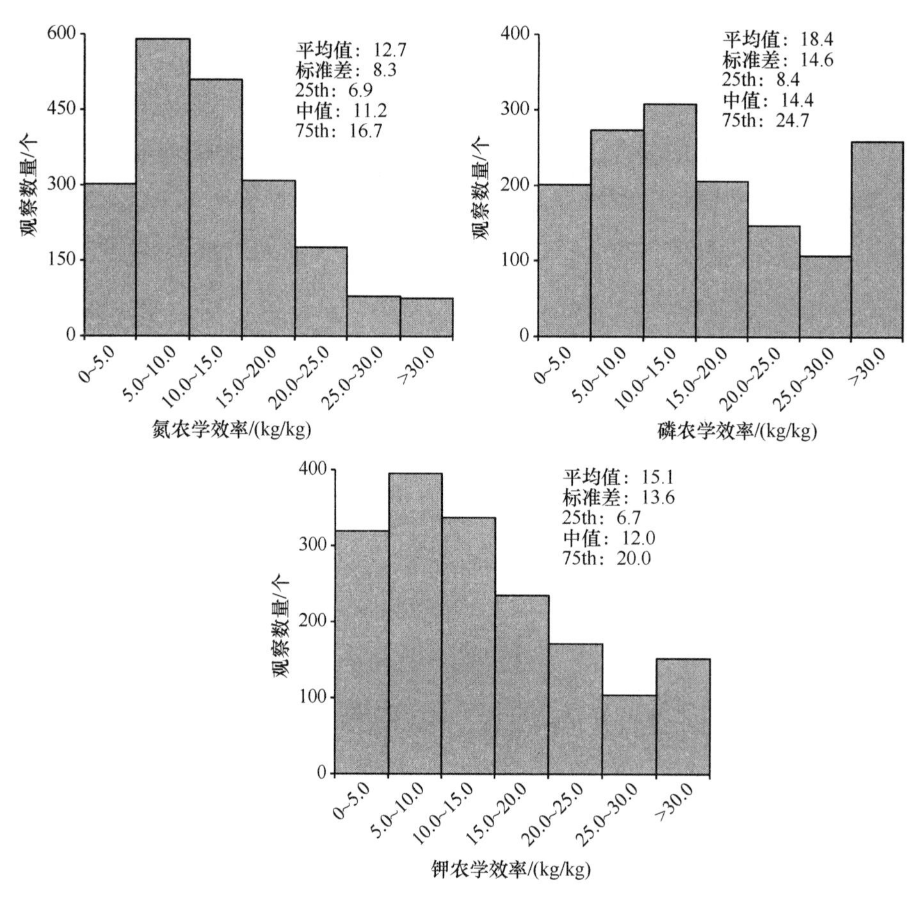

图 3-17　玉米 N、P 和 K 农学效率频率分布图

农学效率是评价肥料利用的一个重要参数，了解和管理土壤内在养分、最大限度地利用肥料是实现肥料高效利用的一个重要部分，现代作物生产系统的氮肥农学效率可以达到 20～35kg/kg（Dobermann，2007），而本研究中氮肥的平均农学效率只有 12.7kg/kg，与我国玉米主产区的施氮量大、没有充分考虑土壤基础养分有很大关系，有调查研究表明我国的玉米平均氮肥施用量为 209kg N/hm^2（王激清，2007）。农学效率与土壤内在养分供应、肥料用量等存在着显著关系，而土壤的基础养分供应和肥料的效应可以用产量反应来表示，因此产量反应和农学效率间也存在着相关性（图 3-15）。农学效率是表征肥料增加产量的参数，可以很好地反映肥料的利用效率，随着施肥量的增加，产量反应和农学效率也不断增大，但当施肥量达到一定程度时，即使再增加肥料也不会增加产量，相反还会降低产量，此时农学效率就会降低。因此我们就可以应用产量反应和农学效率之间的关系建立施肥推荐方法。

3.6.2 偏生产力

就所有数据的 PFPN 而言，OPT 处理（52.7kg/kg）高于 FP 处理（44.3kg/kg）8.4kg/kg，而 PFPP 和 PFPK 的 OPT 处理要低于 FP 处理，OPT 处理的 PFPP 和 PFPK 分别为 126.7kg/kg 和 124.6kg/kg，FP 处理的分别为 130.9kg/kg 和 159.4kg/kg。在不同地区间存在很大变异性（P<0.0001）（图 3-16b）。

就 PFPN 而言，四个地区的 OPT 处理都要高于 FP 处理，东北、华北、西北和西南地区的分别高 8.2kg/kg、10.0kg/kg、8.5kg/kg 和 7.3kg/kg。就 PFPP 而言，除了华北地区外，其余地区都是 OPT 处理高于 FP 处理。而在 PFPK 中，西北地区的 FP 处理低于 OPT 处理，其他地区则是 FP 处理高于 OPT 处理。华北地区 FP 处理的 PFPP 和 PFPK 显著高于 OPT 处理，其主要原因是该地区的农民习惯施肥玉米季是不施或者只施少量的磷肥和钾肥。从农学效率的分布情况可以看出，PFPN 位于 20～60kg/kg 的占全部观察数据的 69.4%，PFPP 位于 60～150kg/kg 的占全部观察数据的 61.4%，而 PFPK 位于 60～150kg/kg 的占全部观察数据的 53.2%，但有 18.6%的 PFPK 低于 60kg/kg（图 3-18）。

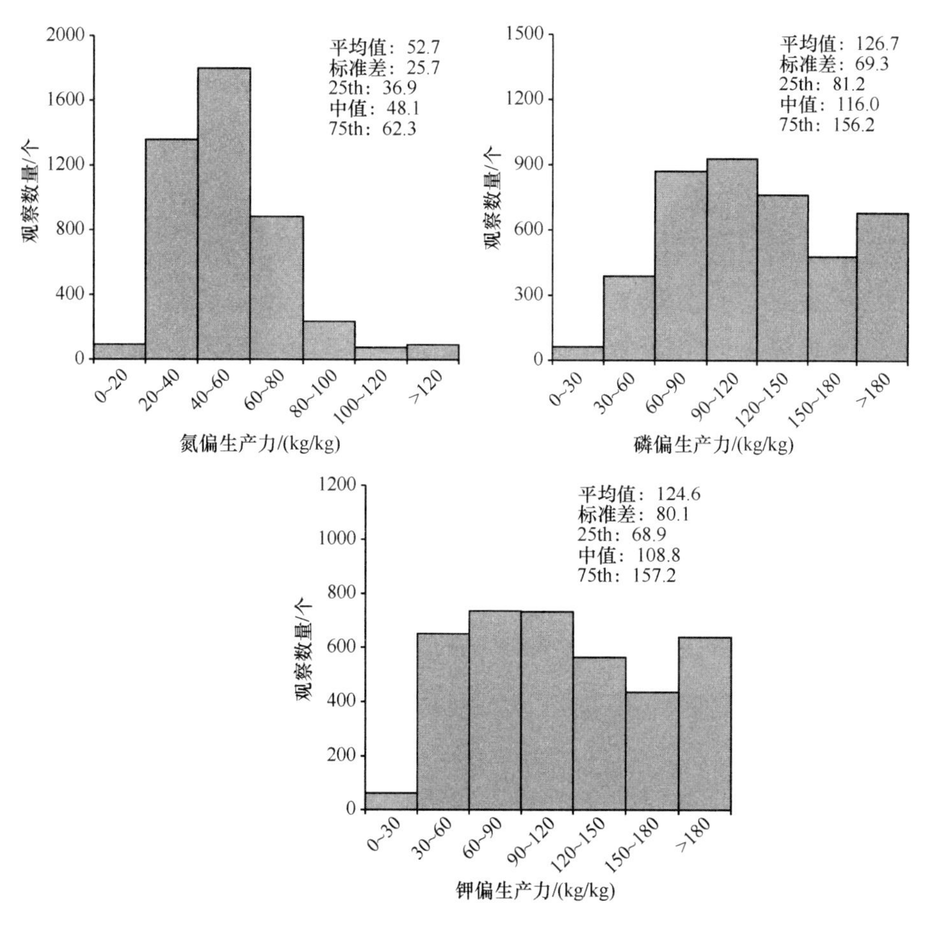

图 3-18　玉米 N、P 和 K 偏生产力频率分布图

3.6.3 回收率

虽然一些地区 FP 处理的磷肥和钾肥用量较低，但并没有提高磷肥和钾肥的回收率。研究结果得出（图 3-16c），所有数据 FP 处理的 REP 和 REK 分别为 16.6%和 35.4%，而所有数据 OPT 处理的分别为 23.0%和 43.1%。FP 处理中氮肥的过量施用使其平均 REN 仅有 18.5%，而 OPT 处理的平均 REN 为 30.6%。OPT 处理的 REN 仍较低的原因一方面是土壤较高的养分供应能力，另一方面是在确定可获得产量时，使用的是试验中产量最高的处理，但其施肥量并非最佳经济施肥量，因此导致了本研究中 OPT 处理的 REN 较低。不同区域间的 RE 存在很大差异，东北和西北地区的 RE 高于华北和西南地区，但 OPT 处理在各区域都高于 FP 处理，REN 在东北、华北、西北和西南地区分别高 9.8 个百分点、12.7 个百分点、16.0 个百分点和 15.4 个百分点，REP 分别高 11.3 个百分点、2.2 个百分点、12.2 个百分点和 5.7 个百分点，REK 分别高 12.6 个百分点、3.3 个百分点、28.1 个百分点和 20.5 百分点。就全部试验而言（图 3-19），氮素回收率位于 30%～50%的占全部观察数据的 41.9%，但低于 30%的占全部观察数据的 25.8%。磷素回收率有 72.2%的观察数据低于 30%，且低于 10%的占全部观察数据的 22.4%。钾素回收率中大于 50%的仅占全部观察数据的 34.9%。

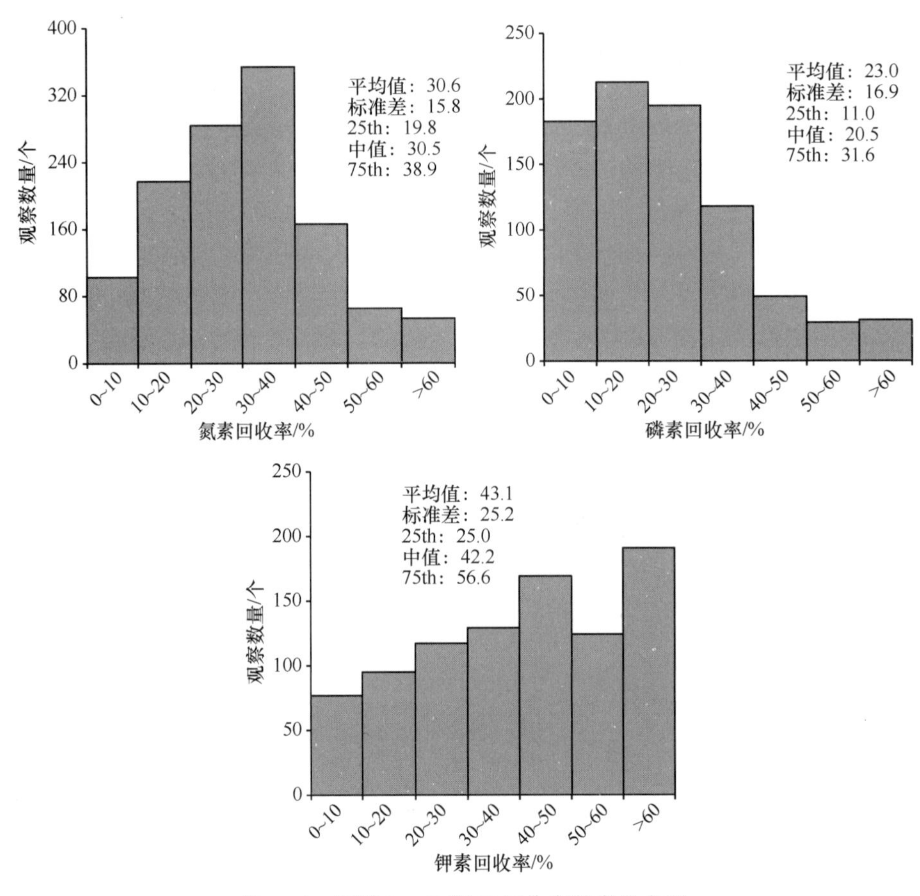

图 3-19　玉米 N、P 和 K 回收率频率分布图

本研究中，养分利用率较低并在区域间存在较大变异，受诸多因素影响。OPT 处理所获得的 Ya 是试验中的最高产量，其施肥量在一些试验中超过了最佳经济施肥量。农业劳动力的短缺及大多数农民的教育水平较低，肥料过量和不平衡施用情况非常普遍。过量的氮肥施用及一次性施肥导致了高的 INS 和低的氮肥利用率。此外，农民在施肥时对土壤类型、土壤肥力或养分、作物轮作系统及环境差异欠缺考虑，都将导致产量损失和养分利用率降低。在农业生产中为保证高产和高效，这些因素都需要在作物推荐施肥和养分管理过程中加以考虑。

为满足粮食需求，到 2025 年氮肥消费仍需要缓慢增长，而全球的 PFPN 需要每年平均增加 0.1%～0.4%（Dobermann and Cassman，2005）。然而，我国玉米主产区由于过量的氮肥施用及不合理管理，AEN 和 PFPN 普遍较低，REN 更是远远低于 50%～70% 的目标（Dobermann，2007）。研究表明，如果农民采用新的氮肥管理技术，其 REN 可以增加 30%～50%（Dobermann and Cassman，2004；Giller et al.，2004）。为保持土壤肥力，P 和 K 的平衡施用对维持玉米高产是非常必要的（Wortmann et al.，2009；He et al.，2009）。在我国东北和西北地区，由于秸秆不还田及较低的钾肥施用量，K 出现严重的负平衡。因此，平衡施肥对于维持粮食作物生产力和实现农业可持续发展尤为重要。

3.7　玉米推荐施肥模型与专家系统构建

3.7.1　玉米推荐施肥模型构建

玉米养分专家系统内核构建及施肥量推荐原理同 2.7.1 部分。

3.7.2　玉米养分专家系统界面

根据养分专家系统的养分管理和推荐施肥原则，应用计算机软件技术建成玉米养分专家系统。该系统只需农民或当地农技推广人员回答一些简单的玉米产量和栽培管理措施等问题，系统就会利用后台的数据库给出当前农户的养分管理措施和施肥套餐。该推荐施肥系统不仅优化了化肥用量、施肥时间、种植密度，还结合生育期降雨、气候等优化了施肥次数，并进行了效益分析。玉米养分专家系统用户界面主要包括五个部分（图 3-20）。

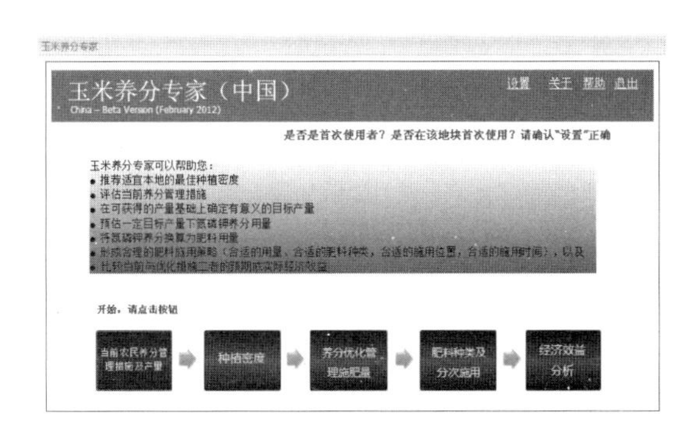

图 3-20　玉米养分专家系统用户界面

（1）当前农民养分管理措施及产量：包括地块大小、过去 3～5 年的玉米产量及农民在玉米季的施肥量，以便用于优化养分管理措施及进行效益分析（图 3-21）。

玉米养分专家（中国） 主页 设置 帮助

当前农民养分管理措施及产量 | 种植密度 | 养分优化管理施肥量 | 肥料种类及分次施用 | 效益分析

农户姓名/地点 1; 吉林 生长季节 春玉米

田块面积 1 ha

1. 过去3~5年玉米季的产量是多少?

提供整块地收获的玉米籽粒产量

收获地块的玉米籽粒产量: 吨

含水量（如果已知）: %

含水量为15.5%时的籽粒产量 (t/ha): t/ha

2. 在玉米季施了多少肥料?

点击肥料类型可以查看肥料清单并输入用量

无机肥料		有机肥料	
N:	0 kg/ha	N:	0 kg/ha
P_2O_5:	0 kg/ha	P_2O_5:	0 kg/ha
K_2O:	0 kg/ha	K_2O:	0 kg/ha

图 3-21 玉米养分专家系统中的当前农民养分管理措施及产量

（2）种植密度：包括农民当前的种植密度（如行距、株距和每穴种子个数），制定适宜的玉米种植密度（图 3-22）。

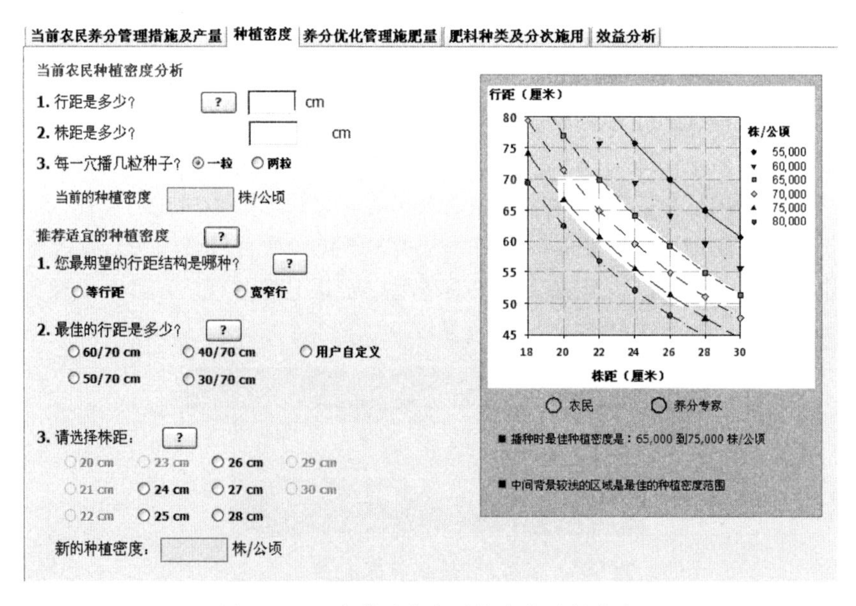

图 3-22 玉米养分专家系统中的种植密度

（3）养分优化管理施肥量：该部分是施肥推荐的中心环节，它通过评估作物生长环境、降雨状况、有无灌溉条件和秸秆还田率等情况，结合产量反应给出不同目标产量的施肥量。对于有试验点的地方进行施肥推荐时可以直接使用作物的产量反应，对于没有试验点的地区可以通过建立的后台数据库，依据土壤养分的空间变异、土壤质地、相对产量及过去 10 年中国开展的田间试验数据，预估产量反应，最后得出推荐施肥量（图 3-23）。

玉米养分专家（中国）　主页　设置　帮助

当前农民养分管理措施及产量 | 种植密度 | 养分优化管理施肥量 | 肥料种类及分次施用 | 效益分析

农户姓名/地点 1; 吉林　田块面积 1 ha

基于目标产量（可获得产量）和产量反应的氮磷钾肥需求量

1. 当地可获得的产量是多少？ ? t/ha

2. 收获后玉米秸秆是怎么处理的？

○将地上部残茬全部移出田块　○将秸秆留在田间并烧掉

○将秸秆留在田里并与土混合

3. 是否施用有机肥（例如粪肥）？ ○是 ◎否

4. 是否考虑上季作物养分残效 ○是 ○否

5. 是否在相近地块或地区做过减素试验？ ? ◎是 ○否

施氮产量反应 t/ha　施磷产量反应 t/ha　施钾产量反应 t/ha

6. 土壤是否是由火山发育或水铝英石母质？ ○是 ◎否

7. 是否考虑前茬氮残效？ ○是 ◎否

8. 是否考虑磷钾平衡？ ○是 ◎否

施氮产量反应	施氮量

产量(t/ha) 施磷产量反应(t/ha)	施磷量	P_2O_5	
0			
.5			
1.0			
1.5			
2.0			
2.5			

产量(t/ha) 施钾产量反应(t/ha)	施钾量	K_2O	
0			
0.5			
1.0			
1.5			
2.0			
2.5			

氮素平衡 0 N量

最终推荐 N量　最终推荐 P_2O_5 量　最终推荐 K_2O 量

图 3-23　玉米养分专家系统中的养分优化管理施肥量

在该模块中还考虑了前茬作物的养分残留量，包括了解该地块上季作物是什么、上季作物的产量、上季作物的秸秆还田率及上季作物的施肥量是多少（包括有机和无机肥）等（图 3-24）。

上季作物及管理情况

上季作物及管理情况

1. 在同一块地上季作物种的是什么？　春玉米

○夏玉米　◎春玉米　○小麦　○大豆　○其它作物（从列表中选择）

2. 上季玉米的产量是多少？请提供在该地块收获的籽粒产量（净产量）.

收获地块的玉米籽粒产量： 吨　含水量（如果已知）： %

含水量为15.5%时的籽粒产量： t/ha

3. 上季玉米秸秆是怎么处理的？

○将地上部残茬全部移出田块　○将秸秆留在田间并烧掉

○将秸秆留在田间并混入土中

4. 上季玉米施了多少肥料？

无机肥料			有机肥料		
N:	0	kg/ha	N:	0	kg/ha
P_2O_5:	0	kg/ha	P_2O_5:	0	kg/ha
K_2O:	0	kg/ha	K_2O:	0	kg/ha

确定　重新设置　取消

图 3-24　玉米养分专家系统中的上季作物及管理情况

（4）肥料种类和分次施用：在回答完以上的问题后，农民就可以得到适合自己地块的肥料推荐量，系统还可以将纯量养分折算成农民自己所选的肥料品种，不受肥料品种的限制，并且给出分次施肥的日期及每次的施肥量（图 3-25）。其输出结果是一个针对作物特定生长环境确定合适肥料种类、合理肥料用量和合适施肥时间的施肥指南（图 3-26）。

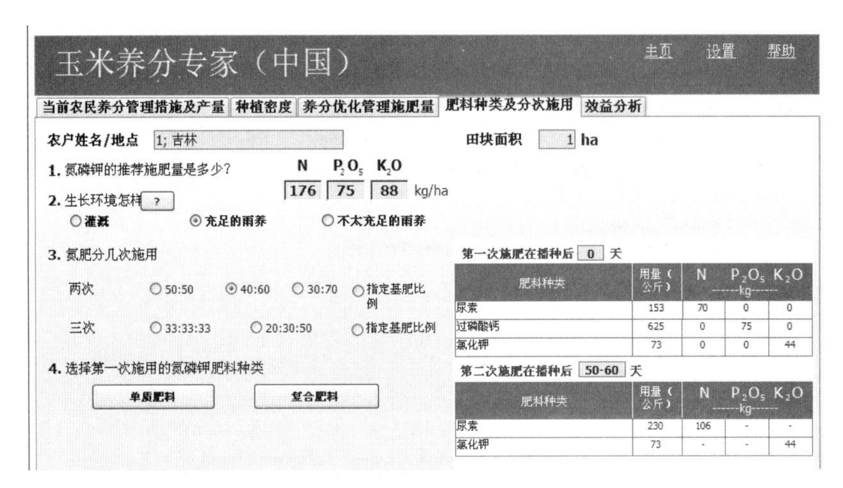

图 3-25 玉米养分专家系统中的肥料种类和分次施肥推荐

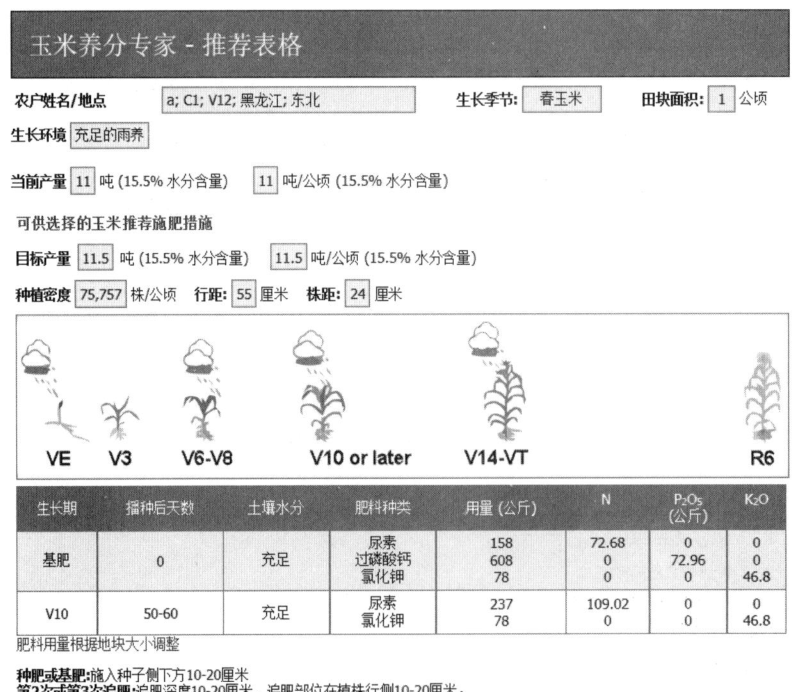

图 3-26 玉米养分专家系统中的施肥指南

（5）效益分析：提供农民习惯施肥和推荐施肥的经济效益并进行比较分析（图 3-27）。

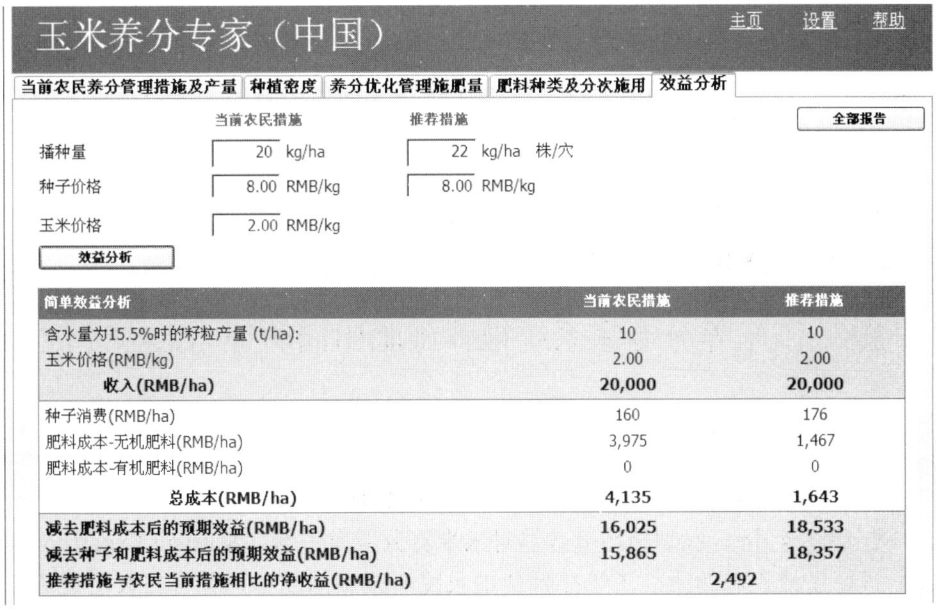

玉米养分专家（中国）　主页　设置　帮助

当前农民养分管理措施及产量 | 种植密度 | 养分优化管理施肥量 | 肥料种类及分次施用 | 效益分析

	当前农民措施	推荐措施
播种量	20 kg/ha	22 kg/ha 株/穴
种子价格	8.00 RMB/kg	8.00 RMB/kg
玉米价格	2.00 RMB/kg	

全部报告　效益分析

简单效益分析	当前农民措施	推荐措施
含水量为15.5%时的籽粒产量 (t/ha):	10	10
玉米价格(RMB/kg)	2.00	2.00
收入(RMB/ha)	**20,000**	**20,000**
种子消费(RMB/ha)	160	176
肥料成本-无机肥料(RMB/ha)	3,975	1,467
肥料成本-有机肥料(RMB/ha)	0	0
总成本(RMB/ha)	**4,135**	**1,643**
减去肥料成本后的预期效益(RMB/ha)	**16,025**	**18,533**
减去种子和肥料成本后的预期效益(RMB/ha)	**15,865**	**18,357**
推荐措施与农民当前措施相比的净收益(RMB/ha)	**2,492**	

图 3-27　玉米养分专家系统中经济效益分析界面

随着高产玉米品种的不断更新及化肥施用量的增加，大幅度提高了我国玉米的产量，但过量的化肥施用导致了土壤养分累积，肥料利用率低下，并带来了严重的环境污染问题（赵士诚等，2010；Ju et al.，2009；黄绍文等，2002b）。我国不同区域单位种植面积耕地氮素和磷素均有盈余，其中氮素平均盈余率达到了 27.6%（李书田和金继运，2011）。李红莉等（2010）的调查显示，我国玉米单位面积化肥施用量 2007 年比 2001 年增加了 29%，平均氮肥施用量达到了 273kg N/hm^2。如何比较精确地确定施肥量对于玉米养分管理至关重要。依据土壤养分测试值和目标产量计算施肥量（Cui et al.，2010b；He et al.，2009），通过有机无机配施培肥地力、优化种植密度、水分和养分管理措施（Pasuquin et al.，2014；Mueller et al.，2012；Ping et al.，2008；Jiang et al.，2006），以及借助叶色卡和 SPAD 仪对玉米实施无损的养分检测（Pasuquin et al.，2012；赵士诚等，2011b；鱼欢等，2010a）等方法都可以提高玉米产量和养分利用率，缩小产量差。然而，如何使推荐施肥和养分管理的方法更简便、快捷，并且农民容易接受是当前我国养分管理所面临的挑战。本研究通过多年多点的田间试验对玉米养分专家系统进行验证和改进，旨在土壤测试不及时或条件不具备情况下建立一种简便、易懂，并且适合我国以小农户为经营主体的玉米推荐施肥和养分管理方法。

产量反应可以反映土壤基础养分状况，农学效率可以反映肥效状况，依据产量反应和农学效率进行施肥指导，充分考虑了土壤养分、肥料效应及产量情况等因素，是一种在缺少土壤测试值时进行施肥推荐的方法。以 QUEFTS 模型为基础，依据产量反应和农学效率建立 Nutrient Expert 系统，充分考虑了 N、P 和 K 的交互作用，是一个有别于其他推荐施肥的养分管理工具。该方法把土壤养分供应看作一个“黑箱”，用不施该养分地上部的养分吸收来表征土壤养分供应，即土壤基础养分供应，由此解决了困扰广大科学工作者的土壤氮素供应问题（Dobermann et al.，2003a，2003b）。而农学效率是施入单位养分所增加的籽粒产量，如果已知产量反应和农学效率，就可以求算作物的施肥量。在有试验点的地方进行推荐施肥时，可以直接采用试验得出的作物产量反应作为推荐施肥依据，然而在产量反应未知的条件下进行推荐施肥时，可以采用相对产量来估算产量反应，产量反应由基础养分供应及土壤理化性状等决定（Pampolino et al，2011），进而进行推荐施肥，依据农学效率进行施氮量的推荐方法在水稻上已有研究（Witt et al.，2007）。

3.8 玉米养分专家系统推荐施肥田间验证与效应评价

3.8.1 产量和经济效益

为了不断验证和完善玉米养分专家系统，于 2010～2012 年共计进行了 408 个田间试验，从产量、经济、农学和环境效益对玉米养分专家系统（Nutrient Expert for Hybrid Maize）进行了校正和改进。玉米品种使用农民所采用的品种，并且与农民设置相同的种植密度，密度设置来自玉米养分专家系统推荐，其设置范围为 65 000～75 000 株/hm^2。农民选择的品种为当前常用的玉米品种，如郑单 958、先玉 335、华农 101、绿育 4119、浚单 20、浚单 18、中科 11、吉单 27、海玉 15、鲁单 981 和蠡玉 16 等。试验点分布见图 3-28。

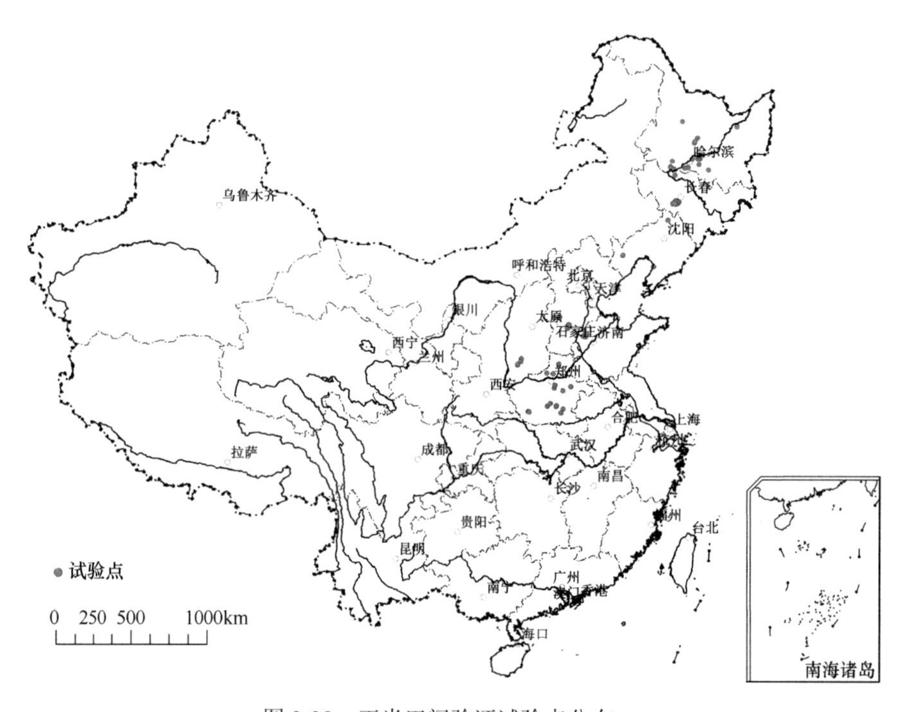

图 3-28 玉米田间验证试验点分布

试验地点位于东北春玉米主产区（吉林省、辽宁省和黑龙江省）和华北夏玉米主产区（河北省、河南省、山东省和山西省）。东北的气候类型为寒温带、雨养，单季玉米轮作，其生长期为 4 月下旬至 9 月中下旬；华北地区的气候类型为温带，冬小麦和夏玉米轮作，生长期为 6 月中旬至 9 月底或 10 月初，具有灌溉条件。试验地点描述见表 3-16。

表 3-16　玉米田间试验地点信息（2010～2012 年）

省份	季节	年份	试验数	村庄数	土壤类型	pH	有机质/（g/kg）	降雨量/mm	纬度/（°N）	经度/（°E）
吉林	春玉米	2010	9	2	黑土	4.65～7.78	11.8～32.5	400～900	40.89～46.28	121.65～131.29
		2011	28	5						
		2012	24	4						
辽宁	春玉米	2011	21	4	黑土、褐土	4.73～8.34	1.0～14.3	450～900	39.05～43.52	118.86～125.76
		2012	20	2						
黑龙江	春玉米	2011	26	8	黑土	5.12～8.88	4.4～66.7	400～650	43.45～53.53	121.22～135.07
		2012	17	6						
山西	夏玉米	2010	7	1	潮土、褐土	7.36～9.27	3.9～11.4	450～700	31.70～34.57	105.48～111.02
		2011	25	2						
		2012	7	3						
山东	夏玉米	2010	17	1	潮土、褐土、棕壤	8.09～9.01	2.5～7.2	550～900	34.42～38.38	114.60～112.72
		2011	11	2						
		2012	21	4						
河南	夏玉米	2010	59	15	潮土、褐土、棕壤	4.54～8.46	2.4～13.3	500～900	31.41～36.37	110.39～116.62
		2011	32	3						
		2012	21	3						
河北	夏玉米	2010	27	1	潮土、褐土	7.47～8.36	4.1～9.2	450～700	36.08～42.67	113.45～119.83
		2011	17	2						
		2012	19	2						

每个试验包含的处理有：基于玉米养分专家系统推荐施肥处理（NE）、农民习惯施肥处理（FP）、基于测土或当地农技部门的推荐施肥处理（OPTS），以及基于 NE 的不施氮、不施磷和不施钾处理。NE 处理首先要进行农户问卷调查，如试验地块过去 3～5 年的产量、施肥量、施肥措施、秸秆处理、是否施用有机肥和地块的质地、颜色等，将调查内容输入玉米养分专家系统形成施肥套餐。FP 处理依据农民自己的措施进行管理，在农民地里直接进行，不单独设置小区，记录农民所使用的肥料品种、施肥量和施肥次数等信息，收获时采集样品测定产量和养分含量等。OPTS 处理为测土配方施肥处理，如测土不及时或条件不具备，采用当地农技推广部门的推荐量。肥料使用尿素、过磷酸钙、磷酸氢二铵、氯化钾和硫酸钾等，其中 NE 处理的氮肥分两次施用（追肥时期在拔节期），磷肥和钾肥作基肥一次施用。NE 处理和 FP 处理的面积大于 667m^2。NE 处理和

FP 处理的施肥量范围见表 3-17。

表 3-17 玉米不同处理施肥量（2010～2012 年）

地区	省份	处理	施肥量/（kg/hm^2）		
			N	P_2O_5	K_2O
华北	河北	NE	152.5（130～182）	54（37～89）	61（44～105）
		FP	262（158～460）	25（0～138）	21（0～158）
	河南	NE	156（110～231）	55（37～88）	71（48～95）
		FP	211（48～392）	71（0～252）	52（0～143）
	山东	NE	149（120～182）	43（30～58）	46（24～66）
		FP	244（139～323）	53（6～172）	46（0～100）
	山西	NE	159（111～182）	52（37～72）	57（44～70）
		FP	246（105～423）	38（0～148）	20（0～72）
东北	吉林	NE	149（110～176）	55（47～60）	67（58～73）
		FP	211（79～280）	107（33～189）	90（48～147）
	辽宁	NE	179（130～211）	63（53～78）	78（63～108）
		FP	229（183～260）	76（56～99）	46（0～99）
	黑龙江	NE	161（130～194）	58（40～73）	79（48～101）
		FP	178（128～240）	63（38～104）	51（38～68）

每个试验点的样品采集采用相同标准，在每个小区的中央位置随机选取 3 个 $10m^2$ 的区域测定产量，并选取长势均匀的玉米 5～10 株测定水分含量，最终折合成含水量为 15.5%的产量。取 3～10 株长势均匀的植株烘干，测定籽粒和秸秆的干物质重，用于计算收获指数，并选取一部分烘干样品粉碎测定籽粒和秸秆中 N、P 和 K 养分含量。试验播种前采集 0～30cm、30～60cm 和 60～90cm 土壤测定土壤硝态氮（NO_3^--N）和铵态氮含量（NH_4^+-N），使用 0.01mol/L 的 $CaCl_2$ 浸提，土与浸提液的比例为 1∶10，使用流动分析仪测定。土壤含水量在 105℃烘干测定。以春玉米为例计算总体养分平衡，用于评估施肥的合理性。化肥消耗（TFC）为所有化肥的花费总和。经济效益（GRF）为收获后的产量利润减去肥料成本。

2010～2012 年试验产量结果显示（表 3-18），除山东省外，其余六省的产量 NE 处理都要高于 FP 处理，增加了 0.1～0.7t/hm^2，提高了 1.2%～6.1%。山东省 NE 和 FP 处理产量相同，为 8.5t/hm^2。夏玉米中河南省的 NE 处理产量显著高于 FP 处理，产量差为 0.2t/hm^2。而春玉米中三省的 NE 处理产量都显著高于 FP 处理，增产范围为 0.3～0.7t/hm^2，增产幅度为 2.5%～6.1%。就全部试验而言，NE 处理产量显著高于 FP 处理产量（P<0.0001），产量差为 0.2t/hm^2；夏玉米 NE 和 FP 处理产量差为 0.1t/hm^2，统计上达到了显著水平（P=0.0256），而春玉米 NE 处理和 FP 处理产量差为 0.6t/hm^2，统计上达到了极显著水平（P<0.0001）。春玉米产量差要显著高于夏玉米，高 0.5t/hm^2。在第二年试验开始前，使用第一年田间试验结果对玉米养分专家系统进行校正和改进，随着玉米养分专家系统的不断优化，NE 处理和 FP 处理的产量差从 2010 年的 0.1t/hm^2 增长到了 2012 年的 0.4t/hm^2，呈逐年增加趋势。

表 3-18　玉米养分专家系统的产量、化肥消耗和经济效益（2010～2012 年）

	产量/（t/hm²）				化肥消耗/（元/hm²）				经济效益 GRF/（元/hm²）			
	NE	FP	Δ	P > [T]	NE	FP	Δ	P> [T]	NE	FP	Δ	P> [T]
河北	8.2	8.1	0.1	0.520 7	1 463	1 494	–31	0.629 4	14 837	14 700	137	0.456 5
河南	9.8	9.6	0.2	0.015 9	1 401	1 606	–205	<0.000 1	18 129	17 620	509	0.000 2
山东	8.5	8.5	0.0	0.456 1	1 197	1 624	–427	<0.000 1	17 341	16 666	675	<0.000 1
山西	9.8	9.7	0.1	0.103 3	1 500	1 513	–13	0.875 0	20 162	19 958	204	0.075 8
吉林	12.1	11.8	0.3	0.003 4	1 352	2 046	–694	<0.000 1	22 233	20 826	1 407	<0.000 1
辽宁	12.2	11.5	0.7	<0.000 1	1 748	1 916	–168	0.000 2	24 465	22 754	1 711	<0.000 1
黑龙江	11.1	10.6	0.5	<0.000 1	1786	1 724	62	0.120 8	17 465	16 480	985	0.000 1
全部	10.1	9.9	0.2	<0.000 1	1 463	1 686	–223	<0.000 1	18 904	18 154	750	<0.000 1
春玉米	11.9	11.3	0.6	<0.000 1	1 593	1 916	–323	<0.000 1	21 446	20 082	1 364	<0.000 1
夏玉米	9.2	9.1	0.1	0.025 6	1 395	1 569	–174	<0.000 1	17 496	17 087	409	<0.000 1
2010	8.8	8.7	0.1	0.171 0	1 197	1 420	–223	<0.000 1	15 240	14 874	366	0.001 9
2011	10.4	10.2	0.2	<0.000 1	1 500	1736	–236	<0.000 1	19 350	18 637	713	<0.000 1
2012	11.1	10.7	0.4	<0.000 1	1 668	1 885	–217	<0.000 1	21 731	20 584	1 147	<0.000 1

注：产量、化肥消耗和经济效益为 2010～2012 年试验的平均值；NE 为养分专家系统；FP 为农民习惯施肥措施；Δ 为 NE–FP；*P*>[T]为 NE 和 FP 在 0.05 水平上的配对法 *t* 检验。下同

化肥消耗的计算结果显示（表 3-18），除黑龙江省外，其余各省 NE 处理的化肥消耗都要低于 FP 处理，降低 13～694 元/hm²，夏玉米中的山东省和春玉米中的吉林省降低最多，分别为 427 元/hm² 和 694 元/hm²。与 FP 处理相比，NE 处理显著地降低了 TFC（$P<0.0001$），平均降低了 223 元/hm²，其中 NE 推荐施肥中氮肥节省了 310 元/hm²（NE 处理和 FP 处理的氮肥消耗分别为 725 元/hm² 和 1035 元/hm²），NE 处理还节省了 31 元/hm² 的磷肥，但钾肥的投入增加了 118 元/hm²。随着化肥价格升高及施肥量的增加，FP 处理的 TFC 逐年增加。春玉米的 TFC 要高于夏玉米，是因为春玉米种植区的磷肥和钾肥投入要高于夏玉米，而夏玉米种植区的农民习惯施肥措施是只施氮肥或者氮磷肥。

随着玉米产量和价格的升高，种植玉米的经济效益也不断升高，从 2010～2012 年呈增加趋势。NE 处理与 FP 处理相比，7 个省份 GRF 都有所增加，增幅为 0.9%～7.5%。增幅最大的为辽宁省，GRF 增加了 1711 元/hm²。NE 处理和 FP 处理平均的 GRF 分别为 18 904 元/hm² 和 18 154 元/hm²，NE 处理比 FP 处理增加了 750 元/hm²，其中由产量增加带来的 GRF 为 527 元/hm²，占总 GRF 的比例为 70.3%。春玉米的 GRF 显著高于夏玉米，主要是因为春玉米产量高于夏玉米。

为验证玉米养分专家系统的长期效益，从 2012～2014 年进行玉米定位试验，定位试验点在 2012 年的验证试验中随机选择。试验地点设置在吉林省（10 个）、黑龙江省（10 个）、河北省（11 个）和山西省（2 个），共计 33 个田间试验。2012～2014 年三年定位试验结果得出，FP 处理的不平衡施肥对玉米产量造成了一定的影响。结果显示（图 3-29），春玉米三年的产量 NE 处理都显著高于 FP 处理（$P<0.001$），2012 年、2013 年和 2014 年分别高 0.9t/hm²、0.8t/hm² 和 0.8t/hm²，三年平均高 0.9t/hm²，增幅为 7.5%。夏玉米 2013 年 NE 处理的产量显著高于 FP 处理（$P<0.001$），高 0.5t/hm²，虽然 NE 和 FP 处理 2012

和 2014 年的产量无显著差异，但 NE 处理产量都高于 FP 处理，分别高 0.2t/hm^2 和 0.3t/hm^2，三年平均高 0.3t/hm^2，增幅为 3.3%。

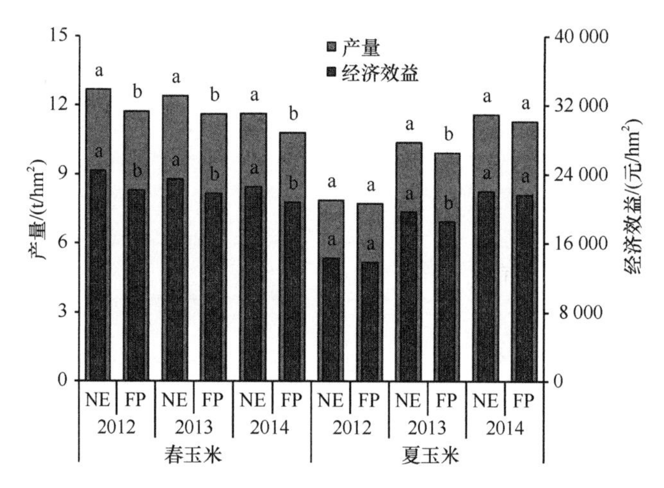

图 3-29 养分专家系统和农民习惯施肥的产量和经济效益比较（2012～2014 年）

平衡施肥不仅提高了玉米产量，还显著增加了经济效益（图 3-29）。春玉米三年试验结果显示，2012 年、2013 年和 2014 年 NE 处理的经济效益都显著地高于 FP 处理，分别增加了 2260 元/hm^2、1677 元/hm^2 和 1787 元/hm^2，增幅范围为 6.8%～8.1%，三年经济效益平均增加了 1743 元/hm^2，增幅达到了 7.4%，其中由产量增加而带来的经济效益占到了全部经济效益的 90.6%，而由减少肥料施用而增加的经济效益仅占 9.4%。夏玉米三年结果显示，2013 年 NE 处理经济效益显著高于 FP 处理，高 1133 元/hm^2，增幅为 6.1%，虽然 2012 年和 2014 年经济效益差异不显著，但 NE 处理比 FP 处理分别高 509 元/hm^2 和 376 元/hm^2，增加幅度分别为 3.7%和 1.7%，NE 处理三年平均经济效益比 FP 处理高 645 元/hm^2，提高了 3.3%，其中由产量增加而增加的经济效益为 90.3%。对于所有试验而言，NE 处理比 FP 处理的产量和经济效益分别增加了 0.6t/hm^2 和 1421 元/hm^2，分别提高了 5.9%和 7.1%，产量增加是经济效益增加的主要原因，其贡献率达到了 91.3%。因此，玉米养分专家系统具有显著增加产量和经济效益的效果。

3.8.2 养分利用率

NE 系统根据目标产量、气候类型、灌溉和降雨等条件给出不同施肥推荐量。在玉米养分专家系统中用户可以选择与产量相关并与之相匹配的条件，如土壤类型、水分状况、旱害和涝害问题，以及问题土壤（酸性土壤和盐渍土壤等）和土壤性质（土层厚度、质地、颜色、有机质含量、有机肥和堆肥施用等）等。例如，氮肥的施用量和施用时间可以根据生长季内的水分状况进行调整，如果在某一追肥时期没有降雨，氮肥的施用则推迟到下一生长期或者不施。

2010～2012 年施肥量研究结果得出（表 3-19），农民的施肥量非常不平衡。就各省的平均值而言，FP 处理的施氮量非常高，范围为 179～266kg N/hm^2，七省的平均施氮量为

224kg N/hm^2，FP 处理在全部 408 个试验中有 328 个试验点的施氮量超过 180kg N/hm^2，占全部试验数的 80.4%，最高的施氮量达到了 460kg N/hm^2（河北省，2010 年），而最低施氮量仅有 48kg N/hm^2（河南省，2010 年），东北春玉米种植区 FP 处理施氮量要低于华北夏玉米种植区，平均低 27kg N/hm^2，说明中国华北夏玉米种植区农民过量施氮的问题比较严重。而 NE 处理优化了施氮量，其范围为 143～178kg N/hm^2，平均值为 156kg N/hm^2。七省 NE 处理的平均施氮量都显著低于 FP 处理，施氮量降低范围为 18～113kg N/hm^2，平均降低了 68kg N/hm^2，降幅达到了 30.4%。NE 处理每年的施氮量是不同的，因为养分专家系统是一个动态的养分管理方法，可以依据前季土壤氮素残留、土壤基础养分供应、产量与养分吸收关系，以及产量反应和农学效率关系等对施肥量进行调整。

表 3-19 玉米养分专家系统的节肥效益（2010～2012 年）

	施氮量/（kg N/hm^2）				施磷量/（kg P_2O_5/hm^2）				施钾量/（kg K_2O/hm^2）			
	NE	FP	Δ	P> [T]	NE	FP	Δ	P> [T]	NE	FP	Δ	P>[T]
河北	153	266	–113	<0.0001	56	23	33	<0.0001	64	21	43	<0.0001
河南	157	213	–56	<0.0001	55	70	–15	0.0115	71	50	21	<0.0001
山东	143	233	–90	<0.0001	52	55	–3	0.4875	56	52	4	0.2855
山西	162	245	–83	<0.0001	50	31	19	0.0017	57	19	38	<0.0001
吉林	149	211	–62	<0.0001	56	107	–51	<0.0001	67	91	–24	<0.0001
辽宁	178	229	–51	<0.0001	63	76	–13	<0.0001	79	48	31	<0.0001
黑龙江	161	179	–18	0.0015	58	63	–5	0.1277	79	51	27	<0.0001
全部	156	224	–68	<0.0001	55	62	–7	0.0035	68	49	19	<0.0001
春玉米	161	207	–46	<0.0001	59	85	–26	<0.0001	74	67	7	0.0241
夏玉米	154	234	–80	<0.0001	54	50	4	0.2599	64	39	25	<0.0001
2010	138	223	–85	<0.0001	50	53	–3	0.5612	64	40	24	<0.0001
2011	162	220	–58	<0.0001	53	65	–12	0.0009	64	45	19	<0.0001
2012	167	231	–64	<0.0001	64	68	–4	0.2587	75	59	16	<0.0001

七省 FP 处理平均磷肥施用量范围为 23～107kg P_2O_5/hm^2，平均值为 62kg P_2O_5/hm^2（表 3-19）。NE 处理的磷肥平均施用量范围为 50～63kg P_2O_5/hm^2，平均值为 55kg P_2O_5/hm^2。七省中，有五个省 NE 处理的磷肥施用量低于 FP 处理，河北省和山西省的 NE 处理磷肥用量高于 FP 处理，因为二省 FP 处理磷肥用量分别只有 23kg P_2O_5/hm^2 和 31kg P_2O_5/hm^2。夏玉米 NE 和 FP 处理施磷量间无显著差异（P=0.2599），但春玉米的 FP 处理施磷量极显著高于 NE 处理（P<0.0001），高 26kg P_2O_5/hm^2。整体而言，NE 处理的平均施磷量比 FP 处理降低了 7kg P_2O_5/hm^2（P<0.0001），降幅为 11.3%。在所有试验中，FP 处理有 92 户农户没有施任何磷肥，占全部试验数的 22.5%，有 179 户农户施磷量超过了 70kg P_2O_5/hm^2，占全部试验数的 43.9%，磷肥施用量最高的达到了 252kg P_2O_5/hm^2（河南省，2011 年），远远超过了作物对 P 的需求，农民对磷肥的施用出现严重的失衡现象。

七省的平均钾肥用量 FP 处理的施用范围为 19～91kg K_2O/hm^2，平均值为 49kg K_2O/hm^2（表 3-19）。NE 处理的钾肥用量范围为 56～79kg K_2O/hm^2，平均值为 68kg K_2O/hm^2。FP

处理中有 190 户农户的钾肥用量低于 45kg K_2O/hm^2，占全部试验数的 46.6%，其中，有 121 户农户不施钾肥，占全部试验数的 29.7%。七省中，除吉林省外，NE 处理的施钾量都要高于 FP 处理，增加范围为 4～43kg K_2O/hm^2。就所有数据而言，NE 处理的施钾量显著高于 FP 处理（P<0.0001），增加了 19kg K_2O/hm^2，增幅为 38.8%。

为减少氮素向环境中流失，在推荐施肥和养分管理中应该最大限度地提高氮肥利用率。与 FP 处理相比，NE 处理显著提高了氮肥利用率（P<0.0001）。NE 处理的 AEN 变化范围为 6.6g～18.9kg/kg，平均值为 12.2kg/kg；REN 变化范围为 20.9%～35.4%，平均值为 30.2%；FPFP 变化范围为 54.3～82.5kg/kg，平均值为 65.7kg/kg。FP 处理的 AEN 变化范围为 3.7～14.3kg/kg，平均值为 8.3kg/kg；REN 变化范围为 11.3%～26.9%，平均值为 20.0%；FPFP 变化范围为 32.1～61.2kg/kg，平均值为 48.5kg/kg（表 3-20）。与 FP 处理相比，NE 处理的 AEN、REN 和 PFPN 分别增加了 3.9kg/kg、10.2 个百分点和 17.2kg/kg。

表 3-20　玉米养分专家系统的氮肥利用率（2010～2012 年）

	氮素农学效率/（kg/kg）				氮素回收率/%				氮素偏生产力/（kg/kg）			
	NE	FP	Δ	P>[T]	NE	FP	Δ	P>[T]	NE	FP	Δ	P>[T]
河北	6.6	3.7	2.9	<0.0001	22.1	11.3	10.8	<0.0001	54.3	32.1	22.2	<0.0001
河南	14.1	10.5	3.6	<0.0001	35.4	23.5	11.9	<0.0001	64.0	51.7	12.3	<0.0001
山东	8.3	5.6	2.7	<0.0001	20.9	14.0	6.9	<0.0001	59.9	39.4	20.5	<0.0001
山西	7.8	5.5	2.3	<0.0001	25.4	16.9	8.5	<0.0001	61.9	44.3	17.6	<0.0001
吉林	15.5	9.5	6.0	<0.0001	35.2	26.9	8.3	<0.0001	82.5	59.1	23.4	<0.0001
辽宁	13.1	7.1	6.0	<0.0001	34.6	16.3	18.3	<0.0001	69.5	50.5	19.0	<0.0001
黑龙江	18.9	14.3	4.6	<0.0001	32.5	26.5	6.0	<0.0001	69.3	61.2	8.1	<0.0001
全部	12.2	8.3	3.9	<0.0001	30.2	20.0	10.2	<0.0001	65.7	48.5	17.2	<0.0001
春玉米	15.8	10.2	5.6	<0.0001	34.2	23.8	10.4	<0.0001	74.9	57.3	17.6	<0.0001
夏玉米	10.3	7.2	3.1	<0.0001	28.0	17.8	10.2	<0.0001	60.6	43.6	17.0	<0.0001
2010	12.6	8.7	3.9	<0.0001	30.0	18.5	11.5	<0.0001	64.4	45.5	18.9	<0.0001
2011	12.3	8.6	3.7	<0.0001	31.6	22.2	9.4	<0.0001	64.8	49.7	15.1	<0.0001
2012	11.9	7.6	4.3	<0.0001	29.0	18.6	10.4	<0.0001	67.9	49.7	18.2	<0.0001

NE 处理与 FP 处理相比，七省的平均 AEN 都高出 30%以上，过量的氮肥施用使河北省 FP 处理的 AEN、REN 和 PFPN 分别仅有 3.7kg/kg、11.3%和 32.1kg/kg。农民通常是一次性施肥，导致作物生长前期氮素供应过量，而在灌浆期时又出现缺氮现象，在春玉米上尤为明显。而 NE 处理推荐施肥考虑了生长季节的天气状况，氮肥通常分 2～3 次在玉米的主要生育期进行施用，并依据水分状况进行调整。农民的施肥措施结果表明，高量的氮肥投入并没有带来高氮肥利用率。春玉米的氮素利用率要高于夏玉米，这与春玉米生育期长有关，较长的生育期能够充分利用吸收的养分，使养分能够有效地转移到籽粒中。

就三年定位试验（2012～2014 年）的施肥量而言（图 3-30），春玉米 NE 处理的 N、P_2O_5 和 K_2O 施用量范围为 150～208kg/hm^2、50～99kg/hm^2 和 58～102kg/hm^2，平均值分

别为 173kg/hm^2、73kg/hm^2 和 84kg/hm^2；FP 处理的 N、P_2O_5 和 K_2O 施用量范围为 153～280kg/hm^2、38～166kg/hm^2 和 38～120kg/hm^2，平均值分别为 207kg/hm^2、92kg/hm^2 和 75kg/hm^2；NE 处理比 FP 处理降低了 16.5%的氮肥和 21.0%的磷肥，但增加了 13.7%的钾肥。夏玉米 NE 处理的 N、P_2O_5 和 K_2O 施用量范围为 111～182kg/hm^2、56～79kg/hm^2 和 55～105kg/hm^2，平均值分别为 176kg/hm^2、71kg/hm^2 和 83kg/hm^2；FP 处理的 N、P_2O_5 和 K_2O 施用量范围为 180～455kg/hm^2、0～113kg/hm^2 和 0～158kg/hm^2，平均值分别为 292kg/hm^2、36kg/hm^2 和 44kg/hm^2；NE 处理与 FP 处理相比，氮肥降低了 116kg/hm^2，降幅达到了 39.8%，而磷肥和钾肥分别增加了 36kg P_2O_5/hm^2 和 38kg K_2O/hm^2。春玉米种植区的农民出现了重氮磷肥、轻钾肥的现象，而夏玉米种植区大多数农民只注重氮肥施用，磷肥和钾肥施用量很少或者不施。

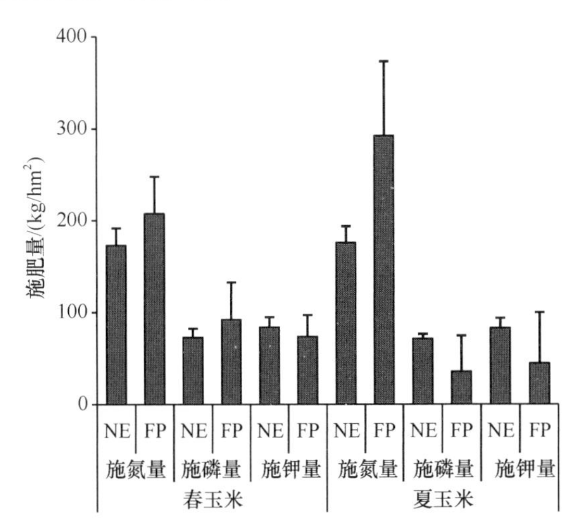

图 3-30　养分专家系统和农民习惯施肥的施肥量比较（2012～2014 年）

就三年定位试验的平均施肥量而言，玉米养分专家系统降低了氮肥施用量，平衡了磷肥和钾肥施用。NE 处理与 FP 处理相比，氮肥减少了 66kg N/hm^2，降低了 27.5%；钾肥用量增加了 21kg K_2O/hm^2，而平均磷肥用量基本相同（相差 2kg P_2O_5/hm^2）。

玉米养分专家系统中的平衡施肥不仅增加了产量和经济效益，还对肥料利用率有显著的提高效果。平衡施用磷肥和钾肥对于维持土壤肥力是非常重要的，而在河北三年的定位试验中，2012 年和 2013 年的 10 户试验中有 8 户农户不施磷肥和钾肥，因此对 NE 处理和 FP 处理的磷肥和钾肥的利用率进行比较时，只对春玉米的结果进行了比较分析（图 3-31d～图 3-31f）。

三年定位试验氮肥利用率结果显示，春玉米和夏玉米 NE 处理的 REN 三年试验都显著高于 FP 处理（图 3-31a），2012 年、2013 年和 2014 年春玉米 REN 分别增加了 12.3 个百分点、10.8 个百分点和 11.2 个百分点；夏玉米分别增加了 9.6 个百分点、18.2 个百分点和 5.2 个百分点；三年平均的 REN 春玉米和夏玉米分别增加了 11.5 个百分点和 11.2 个百分点。对于 AEN（图 3-31b），三年试验 NE 处理都显著高于 FP 处理，与 FP 处理相比，春玉米 NE 处理的 AEN 在 2012 年、2013 年和 2014 年分别增加了 7.3kg/kg、5.4kg/kg 和 6.9kg/kg，而夏玉米分别增加了 2.7kg/kg、5.5kg/kg 和 3.1kg/kg；三年平均的 AEN 春玉米和夏玉米分别增加了 6.5kg/kg 和 3.9kg/kg。三年试验 NE 处理的 PFPN 同样都显著地高于 FP 处理（图 3-31c），与 FP 处理相比，春玉米 NE 处理的 PFPN 在 2012 年、2013

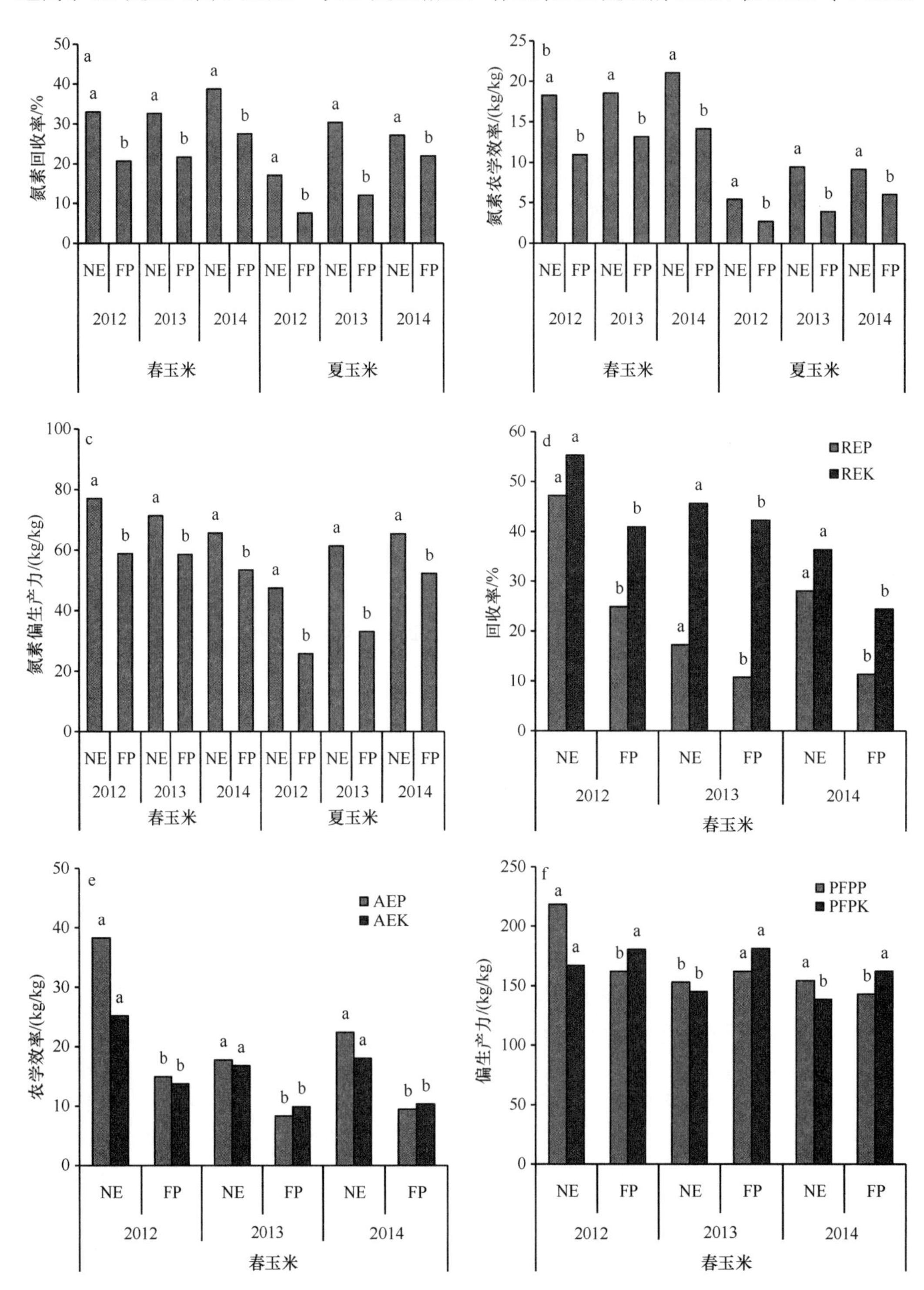

图 3-31 养分专家系统和农民习惯施肥的肥料利用率比较（2012～2014 年）

年和 2014 年分别增加了 18.2kg/kg、12.7kg/kg 和 12.3kg/kg，而夏玉米分别增加了 21.6kg/kg、28.3kg/kg 和 13.2kg/kg；春玉米和夏玉米三年平均 PFPN 分别增加了 14.4kg/kg 和 21.2kg/kg。在布置试验的过程中，农民逐渐意识到过量施肥并不能带来高产，因此在 2014 年试验中夏玉米 FP 处理由 2012 年和 2013 年的 300kg N/hm^2 左右降到 2014 年的 200kg N/hm^2 左右，这使得 FP 处理 2014 年的 AEN、REN 和 PFPN 显著地高于前两年，但与 NE 处理相比仍存在一定差距。

对春玉米三年磷肥和钾肥的利用率进行分析得出，NE 处理的 REP 和 REK 显著高于 FP 处理（图 3-31d）。2012 年、2013 年和 2014 年 NE 处理的 REP 比 FP 处理分别增加了 22.3 个百分点、6.6 个百分点和 16.6 个百分点，而 REK 分别增加了 14.3 个百分点、3.4 个百分点和 12.0 个百分点，三年平均 REP 和 REK 分别增加了 15.2 个百分点和 9.9 个百分点。与 FP 处理相比，NE 处理显著提高了 AEP 和 AEK（图 3-31e），三年 AEP 分别增加了 23.3kg/kg、9.4kg/kg 和 13.0kg/kg，AEK 分别增加了 11.5kg/kg、6.9kg/kg 和 7.7kg/kg，三年平均 AEP 和 AEK 分别增加了 15.3kg/kg 和 8.7kg/kg。与 FP 处理相比，2012 年和 2014 年 NE 处理显著提高了 PFPP（图 3-31f），分别增加了 56.4kg/kg 和 11.4kg/kg，而 2013 年 FP 处理的 PFPP 显著高于 NE 处理，这是因为 2013 年黑龙江省试验中的农户施磷量较低，范围为 38～68kg P_2O_5/hm^2。与 2012 年相比，NE 处理在 2013 年提高了磷肥用量，导致 FP 处理的 PFPP 较高。2013 年和 2014 年 FP 处理的 PFPK 显著高于 NE 处理，2012 年无显著差异。NE 处理三年的 PFPK 都要低于 FP 处理，三年平均低 24.4kg/kg，这主要是由于 NE 处理的施钾量高于 FP 处理，高 13.7%。过量的氮肥和磷肥施用是导致 FP 处理 N 和 P 利用率低的主要原因，较低的钾肥施用虽然提高了 FP 处理的 PFPK，但并没有提高 AEK 和 REK，如果钾肥施用长期维持在一个较低的水平（如最低施钾量仅有 38kg K_2O/hm^2），加之秸秆不还田（秸秆是东北地区许多农户冬季取暖的主要材料），每年会导致 96～120kg K_2O 的消耗，就会降低土壤肥力，导致耕地质量下降。

玉米养分专家系统中的平衡施肥降低了氮肥施用量，平衡了磷肥和钾肥施用，提高了作物地上部作物养分吸收，NE 处理比 FP 处理地上部 N、P 和 K 养分吸收分别增加了 5.8%、8.4%和 7.2%，这也是提高肥料利用率的原因之一。三年所有定位试验 NE 处理的平均 REN、AEN 和 PFPN 比 FP 处理分别增加了 11.3 个百分点、5.4kg/kg 和 17.0kg/kg。对于三年 P 和 K 的利用率而言（所有春玉米数据+含有施 P 和 K 的夏玉米数据），NE 处理三年平均的 REP 和 AEP 比 FP 处理增幅分别为 7.6 个百分点和 9.3kg/kg，而 REK 和 AEK 增幅分别为 7.7 个百分点和 4.8kg/kg。

3.8.3　氮素表观损失

氮素表观损失的计算公式：氮素表观损失=施氮量+土壤起始氮+土壤氮素净矿化－作物地上部吸氮量－收获后土壤残留氮。土壤氮矿化量=不施氮小区地上部吸氮量+不施氮小区土壤氮残留－不施氮小区起始氮。2012 年当季氮素表观损失试验结果显示（表 3-21），NE 处理与 FP 处理相比，增加了玉米产量，这意味着在当前情况下降低氮肥用量不仅没有减产，还可以增加产量。然而，当施氮量超过优化施氮量时氮素表观损失随着施氮量的增加而显著增加，预示着高的环境风险。对于夏玉米而言，NE 处理（179.3kg N/hm^2）的施氮量比 FP 处理（239.2kg N/hm^2）低 59.9kg N/hm^2，但是氮素吸收 NE 处理（226.5kg N/hm^2）比 FP 处理（212.5kg N/hm^2）高 14.0kg N/hm^2；NE 处理和 FP 处理播前土壤残留 N 分别为 209.7kg N/hm^2 和 207.6kg N/hm^2，而收获后的土壤氮素残留分别为 226.1kg N/hm^2 和 268.4kg N/hm^2；但氮素表观损失 NE 处理（85.6kg N/hm^2）比 FP 处理（107.1kg N/hm^2）低 21.5kg N/hm^2。对于春玉米而言，施氮量 NE 处理（161.5kg N/hm^2）比 FP 处理（218.4kg N/hm^2）低 56.9kg N/hm^2，但是地上部氮素吸收 NE 处理（201.8kg N/hm^2）比 FP 处理（187.7kg N/hm^2）高 14.1kg N/hm^2；收获后的土壤残留氮 NE 处理（126.1kg N/hm^2）和 FP 处理（147.6kg N/hm^2）都低于播前土壤起始 N（166.9kg N/hm^2），但 NE 处理和 FP 处理仍然有相当数量的氮素表观损失，分别为 70.4kg N/hm^2 和 123.7kg N/hm^2。基于 NE 处理的推荐施肥与 FP 处理相比氮肥降低了 68kg/hm^2（30.4%），氮素表观损失降低了 35.6kg/hm^2，但维持了较高的产量和经济效益，对于节约氮肥和降低氮素损失具有突出贡献。因此，养分专家系统与农民习惯措施相比具有很大优势，起到了增产、增收和增效的作用。

表 3-21 养分专家系统与农民习惯措施的氮素平衡比较（2012 年）

参数	夏玉米（n≈33）		春玉米（n≈62）	
	NE	FP	NE	FP
初始氮/（kg/hm^2）	209.7	207.6	166.9	166.9
矿化氮/（kg/hm^2）	139.1	141.2	73.6	73.6
施氮量/（kg/hm^2）	179.3	239.2	161.5	218.4
氮素吸收/（kg/hm^2）	226.5	212.5	201.8	187.7
氮素残留/（kg/hm^2）	226.1	268.4	126.1	147.6
氮素损失/（kg/hm^2）	85.6	107.1	74.0	123.7
籽粒产量/（t/hm^2）	10.4	10.3	12.2	11.5

以春玉米为例研究了玉米养分专家系统的长期环境效益（表 3-22）。三年试验结果显示，NE 处理比 FP 处理三年共少施 102.8kg N/hm^2，但地上部氮素吸收增加了 38.7kg N/hm^2。NE 处理显著降低了土壤氮素残留，在 2014 年收获时 0～90cm 土壤硝态氮和铵态氮累积量为 86.2kg/hm^2，而 FP 处理的则为 149.2kg/hm^2，对不同土壤剖面的土壤硝态氮和铵态氮累积量的研究显示，有 57.5%的氮素残留位于 30cm 以下，而如今中国东北玉米种植区的土壤耕层一般都低于 30cm，这部分养分容易淋洗到更深层且作物根系达不到的土壤或地下水中，造成环境污染。氮素表观损失 NE 处理比 FP 处理低 78.5kg N/hm^2。虽然 NE 处理施氮量与作物氮吸收量之差表现为负值，即三年氮素表观平衡为负平衡，为 –49.5kg/hm^2，较高的土壤氮素矿化使得氮素供应远远超过作物需求，如果加上大气干湿沉降等环境带入的养分，NE 处理现有的施肥量足够可以维持土壤平衡和保持高产。FP 处理的施氮量比作物氮素吸收量高 92.0kg N/hm^2，超出了 17.3%，较高的氮肥用量导致了 FP 处理氮素残留比 NE 处理高 63.0kg N/hm^2，三年总的氮素表观损失 FP 处理比 NE

处理高 78.5kg N/hm^2。NE 处理的三年平均产量达到了 12.3t/hm^2，比 FP 处理平均高 0.9t/hm^2，说明 NE 系统具有显著的长期环境效益。

表 3-22 养分专家系统与农民习惯措施的氮素平衡比较（2012～2014 年）

参数	处理		
	NE	FP	NE–FP
初始氮/（kg/hm^2）	176.8	176.8	—
矿化氮/（kg/hm^2）	275.7	275.7	—
施氮量/（kg/hm^2）	519.2	622.0	–102.8
氮素吸收/（kg/hm^2）	568.7	530.0	38.7
氮素残留/（kg/hm^2）	86.2	149.2	–63.0
氮素损失/（kg/hm^2）	316.8	395.3	–78.5
籽粒产量/（t/hm^2）	12.3	11.4	0.9

3.8.4 与测土施肥的比较优势

在同一个试验中，当 OPTS 处理的施肥量与 NE 处理相同或相近时，不设置 OPTS 处理，因此当对 NE 和 OPTS 两个处理进行比较时，选择试验中同时具有 NE 和 OPTS 两个处理的试验进行比较，从产量、经济和农学效率等方面对 NE 处理和 OPTS 处理进行单独比较。从 2010～2014 年共计 391 个田间试验同时进行这两个处理，OPTS 处理的施肥量见表 3-23。

表 3-23 养分专家系统（NE）与测土推荐施肥（OPTS）比较（2010～2014 年）

处理	施肥量/（kg/hm^2）			产量/（t/hm^2）	经济效益/（元/hm^2）	氮素利用率		
	N	P_2O_5	K_2O			REN/%	AEN/（kg/kg）	PFPN/（kg/kg）
OPTS	200	56	74	10.3	18 980	23.0	10.4	53.0
NE	158	52	68	10.3	19 308	29.1	12.9	65.9
NE–OPTS	–42	–4	–6	0.0	328	6.1	2.5	12.9
NE–OPTS（%）	–21.0	–7.1	–8.1	0.0	1.7	26.5	24.0	24.3

注：%单位为 NE 比 OPTS 的增多和减少比率

对同时具有 NE 处理和 OPTS 处理的试验进行比较得出（表 3-23），与 OPTS 处理相比，NE 处理 N、P_2O_5 和 K_2O 的施用量分别低 42kg/hm^2、4kg/hm^2 和 6kg/hm^2，分别降低了 21.0%、7.1%和 8.1%。二者的产量相同，都为 10.3t/hm^2，但 NE 处理的经济效益比 OPTS 处理高 328 元/hm^2，这部分增加的效益是由于 NE 处理降低了施肥量。由于两个处理磷肥和钾肥施用量相差不大且产量相同，因此其磷肥和钾肥的利用率没有显著差异，但 NE 处理比 OPTS 处理显著提高了氮素利用率，REN、AEN 和 PFPN 分别增加了 6.1 个百分点、2.5kg/kg 和 12.9kg/kg。NE 处理与 OPTS 处理相比，在确保了产量的前提下，增加了经济效益和氮素回收率，省却了测土施肥中土壤样品采集和土壤养分测试程序，节省了人力、物力和财力。但判断土壤中微量元素是否缺乏时仍需要借助土壤测试结果进行确定。

合理的施肥管理措施（如施肥量、施肥时间等）能够显著增加作物产量（Chen et al.，2011；He et al.，2009）。NE 处理中的推荐施肥和养分管理采用的是 4R 养分管理策略，最大限度地优化养分供给和作物需求间的关系，以达到养分平衡（Buresh，2009；Dobermann and Witt，2004；Dobermann and White，1999）。与 FP 处理相比，NE 处理提高了产量和经济效益，并降低了化肥消耗。三年验证试验（2010～2012 年）结果显示 NE 处理与 FP 处理相比，产量增加了 0.2t/hm^2。三年定位试验（2012～2014 年）表明，NE 处理具有长期的增产效果，产量平均增加了 0.6t/hm^2。夏玉米的 NE 处理和 FP 处理产量差较低，这与较高的土壤基础养分供应相关，农民的过量施肥导致了较低的产量反应（Cui et al.，2008b，2008c）。而春玉米种植区，农民一次性施肥导致了玉米生长后期出现比较严重的缺氮症状。春玉米的产量高于夏玉米，这与春玉米生长期较长、作物能够充分利用有效积温和养分有关。与 FP 处理相比，NE 处理的高产和低施肥量必然增加经济效益。

在推荐施肥中需要考虑土壤基础养分供应（Khurana et al.，2007；Dobermann et al.，2003a，2003b），因为过量施肥现象在中国非常普遍，高量化肥投入导致了较高土壤基础养分供应（Cui et al.，2008a），并且对环境安全形成了潜在威胁。土壤基础养分供应来自于土壤矿化、灌溉水、大气沉降、降雨、前季作物残留和豆科植物固定等，可以通过不施某种养分小区测得（Dobermann et al.，2003a，2003b）。高的土壤基础养分供应意味着大量的养分残留在土壤中，肥料资源没有被有效利用，这就可能导致土壤和肥料养分通过淋洗、径流、挥发和反硝化等途径进入地表水、地下水和空气中（Ju et al.，2009）。NE 系统可以使农民依据作物的需求动态调整施肥量，其调整施肥量的依据是每年或每季的产量反应、农学效率和养分平衡，而不是一个恒定的施肥量。气候的差异表明，应该依据每个气候区域特征形成不同的养分管理策略，这也是 NE 系统所考虑的主要方面之一。

本研究中，NE 处理的 AEN 显著高于 FP 处理，也高于一些研究中土壤养分的测试结果（He et al.，2009）。Dobermann（2007）的报道称，在低施氮量和优化管理条件下，如优化养分管理、灌溉、高产品种、草害和病虫害防治等，AEN 可以达到 20～30kg/kg。当前中国的 AEN 较低（Gao et al.，2012；Cui et al.，2009），主要由于高施氮量和较差的田间管理。最优的管理措施结合当前先进的农业技术，如精准农业和机械化等实现高的 AEN 是完全可能的。在本研究中一些试验点的 AEN 已经达到了 20～30kg/kg，如黑龙江省。但高量的施肥历史已经导致了土壤氮素累积，再加上高施氮量和不恰当的养分管理，以及不平衡施肥（许多农民只施氮肥和磷肥或者只施氮肥）等都导致了农民习惯施肥的低养分利用率。

当施氮量超过作物需求时，氮素流向环境中的损失就会增加，高量的氮肥投入已经对环境构成威胁（Ju et al.，2009；Cui et al.，2008b，2008c）。大量的残留 N 在土壤中累积并逐渐地淋洗到根部以下，是夏玉米氮素损失的重要途径（Ju et al.，2009）。由于较高的土壤 pH、生长季高温（图 3-32a）、肥料种类选择尿素或铵盐及表面施肥等，氨挥发被认为是夏玉米的另一种主要氮素损失途径。其他方面如大水漫灌和降雨量集中等也是增加氮素损失的原因（图 3-32b）。然而，氮素损失最主要的原因是农民持续地过量施氮。许多农民还坚守着多投入、多产出的观念。

充分利用残留在土壤中的氮素，不仅可以提高氮素利用率，还有助于评估和优化玉米施氮量（Setiyono et al.，2011；Chen et al.，2010）。本研究土壤中具有较高的潜在氮素供应能力，包括土壤矿化氮、较高的土壤氮素残留、大气沉降和灌溉水中氮素。本研究中夏玉米的土壤矿化氮较高，可能与夏玉米种植区土壤中较高的硝酸盐含量有关（Cui et al.，2008c）。推荐施肥时必须考虑环境带入的氮，因为中国华北平原环境带入的氮素达到了 104kg N/hm^2（Ju et al.，2009）。然而，玉米养分专家系统（Nutrient Expert for Hybrid Maize）将土壤养分供应看作一个“黑箱”，而不考虑养分来源，在 NE 系统推荐施肥中是非常重要的考虑因素之一。因此，NE 系统根据特定的地块条件，综合考虑气候、土壤和管理因素可以给出合理的施肥量，并达到高产和高效的目的。

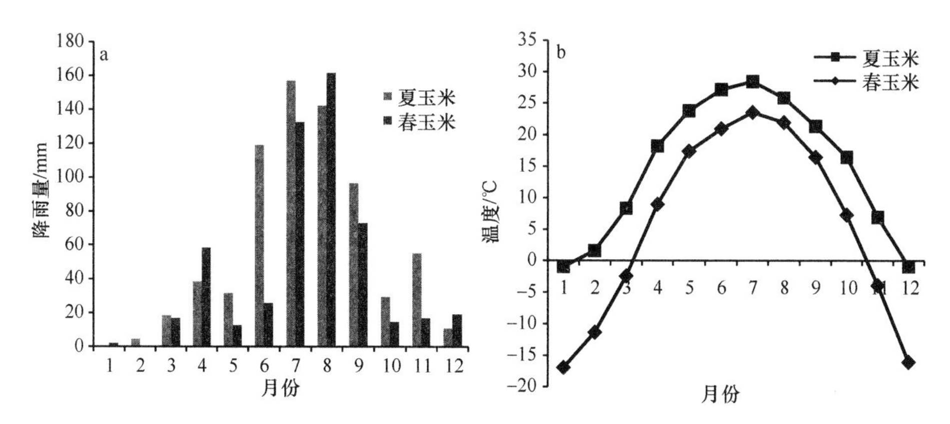

图 3-32　2012 年春玉米和夏玉米试验点月平均降雨量和平均温度

第 4 章　基于产量反应和农学效率的小麦推荐施肥

4.1　试验点和数据描述

收集 2000～2015 年小麦田间试验数据，包括小麦产量、地上部 N、P、K 养分吸收、收获指数、肥料施用量等参数数据，数据来自于公开发表的文献及国际植物营养研究所中国项目部数据库，主要包括华北、长江中下游、西南、东北和西北地区，基本覆盖全国的小麦（冬小麦和春小麦）种植区域（图 4-1）。各地区包含省份见玉米部分。具体的试验处理包括在不同土壤类型和气候条件下的农民习惯施肥处理（farmers’practices，FP）、优化养分管理处理（optimal practice treatment，OPT）、减素试验、长期定位试验及肥料量级试验等。所收集数据的主要土壤类型、土壤基础理化特征及数据点分布（至少含有三大营养元素之一）见表 4-1。共计收集了 5439 个田间试验，5000 多个含有养分吸收数据。

图 4-1　小麦数据点分布

表 4-1　小麦主产区试验点土壤特征

区域	省份	土壤类型	pH	有机质 /（g/kg）	碱解氮 /（mg/kg）	速效磷 /（mg/kg）	速效钾 /（mg/kg）	样本数
华北	河北	褐土、潮土	6.5～8.9	4.1～42.3	20.0～151.1	4.3～79.8	52.1～285.8	1053
	河南	褐土、潮土、砂姜黑土	4.8～8.7	2.1～36.0	31.2～196.4	2.9～97.0	21.3～297.0	1523
	山西	褐土、潮土、草甸土	6.9～8.6	2.6～30.1	20.7～157.0	3.4～76.1	69.7～372.0	822
	山东	褐土、潮土、棕壤	4.6～8.9	4.3～33.8	23.0～190.0	5.4～96.5	32.0～280.0	1276
	北京	潮土	6.4～8.6	9.2～43.0	48.2～142.0	5.2～49.9	52.0～238.0	35
	天津	潮土	8.0～8.8	9.6～18.6	39.4～92.6	9.4～48.5	105.2～215.5	—
长江中下游	江苏	黄棕壤、水稻土、潮土、	4.6～8.5	5.6～46.3	30.5～234.0	2.2～98.8	23.8～275.0	391
	湖北	黄棕壤、水稻土	4.8～8.3	11.0～29.5	42.0～127.7	6.4～34.8	51.1～177.5	266
	安徽	黄棕壤、水稻土、砂姜黑土	4.1～8.4	4.0～28.4	21.0～171.0	5.0～77.5	40.4～270.1	112
	湖南	红壤	5.7～6.1	11.3～22.9	50.0	12.0	245.0	—
	上海	潮土	6.1～7.9	10.8～27.9	34.5～134.0	9.4～61.1	62.0～217.0	—
	浙江	水稻土	4.4～8.1	10.8～47.5	122.1～252.9	5.0～28.9	20.0～292.0	8
西北	陕西	缕土、黑垆土、褐土	7.0～8.6	7.3～52.8	11.5～164.9	2.2～79.4	65.7～365.8	223
	宁夏	灌淤土	6.9～8.6	1.7～19.4	20.7～141.0	2.4～92.0	84.8～381.0	65
	甘肃	灰钙土、灌漠土	6.9～9.2	6.7～33.9	26.0～280.0	5.3～86.0	78.0～327.0	122
	新疆	潮土、黑钙土、灰漠土	7.3～8.7	6.6～51.8	25.6～292.6	2.5～53.9	77.0～444.0	6
	青海	黑钙土、栗钙土	7.1～8.6	10.9～40.0	75.0～126.0	3.0～65.1	69.0～291.0	115
	内蒙古	黑钙土	7.1～8.5	10.0～27.2	34.5～191.0	3.2～63.2	72.2～174.0	—
西南	四川	潮土、红壤、水稻土	5.6～8.2	4.2～48.6	13.4～225.0	3.0～62.4	31.3～133.0	128
	云南	红壤、水稻土	4.7～7.6	28.4～50.3	90.3～178.5	7.0～82.2	62.0～187.4	16
	贵州	黄壤土	6.1～7.6	3.8～32.0	53.0～195.7	7.2～25.3	44.5～150.0	—
	重庆	黄壤土、水稻土、紫色土	6.5～7.7	13.2～31.2	111.0～145.0	4.3～26.4	88.2～206.0	44
东北	辽宁	黑土	5.8～7.3	8.1～11.9	90.1～101.4	18.2～20.4	68.1～99.4	—
	黑龙江	棕壤、黑土	5.3～7.3	21.3～59.5	83.2～218.3	10.4～135.0	66.5～300.0	4

注：样品数量为含有三大营养元素之一的样本个数

QUEFTS 模型简介及参数计算同水稻（第 2 章）和玉米（第 3 章）部分。

4.2　小麦养分吸收特征

4.2.1　养分含量与吸收量

小麦籽粒部位 N、P 和 K 养分含量平均分别为 21.6g/kg、4.5g/kg 和 4.1g/kg，变化范围分别为 8.5～34.0g/kg、1.1～11.2g/kg 和 1.2～23.4g/kg。秸秆部位 N、P 和 K 养分含量平均为 5.8g/kg、1.0g/kg 和 18.8g/kg，变化范围分别为 1.4～16.1g/kg、0.1～3.3g/kg 和 3.6～46.9g/kg（表 4-2）。地上部 N、P 和 K 养分吸收量平均值分别为 177.4kg/hm^2、34.3kg/hm^2 和 159.0kg/hm^2，其变化范围分别为 17.1～375.0kg/hm^2、1.8～98.0kg/hm^2 和 9.9～433.1kg/hm^2。籽粒部位 N、P 和K养分吸收量分别为 131.9kg/hm^2、27.5kg/hm^2 和

24.7kg/hm^2，变化范围分别为 11.4～293.5kg/hm^2、1.6～81.1kg/hm^2 和 2.0～71.9kg/hm^2。秸秆部位 N、P 和 K 养分吸收量分别为 42.2kg/hm^2、6.9kg/hm^2 和 134.7kg/hm^2，变化范围分别为 2.9～157.0kg/hm^2、0.1～44.9kg/hm^2 和 6.8～392.5kg/hm^2。N、P 和 K 的收获指数（NHI、PHI 和 KHI）分别为 0.76kg/kg、0.81kg/kg 和 0.17kg/kg，这表明地上部累积的 N 和 P 约有 76%和 81%转移到籽粒中，而约有 83%的 K 累积在秸秆中。因此，籽粒是地上部 N 和 P 养分的主要储存器官，而秸秆是 K 养分的主要储存器官。研究籽粒中的养分移走量有助于确定一定目标产量下的 P 和 K 肥施用量，即考虑土壤中 P 和 K 的持续供应能力，将籽粒收获带走的养分重新归还土壤。

表 4-2　小麦养分吸收特征

参数	单位	样本数	平均值	标准差	最小值	25th	中值	75th	最大值
产量	t/hm^2	6236	6.5	1.9	0.6	5.3	6.7	7.8	13.1
收获指数	kg/kg	4755	0.46	0.05	0.22	0.43	0.46	0.49	0.80
籽粒 N 吸收量	kg/hm^2	4889	131.9	45.6	11.4	101.4	133.5	159.8	293.5
籽粒 P 吸收量	kg/hm^2	3690	27.5	13.1	1.6	18.8	24.4	35.8	81.1
籽粒 K 吸收量	kg/hm^2	3789	24.7	10.5	2.0	17.4	23.0	30.9	71.9
秸秆 N 吸收量	kg/hm^2	4786	42.2	19.3	2.9	28.7	40.0	53.2	157.0
秸秆 P 吸收量	kg/hm^2	3665	6.9	5.4	0.1	3.1	4.9	9.8	44.9
秸秆 K 吸收量	kg/hm^2	3766	134.7	66.1	6.8	88.6	131.0	172.5	392.5
籽粒 N 含量	g/kg	4461	21.6	3.5	8.5	19.6	21.7	23.6	34.0
籽粒 P 含量	g/kg	3626	4.5	1.8	1.1	3.3	3.8	5.9	11.2
籽粒 K 含量	g/kg	3663	4.1	1.3	1.2	3.1	4.0	4.9	23.4
秸秆 N 含量	g/kg	4336	5.8	1.8	1.4	4.6	5.6	6.7	16.1
秸秆 P 含量	g/kg	3591	1.0	0.6	0.1	0.4	0.7	1.4	3.3
秸秆 K 含量	g/kg	3628	18.8	7.7	3.6	14.3	18.0	22.9	46.9
地上部 N 吸收	kg/hm^2	5868	177.4	61.2	17.1	136.3	178.3	215.6	375.0
地上部 P 吸收	kg/hm^2	3903	34.3	16.8	1.8	22.6	29.8	45.0	98.0
地上部 K 吸收	kg/hm^2	4009	159.0	72.0	9.9	107.9	153.8	198.8	433.1
N 收获指数	kg/kg	4831	0.76	0.07	0.35	0.72	0.77	0.80	0.98
P 收获指数	kg/kg	3665	0.81	0.09	0.32	0.75	0.82	0.88	0.97
K 收获指数	kg/kg	3766	0.17	0.09	0.04	0.12	0.15	0.20	0.56

4.2.2　养分内在效率与吨粮养分吸收

汇总所有小麦的养分内在效率和吨粮养分吸收数据（表 4-3），结果显示，N、P 和 K 养分内在效率平均分别为 38.4kg/kg、225.9kg/kg 和 47.8kg/kg，变化范围分别为 18.0～80.5kg/kg、76.3～713.1kg/kg 和 11.5～182.4kg/kg；生产 1t 籽粒产量平均需要 27.0kg N、5.1kg P 和 23.7kg K，N、P、K 比例为 5.29∶1∶4.65。数据中较高的养分内在效率数值主要来自不施 N、P 或 K 肥的减素小区。

表 4-3　中国小麦 N、P 和 K 养分内在效率和吨粮养分吸收

样本	参数	单位	样本数	平均值	标准差	最小值	25th	中值	75th	最大值
所有样本	IE-N	kg/kg	5868	38.4	7.2	18.0	33.4	37.8	42.7	80.5
	IE-P	kg/kg	3903	225.9	83.2	76.3	151.5	229.6	281.5	713.1
	IE-K	kg/kg	4009	47.8	18.6	11.5	36.7	44.2	52.7	182.4
	RIE-N	kg/t	5868	27.0	5.0	12.4	23.4	26.5	29.9	55.5
	RIE-P	kg/t	3903	5.1	2.1	1.4	3.6	4.4	6.6	13.1
	RIE-K	kg/t	4009	23.7	8.4	5.5	19.0	22.6	27.3	87.3

注：IE-N、IE-P 和 IE-K 分别表示 N、P 和 K 的养分内在效率，RIE-N、RIE-P 和 RIE-K 分别表示生产 1000 kg 籽粒产量所需要的 N、P 和 K 养分吸收量。下同

随着高产、高效型小麦品种的涌现，需要对产量和养分吸收数据不断更新才能精确地掌握施肥量。本研究中产量及养分吸收数据来自于 2000～2015 年的多年多点小麦田间试验，应用最新的数据对各参数进行分析。Liu 等（2006a）用 1985～1995 年的数据得出 N、P 和 K 的养分内在效率平均值分别为 40.1kg/kg、269.1kg/kg 和 43.1kg/kg，生产 1000kg 籽粒产量所需要 N、P 和 K 养分吸收量分别为 25.8kg、3.7kg 和 23.3kg。与本研究结果的差异主要表现在 P 养分的不同。其主要原因可能有：一是 Liu 等（2006a）汇总的数据是 1985～1995 年的数据，20 世纪八九十年代的小麦品种与现在的新品种相比，可能产量偏低且养分吸收利用效率较低；二是在 2000 年以后，农民的习惯管理措施及田间试验施磷量比以前增多，作物累积了更多的 P，导致统计出的生产 1000kg 籽粒产量所需要的 P 增加；三是在 1985～1995 年，灌溉、肥料施用管理及病虫害防治等条件并不像当前这样较为优越，从而导致 P 养分内在效率的降低。

4.3　小麦养分最佳需求量估算

4.3.1　养分最大累积和最大稀释参数确定

估算最佳养分吸收，要求作物的收获指数在合理范围之内。小麦收获指数范围处于 0.22～0.80kg/kg，平均收获指数为 0.46kg/kg。低的收获指数表明作物产量受到了病虫害或旱涝害等生物或非生物因素的影响。小麦籽粒产量和收获指数间的相互关系，以及收获指数整体分布情况见图 4-2，整个汇总数据库中约有 92.2%的数据 HI≥0.40kg/kg。

利用 QUEFTS 模型预估一定目标产量下的最佳养分吸收，前提条件是要确定模型所需的参数 *a*、*d* 值和产量潜力。*a* 和 *d* 值为 N、P 和 K 每种养分的最大累积（即 IE 最小）和最大稀释状态（即 IE 最大）时边界线的斜率。在研究 *a* 和 *d* 值对 QUEFTS 模型敏感度的影响时，选取了收获指数 HI≥0.40kg/kg 的数据且去掉其中 IE 数值上下限 2.5th、5.0th 和 7.5th 的三组参数进行分析比较。较低的边界线表示作物体内该养分处于最大累积状态，意味着作物对养分的奢侈吸收；最上部的边界线表示作物所吸收的养分处于最大稀释状态，表明该养分可能供应不足处于亏缺。低的收获指数表明作物产量受到了病虫害或涝旱害等生物或非生物因素的影响，养分吸收异常。当运用 QUEFTS 模型预估小麦产

量和养分吸收关系及评估养分内在效率时，去除了 HI<0.40kg/kg 的数据（Haefele et al.，2003；Witt et al.，1999）。小麦地上部干物质 N、P 和 K 养分吸收的最大累积和最大稀释状态参数见表 4-4。

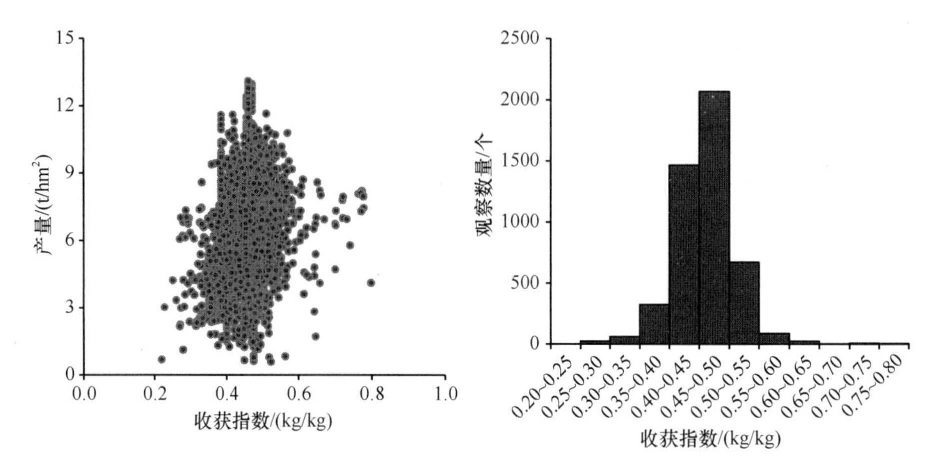

图 4-2　中国小麦收获指数分布

表 4-4　小麦地上部养分最大累积（*a*）和最大稀释边界（*d*）系数（单位：kg/kg）

养分	参数 I		参数 II		参数 III	
	a（2.5th）	*d*（97.5th）	*a*（5.0th）	*d*（95th）	*a*（7.5th）	*d*（92.5th）
N	26	54	28	51	29	49
P	100	394	110	356	118	343
K	24	100	26	92	28	82

当 *a*、*d* 参数和产量潜力设定后，利用 QUEFTS 模型可以模拟一定目标产量下小麦 N、P 和 K 养分的最佳需求量，即在没有养分限制且给予作物最佳养分管理条件下的理想养分吸收。结果显示（图 4-3），去除养分内在效率数值上下限 2.5th、5.0th 和 7.5th 的三组参数，QUEFTS 模型模拟的最佳养分吸收只有在接近产量潜力时才表现出较大差异。由于去除养分内在效率上下限 2.5th 时，养分最大稀释和最大累积状态边界线包含的范围更大，并且数据量更大，因此选用去除养分内在效率上下限 2.5th 对应的 *a* 和 *d* 值来预估一定目标产量下的最佳养分需求。此时得出的 N、P 和 K 养分的 *a* 和 *d* 值分别为 26kg 籽粒/kg N 和 54kg 籽粒/kg N，100kg 籽粒/kg P 和 394kg 籽粒/kg P 及 24kg 籽粒/kg K 和 100kg 籽粒/kg K。

4.3.2　地上部养分最佳需求量估算

利用去除养分内在效率数值上下限 2.5th 所对应的 *a* 和 *d* 值参数，应用 QUEFTS 模型对养分吸收进行模拟（潜在产量 6～16t），得出 QUEFTS 模型模拟的小麦氮磷钾养分的最佳需求量呈线性-抛物线-平台曲线关系（图 4-4）。应用 QUEFTS 模型拟合的直线部分，即目标产量达到产量潜力的 60%～70%时，生产 1000kg 小麦籽粒产量所需要的 N、

P 和 K 养分需求量是一定的，分别为 25.4kg、4.8kg 和 19.5kg（表 4-5），N、P、K 吸收比例为 5.29∶1∶4.06，此时对应的 N、P 和 K 最佳养分内在效率分别为 39.4kg/kg、208.9kg/kg 和 51.4kg/kg。

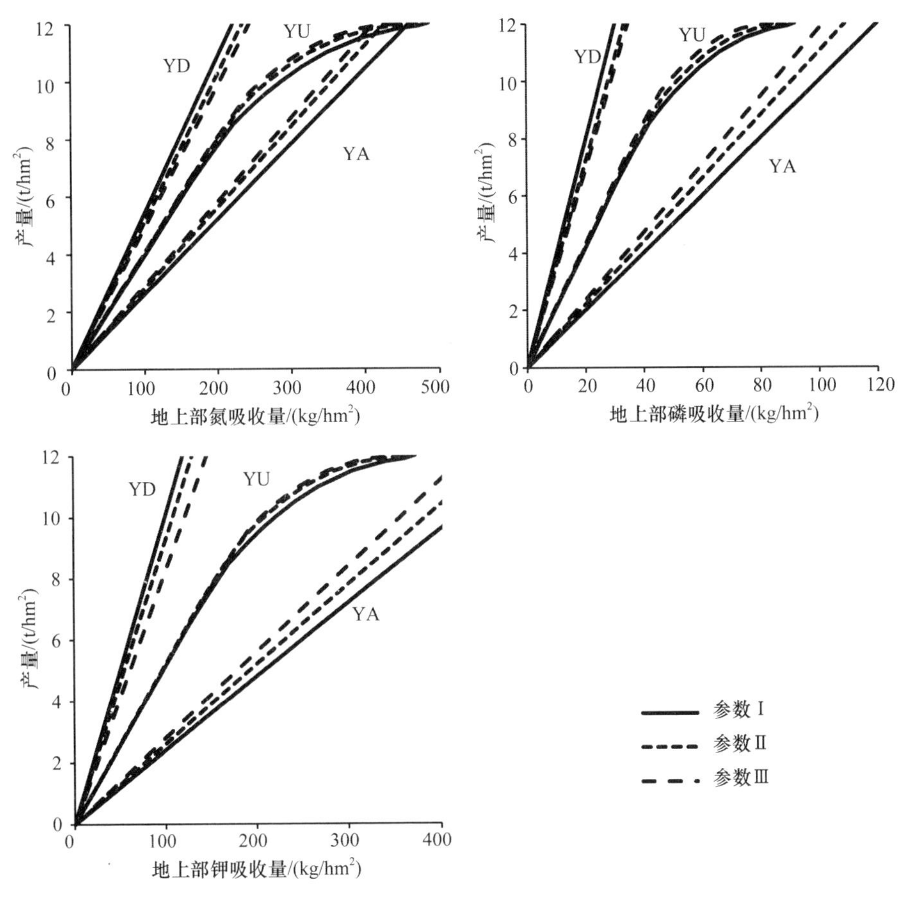

图 4-3　不同 a、d 值条件下小麦产量与养分吸收关系（HI≥0.40）

YA、YD 和 YU 分别为地上部养分最大累积边界、最大稀释边界和最佳养分吸收曲线

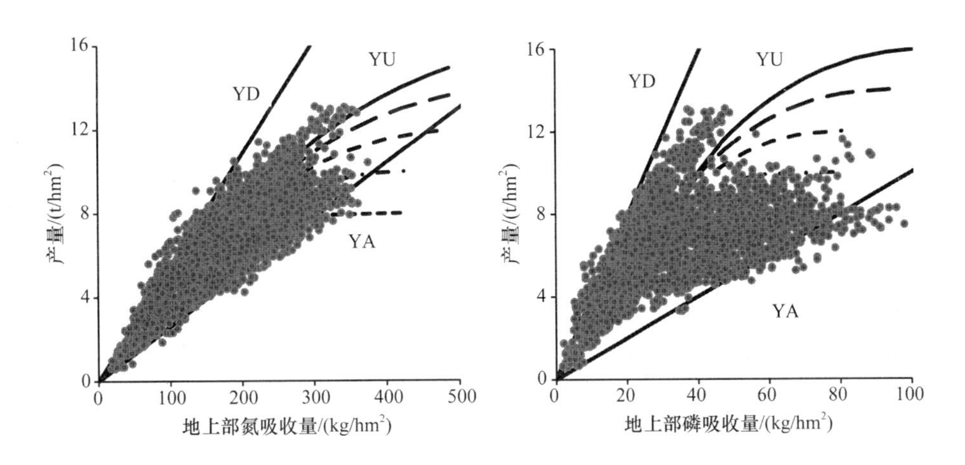

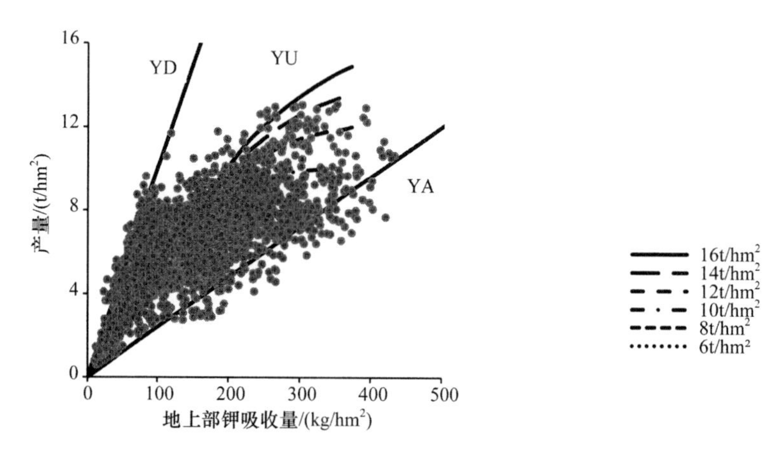

图 4-4 QUEFTS 模型拟合的不同产量潜力下小麦地上部最佳养分需求量

YA、YD 和 YU 分别为地上部养分最大累积边界、最大稀释边界和最佳养分吸收曲线

表 4-5 QUEFTS 模型拟合的不同目标产量下小麦地上部 N、P 和 K 养分的最佳需求量、最佳养分内在效率和吨粮养分吸收

产量/（kg/hm²）	养分需求量/（kg/hm²）			养分内在效率/（kg/kg）			吨粮养分吸收/（kg/t）		
	N	P	K	N	P	K	N	P	K
0	0.0	0.0	0.0	0.0	0.0	0.0	0.0	0.0	0.0
1 000	25.4	4.8	19.5	39.4	208.9	51.4	25.4	4.8	19.5
2 000	50.7	9.6	38.9	39.4	208.9	51.4	25.4	4.8	19.5
3 000	76.1	14.4	58.4	39.4	208.9	51.4	25.4	4.8	19.5
4 000	101.4	19.1	77.8	39.4	208.9	51.4	25.4	4.8	19.5
5 000	126.8	23.9	97.3	39.4	208.9	51.4	25.4	4.8	19.5
6 000	152.1	28.7	116.7	39.4	208.9	51.4	25.4	4.8	19.5
7 000	177.5	33.5	136.2	39.4	208.9	51.4	25.4	4.8	19.5
8 000	204.2	38.6	156.7	39.2	207.5	51.1	25.5	4.8	19.6
9 000	232.5	43.9	178.4	38.7	205.0	50.4	25.8	4.9	19.8
10 000	262.4	49.5	201.3	38.1	201.9	49.7	26.2	5.0	20.1
11 000	303.9	57.4	233.2	36.2	191.7	47.2	27.6	5.2	21.2
12 000	354.2	66.9	271.7	33.9	179.5	44.2	29.5	5.6	22.6
13 000	422.5	79.8	324.1	30.8	163.0	40.1	32.5	6.1	24.9
14 000	486.6	91.9	373.3	28.8	152.4	37.5	34.8	6.6	26.7

在产量较低时，QUEFTS 模型模拟的最佳氮磷钾养分吸收曲线是线性的，此时的产量主要受养分供应量的限制。随着目标产量逐渐接近产量潜力，养分内在效率逐渐降低，所对应的生产 1000kg 籽粒产量所需的氮磷钾养分逐渐增多。但是无论产量潜力数值高低，QUEFTS 模型拟合的生产 1000kg 籽粒产量所需的氮磷钾养分吸收量在直线部分是一定的（图 4-4）。

4.3.3　籽粒养分最佳需求量估算

籽粒部分最佳养分移走量分析见图 4-5。最佳养分移走量的估算有助于科学指导施肥，使籽粒收获所带走的养分以肥料形式重新归还土壤，避免土壤养分的耗竭，以保障农田的可持续利用。QUEFTS 模型拟合籽粒养分移走量的 *a* 和 *d* 值仍然是去除籽粒部位养分内在效率（籽粒吸收单位养分所对应的产量数值）上下限的 2.5th（HI≥0.40kg/kg），籽粒养分吸收 N、P 和 K 的 *a* 和 *d* 值分别为 36kg/kg 和 72kg/kg、119kg/kg 和 482kg/kg、155kg/kg 和 535kg/kg。

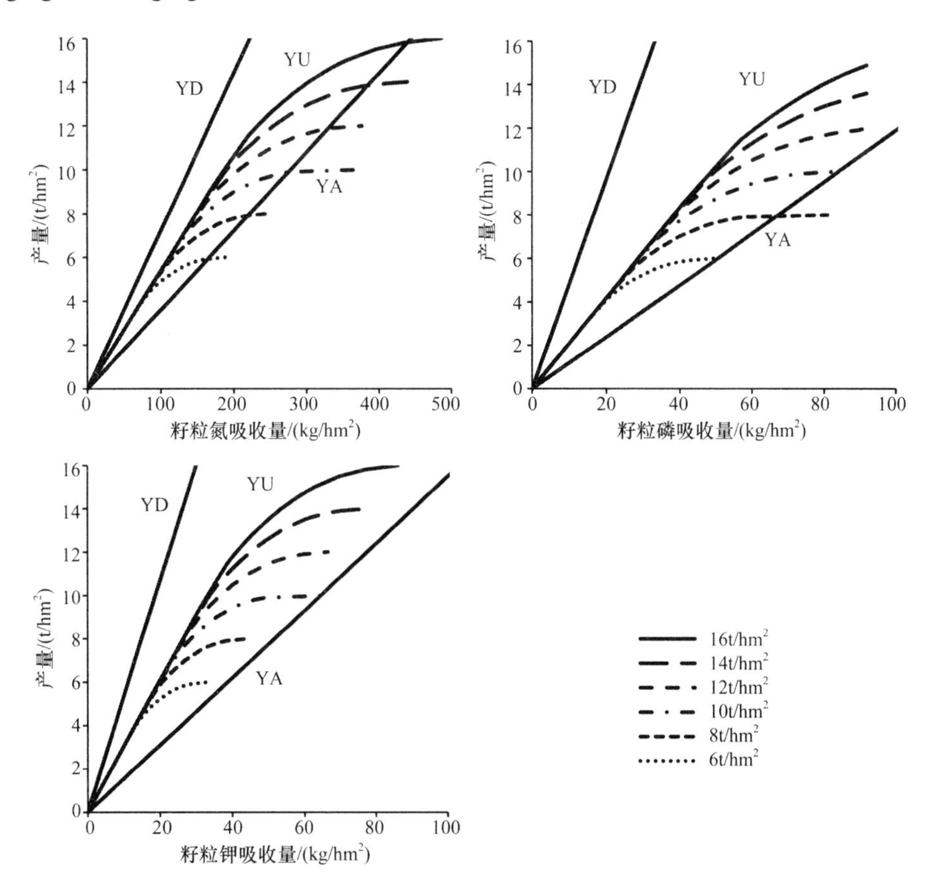

图 4-5　QUEFTS 模型拟合的不同产量潜力下小麦籽粒最佳养分移走量

YA、YD 和 YU 分别为地上部养分最大累积边界、最大稀释边界和最佳养分吸收曲线

结果显示，籽粒最佳养分移走曲线与不同目标产量下地上部最佳养分吸收曲线非常类似，均呈线性–抛物线–平台曲线。无论产量潜力数值高低，在拟合曲线的直线部分，移走 1000kg 籽粒所带走的 N、P 和 K 养分分别为 18.6kg、4.0kg 和 3.3kg，籽粒部位的 N、P 和 K 比例为 4.65∶1∶0.83。与模拟的地上部最佳养分需求量相比，约有 73.2%、82.9%和 16.9%的 N、P 和 K 储存在籽粒中并被移出土壤。当目标产量达到潜在产量的 80%时，籽粒吸收的 N、P 和 K 占地上部养分吸收的比例分别为 72.0%、81.5%和 16.6%

（表 4-6）。这些数据可以为保持土壤肥力的推荐施肥方法提供理论依据。

表 4-6　QUEFTS 模型拟合的不同目标产量下小麦地上部最佳养分吸收量和籽粒养分移走量

籽粒产量/（kg/hm^2）	养分需求量/（kg/hm^2）			籽粒养分移走量/（kg/hm^2）			籽粒养分比例/%		
	N	P	K	N	P	K	N	P	K
0	0.0	0.0	0.0	0.0	0.0	0.0	0	0	0
1 000	25.4	4.8	19.5	18.6	4.0	3.3	73.2	82.9	16.9
2 000	50.7	9.6	38.9	37.1	7.9	6.6	73.2	82.9	16.9
3 000	76.1	14.4	58.4	55.7	11.9	9.8	73.2	82.9	16.9
4 000	101.4	19.1	77.8	74.3	15.9	13.1	73.2	82.9	16.9
5 000	126.8	23.9	97.3	92.8	19.9	16.4	73.2	82.9	16.9
6 000	152.1	28.7	116.7	111.4	23.8	19.7	73.2	82.9	16.9
7 000	177.5	33.5	136.2	130.0	27.8	23.0	73.2	82.9	16.9
8 000	204.2	38.6	156.7	148.6	31.8	26.3	72.8	82.4	16.8
9 000	232.5	43.9	178.4	169.1	36.2	29.9	72.7	82.4	16.8
10 000	262.4	49.5	201.3	190.3	40.7	33.6	72.5	82.2	16.7
11 000	303.9	57.4	233.2	218.8	46.8	38.7	72.0	81.5	16.6
12 000	354.2	66.9	271.7	254.6	54.4	45.0	71.9	81.4	16.6
13 000	422.5	79.8	324.1	303.1	64.8	53.6	71.7	81.3	16.5
14 000	486.6	91.9	373.3	349.6	74.8	61.8	71.8	81.4	16.6

将本研究得到的参数与已有的文献进行了比较。Pathak 等（2003）利用印度 1970～1998 年的小麦数据得出 N、P 和 K 的 *a* 和 *d* 值分别为 26.8kg/kg 和 59.8kg/kg、161.7kg/kg 和 390.5kg/kg、20.4kg/kg 和 58.6kg/kg。该研究提出的生产 1000kg 小麦籽粒产量所需的 N、P 和 K 量分别为 23.1kg、3.5kg 和 28.5kg，N、P 和 K 吸收比例为 6.6∶1∶8.1。此时的养分内在效率分别为 43.2kg/kg、284.1kg/kg 和 35.1kg/kg。Liu 等（2006a）利用 1985～1995 年数据得出 N、P 和 K 的 *a* 和 *d* 值分别为 25kg/kg 和 56kg/kg、171kg/kg 和 367kg/kg、24kg/kg 和 67kg/kg。生产 1000kg 小麦产量所需的 N、P 和 K 分别为 24.6kg、3.7kg 和 23.0kg。本研究由 QUEFTS 模型模拟出的吨粮 N、P 和 K 养分吸收分别为 25.4kg、4.8kg 和 19.5kg，其中 N 和 P 的 RIE 值要高于 Pathak 等（2003）和 Liu 等（2006a）的研究结果。但本研究中 K 的 RIE 值分别比 Pathak 等（2003）和 Liu 等（2006a）的研究结果低 9.0kg 和 3.5kg。

将汇总中国小麦的 *a* 和 *d* 值与 Pathak 等（2003）和 Liu 等（2006a）研究中给出的 *a* 和 *d* 值相比较，可以看出，本研究中 N 的 *a* 和 *d* 值均有所降低，但是 N 的最佳养分吸收曲线与 Liu 等（2006a）的研究相比没有显著变化，在直线部分基本是重合的，只是在接近产量潜力时稍微分离一些，但是总体上三者之间没有显著差异。本研究中 P 的 *a* 值明显降低，导致 P 的最佳养分吸收曲线向最大累积边界偏移，从而导致直线部分单位需 P 量显著高于 Liu 等（2006a）与 Pathak 等（2003）的研究。而本研究中 K 的 *d* 值要显著大于 Pathak 等（2003）和 Liu 等（2006a）的研究结果，导致 K 的最佳养分吸收曲线显著向最大稀释边界偏移。这些研究存在的差异均与先前分析的小麦养分吸收特征差异相关，主要是由于本研究中所用的小麦品种和前期研究相比有了很大改善，并且气候变化和养分管理措施不同。

4.4　小麦可获得产量、产量差和产量反应

4.4.1　可获得产量与产量差

本节中所使用的数据包含全部的产量数据，数据来源于国际植物营养研究所（IPNI）中国项目部及同行在学术期刊已发表的论文等，统计了 2001～2015 年共计 5439 个田间试验。试验点主要分布在华北、长江中下游、西南、西北和东北地区，根据小麦种植区域分布特征、轮作制度和数据分布，在分析产量差、产量反应和肥料利用率过程中将数据按照区域分布分为华北地区、南部地区（包括长江中下游和西南地区）及西北地区（由于东北地区数据较少，将其并入西北地区）。

应用 Meta 分析方法比较分析不同地区小麦可获得产量（Ya）和农民实际产量（Yf）间的产量差，总体而言，Ya 和 Yf 分别为 7.0t/hm^2（n≈5439）和 6.8t/hm^2（n≈942），产量差为 0.2t/hm^2，但同时具有优化施肥处理和农民习惯施肥处理的试验得出的产量差为 0.5t/hm^2，不同地区间的产量和产量差存在显著差异（表 4-7）。区域间的比较结果显示，华北地区的产量最高，Ya 和 Yf 分别为 7.4t/hm^2 和 7.2t/hm^2，然后依次为南部和西北地区。Meta 分析结果显示，Ya 显著高于 Yf（P=0.005），所有数据点 Ya 比 Yf 平均高 0.5t/hm^2。三个区域 Ya 平均值均高于 Yf 平均值，华北、南部和西北地区的产量差分别达到了 0.2t/hm^2、0.5t/hm^2 和 0.9t/hm^2，这说明优化的养分管理措施可以提高产量。西北地区的 Ygf 最高，推测其原因可能是该地区水分比较缺乏，而优化养分管理措施中的水肥管理有助于提高 Ya，进而扩大产量差。

表 4-7　不同地区小麦可获得产量、农民实际产量及其产量差

地区	可获得产量/（t/hm^2）			农民实际产量/（t/hm^2）				产量差/（t/hm^2）
	平均值	标准差	样本	平均值	标准差	样本	权重/%	加权均数差，95%置信区间
华北	7.4	1.5	2999	7.2	1.6	608	36.6	0.2（0.1，0.3）
南部	6.8	1.5	1521	6.3	1.4	233	34.7	0.5（0.3，0.7）
西北	5.9	1.9	919	5.0	1.6	101	28.7	0.9（0.6，1.2）
总体置信区间			5439			942	100.0	0.5（0.2，0.9）
异质性							P=0.0002	
合并效应量							P=0.005	

在产量不断增加的同时，肥料施用量也在不断增加，大量养分在土壤中累积，导致不施肥处理的产量也在不断增加。通过 Meta 分析不施肥处理的产量及其产量差（图 4-6），总体而言，Yck 的平均产量为 4.7t/hm^2，平均 Ygck 为 2.3t/hm^2，Yck 相当于 67%的 Ya 和 69%的 Yf。但不同区域间 Yck 有很大差异（P<0.000 01），华北、南部和西北地区的 Yck 分别为 5.7t/hm^2、3.3t/hm^2 和 3.9t/hm^2，三个地区的 Ygck 分别为 1.8t/hm^2、3.5t/hm^2 和 2.0t/hm^2。

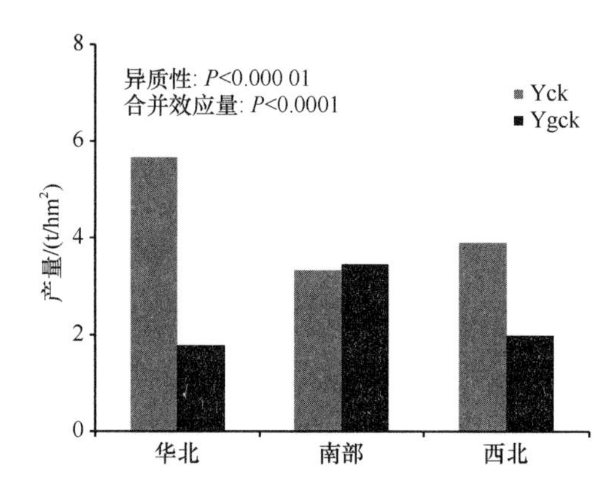

图 4-6　不同地区不施肥处理小麦产量及其产量差

4.4.2　相对产量和产量反应

分析小麦全部数据的 N、P 和 K 养分 YR 分布情况（图 4-7），结果显示，YRN 平均为 2.0t/hm^2，全部数据中约有 77.9%（n≈1833）的样本产量反应低于 3t/hm^2。YRP 平均为 0.9t/hm^2，而 YRK 较小，平均为 0.7t/hm^2。全部试验中约有 66.7%（n≈944）的 YRP 及 78.3%（n≈1293）的 YRK 均在 1t/hm^2 以下。

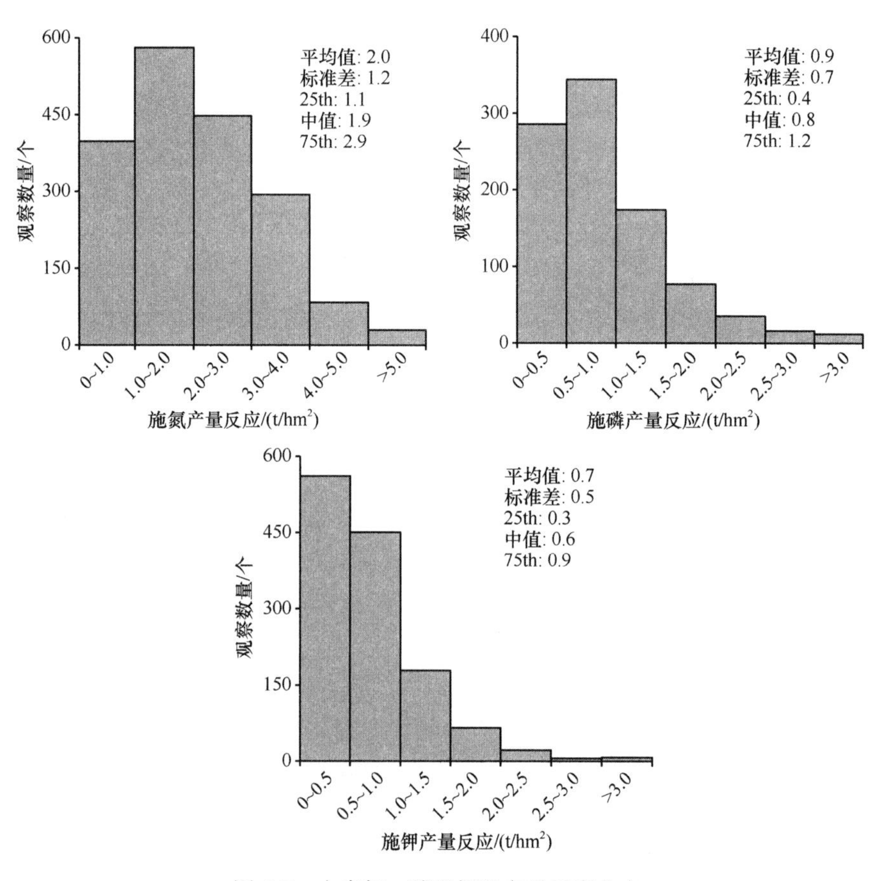

图 4-7　小麦氮、磷和钾肥产量反应分布

小麦可获得产量显著高于不施某种养分处理的产量（图 4-8），Meta 分析结果显示，三个区域 N、P 和 K 的 YR 存在很大变异性，区域间的异质性都为 P<0.001。华北、南部和西北的 YRN 分别为 1.7t/hm^2、2.8t/hm^2 和 1.6t/hm^2，YRP 分别为 0.8t/hm^2、1.0t/hm^2 和 0.9t/hm^2，YRK 分别为 0.7t/hm^2、0.8t/hm^2 和 0.6t/hm^2。

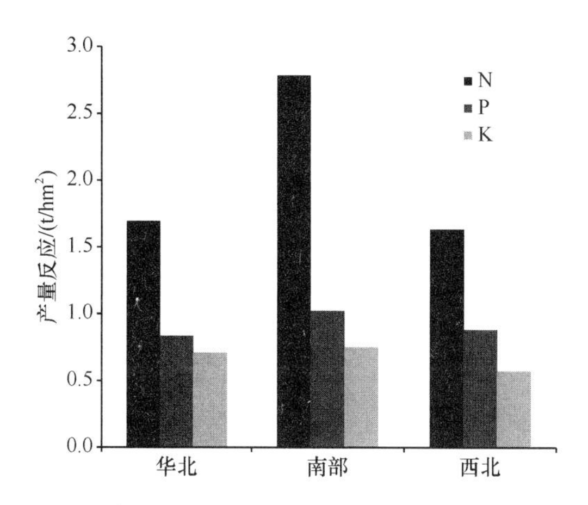

图 4-8　中国不同小麦种植区 N、P 和 K 产量反应

某种养分所对应的产量反应越大，说明土壤该种养分的基础（本底养分）供应量越少，即作物在不施该养分而其他养分供应充足时能从土壤和外界环境中获取的该养分就越少，基础产量降低，与养分供应充足处理相比，产量差增大。相反，如果某种养分所对应的产量反应越小，说明土壤该基础养分的供应强度较高，在施入该种肥料时，产量增加的幅度偏小。产量反应是指施用氮磷钾肥料的处理与对应的不施某种养分处理的产量之差，而相对产量是指缺素区的产量与养分供应充足的施氮磷钾养分区可获得产量的比值，在一定程度上表征着土壤基础养分供应能力的高低。相对产量越高，说明该养分的土壤基础供应能力越高。相反，如果相对产量越低，说明土壤该养分的基础供应能力偏低。

RY 分析结果显示（图 4-9），氮、磷和钾的 RY 平均分别为 0.71、0.87 和 0.90。从收集的 RY 数据的频率分布得出，RY 在各个数据区间都有分布，其中位于 0.60～1.00 的占全部观察数据的 70.4%（n≈1833），而 P 和 K 的 RY 基本位于 0.80～1.00，分别占各自观测数据的 80.9%（n≈944）和 89.3%（n≈1293）。结合 N、P 和 K 的 YR 可以看出，N 是小麦获得高产的第一限制因子，P 次之，K 最小。

4.4.3　产量反应与相对产量的关系

氮、磷和钾 YR 与 RY 之间的关系如图 4-10 所示。结果显示，YR 与 RY 之间存在着极显著的线性负相关关系，氮、磷和钾两者之间的相关系数（r^2）分别为 0.833、0.811 和 0.822。RY 越高，表明来自土壤基础养分的供应能力越高，增施该养分的 YR 就越低，即随着 YR 的增加，RY 逐渐减小。

当前科研人员也在关注小麦产量差的研究（刘建刚等，2012；Liu et al.，2011a；Godfray et al.，2010；王纯枝等，2009）。然而，产量差易受作物管理措施、土壤肥力、病虫草害、水分供应充足与否等因素的影响，且有不同的表示方法，如产量潜力与农民实际养分管理措施之间的产量差；产量潜力与最佳养分管理之间的产量差；产量潜力与不施肥的对照处理之间的产量差；产量潜力与对应减素处理的产量差等。而产量潜力可以通过作物生长模型结合光温生产潜力或水分限制条件下的作物生产潜力模型进行预估模拟，也有研究将当前可获得的最高产量作为产量潜力，以此计算不同概念下的产量差。Liu 等（2011a）曾对 2000～2008 年华北、长江中下游和西北地区可获得产量与农

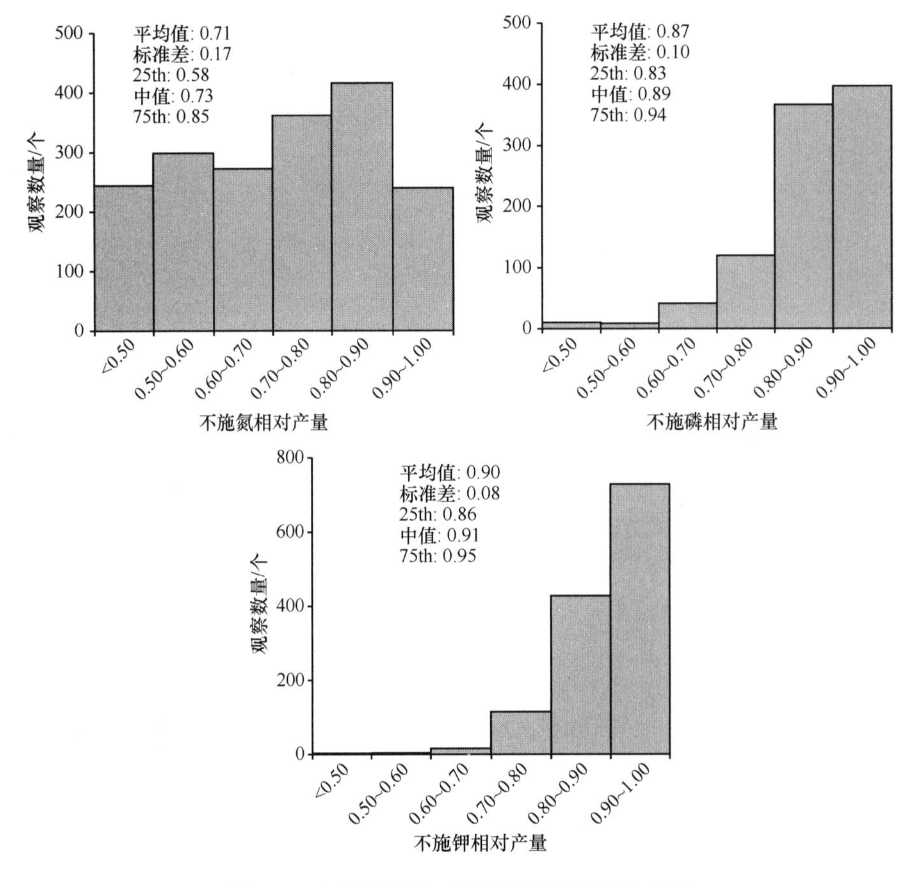

图 4-9　小麦不施氮、磷和钾肥相对产量分布

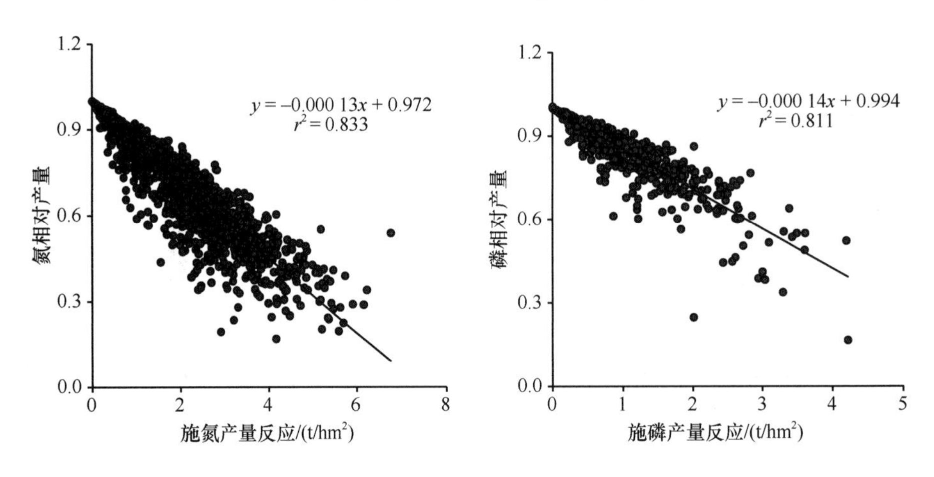

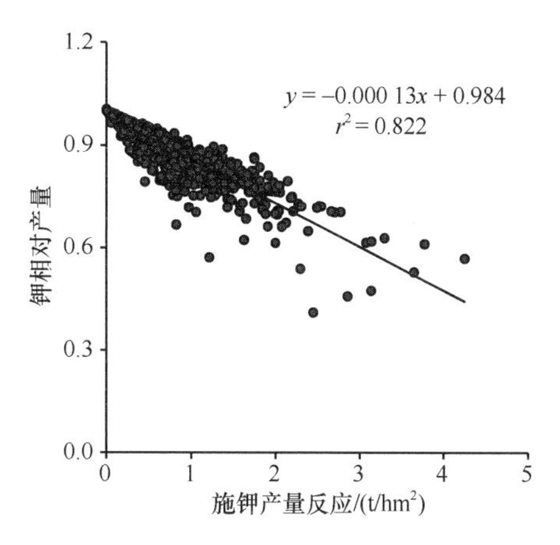

图 4-10　小麦产量反应与相对产量相关性

民实际产量之间的产量差进行统计，结果显示，该三个地区的产量差分别为 0.79t/hm^2、0.69t/hm^2 和 0.64t/hm^2，区域之间产量差没有显著差异，全国平均为 0.76t/hm^2，占农民实际可获得产量的 12%，即如果给予良好的管理措施，农民的小麦产量还可以再提高 12%，并且指出两者间的产量差主要由养分供应不足或供应不平衡所致。该研究同时对该三个区域可获得产量与不施肥处理的产量差统计结果，分别为 2.65t/hm^2、3.77t/hm^2 和 1.74t/hm^2，长江中下游地区的产量差高于华北和西北地区，即该地区的施肥效应高于其他地区，表明当前小麦的产量还可以进一步提升。在当前中国人多地少、粮食需求压力逐渐增加的环境下，亟须研究可行性、应用性较强的推荐施肥方法平衡养分供应，并采取不同的作物管理措施，包括“4R”精准养分管理技术（在合适的施肥时间、使用合适的肥料种类、在合适的施肥位置、施用合适的肥料用量）、实时实地养分管理措施及合理的水肥互作等技术，从不同角度全方位进行集约化管理，提高作物产量，缩小产量差异，以满足在经济和环境效益下人们不断对粮食增产的需求。

4.5　小麦土壤基础养分供应、产量反应和农学效率的关系

4.5.1　土壤基础养分供应

土壤基础养分供应量是不施某种养分而其他养分供应充足时作物对该养分的吸收量。土壤基础养分来自土壤本身及外界环境养分的带入，包括土壤有机质、上季作物有机无机残留、生物非生物固氮、土壤矿化、灌溉水的带入及大气沉降等，可由不施某种养分小区地上部该养分吸收量得出。土壤基础氮、磷和钾养分供应量（INS、IPS 和 IKS）的分布如图 4-11 所示。结果显示，土壤基础氮、磷和钾的养分供应量平均分别为 141.1kg/hm^2、33.0kg/hm^2 和 154.4kg/hm^2。分析数据的分布情况得出，小麦季约有 75.4% 的 INS 大于 100kg/hm^2，而大于 150kg/hm^2 的占全部观察数据的 43.2%。IPS 中有 81.5%的观察数据大于 20kg P/hm^2，其中大于 40kg P/hm^2 的占全部观察数据的 30.6%。对于 IKS 而言，有 77.6%的观察数据大于 100kg K/hm^2，其中有 32.5%的观察数据大于 175kg K/hm^2。

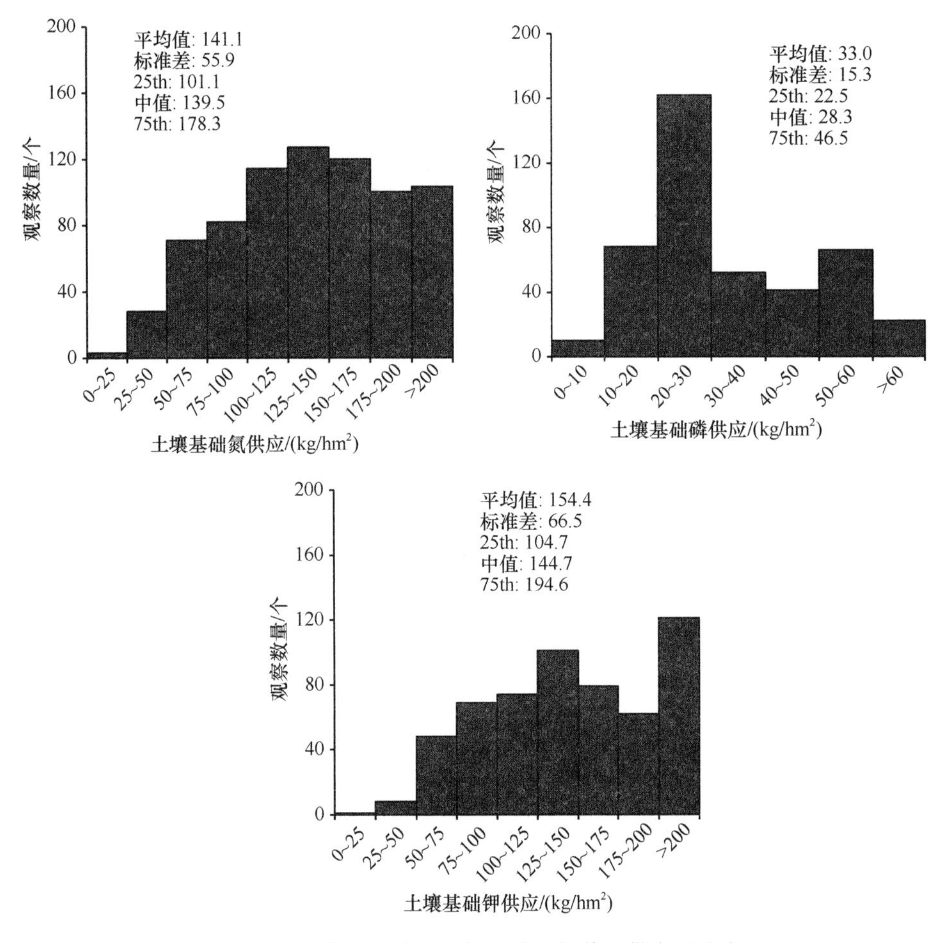

图 4-11　小麦季土壤基础氮、磷和钾养分供应量分布

各地区由于种植制度、施肥历史及土壤肥力等差异也导致了土壤基础养分供应的差异性（图 4-12）。华北、南部和西北地区的 INS 平均分别为 155.8kg/hm^2、72.5kg/hm^2 和 94.8kg/hm^2，IPS 平均分别为 34.6kg/hm^2、19.7kg/hm^2 和 22.3kg/hm^2，IKS 平均分别为 160.7kg/hm^2、76.0kg/hm^2 和 139.2kg/hm^2。

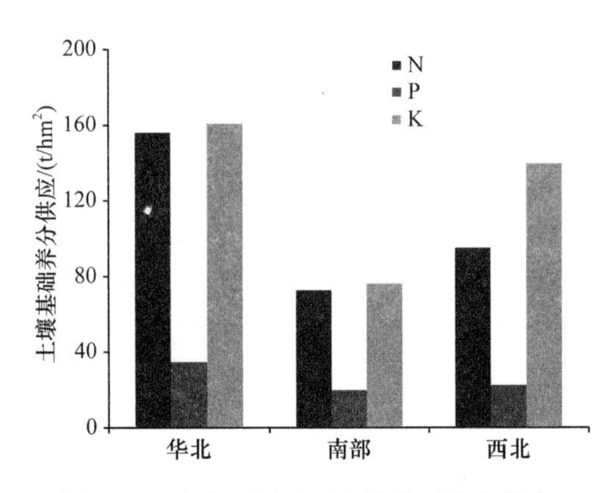

图 4-12　小麦不同地区土壤基础养分供应

华北地区的 INS 和 IPS 高于其他地区，主要与该地区的高施肥量有关。一些调查结果显示，华北地区的一些区域农民习惯施肥在小麦季的氮肥和磷肥施用量超过了 400kg N/hm^2 和 300kg P_2O_5/hm^2。为了获得高产和经济效益，农民大量施用化学肥料，盲目过量不平衡施肥几乎成为普遍现象，尤其在一些经济比较发达地区这一现象较为普遍。马文奇（1999）在山东的研究结果显示，20 世纪 90 年代，该省小麦平均化肥（纯养分）用量达 447kg/hm^2，其中氮肥用量为 280kg/hm^2，玉米化肥用量为 248kg/hm^2。来自 2000～2002 年对全国 2 万多个农户的综合调查表明，小麦的氮肥平均施用量为 187kg/hm^2（王激清，2007），这一数据高于朱兆良（2000）提出的我国主要粮食作物适宜氮肥用量（应为 150～180kg/hm^2）的水平。进入 21 世纪有研究（崔振岭，2005）表明，同样是该地区，小麦–玉米轮作体系氮磷钾投入量分别为 673kg/hm^2、244kg/hm^2 和 98kg/hm^2，显然，这一结果又比 20 世纪 90 年代的施肥量上升了一个水平。近期据国际植物营养研究所农户调查资料显示，在河南省延津县，2011 年随机调查的 30 个农户小麦氮磷钾平均施肥量分别为 249kg/hm^2、119kg/hm^2 和 119kg/hm^2，肥料投入普遍存在过量现象。同时，在山东平原县调查的 30 个农户仅小麦单季施氮量已平均达到 317kg/hm^2，远远超过了小麦获得相应产量所需要的氮肥用量。调查中磷肥用量平均也高达 161kg/hm^2，而约有一半农户不施钾肥，施用钾肥的农户施钾量也仅为 23～36kg/hm^2，不但氮磷使用严重超量，而且氮磷钾肥料投入严重不平衡。

4.5.2 产量反应与土壤基础养分供应的相关关系

养分专家系统假定在相同气候条件下，土壤基础养分供应能力将决定缺素区产量的高低。土壤基础 N 养分供应决定着减 N 小区的产量与 Ya 的比值。同样，土壤基础 P 养分供应或土壤基础 K 养分供应将决定减 P 或减 K 小区的产量与 Ya 的比值。所有缺素区产量与 Ya 的比值中的 25th、中值和 75th 所对应的数值可以作为参数，预估一定目标产量下缺素区的产量及进行土壤基础养分供应能力的分级，即将相对产量的中值作为中等土壤基础养分供应水平的临界值，而 25th 和 75th 所对应的数值作为土壤低级和高级土壤基础养分供应能力分级的临界值（图 4-13）。

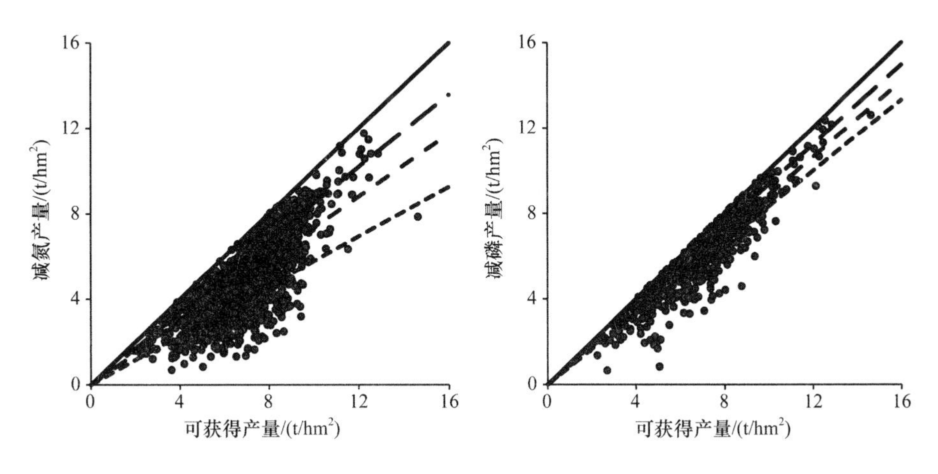

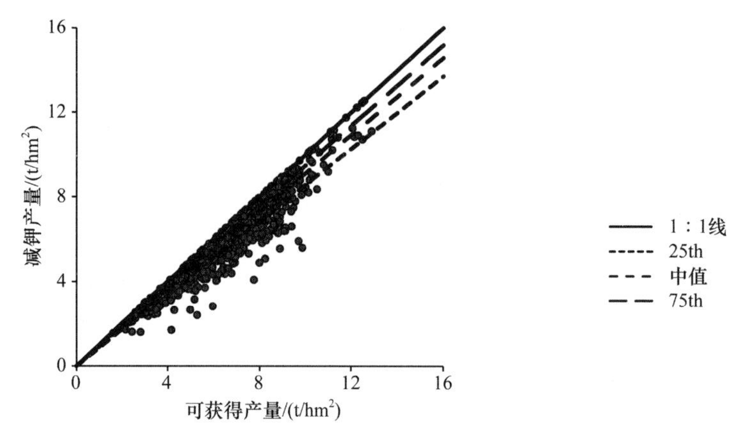

图 4-13　小麦不施某种养分产量与可获得产量间的关系

土壤基础养分供应低、中、高级别所对应的相对产量参数如表 4-8 所示。土壤基础 N 养分供应低、中、高级别所对应的 RY 参数分别为 0.58、0.73 和 0.85；土壤基础 P 养分供应低、中、高级别所对应的 RY 参数分别为 0.83、0.89 和 0.94；土壤基础 K 养分供应低、中、高级别所对应的 RY 参数分别为 0.86、0.91 和 0.95。

表 4-8　小麦土壤基础养分供应能力分级参数

参数	N		P		K		等级
	相对产量	产量反应参数	相对产量	产量反应参数	相对产量	产量反应参数	
25th	0.58	0.42	0.83	0.17	0.86	0.14	低
中值	0.73	0.27	0.89	0.11	0.91	0.09	中
75th	0.85	0.15	0.94	0.06	0.95	0.05	高

例如，当 $Ya=10t/hm^2$ 时，所有缺 P 区的产量与 Ya 的比值的中值为 0.89，那么在中等的土壤基础 P 养分供应条件下缺素区的产量为 $8.9t/hm^2$。因此，当 $Ya=10t/hm^2$ 时，预估的磷肥产量反应为 $1.1t/hm^2$。

在某些未做过减素试验的地区，NE 系统可以根据土壤特性（如质地、颜色和有机质含量）、有机肥施用历史情况（如果施用）及来自上季的养分表观平衡（主要是 P 和 K），来确定 INS、IPS 和 IKS 分级。土壤 P 和 K 的养分测试值（如果已知）也可与养分平衡相结合来共同确定 IPS 和 IKS 的级别。如果缺乏土壤测试值，NE 可以利用 INS 的级别来确定土壤 P 和 K 的养分水平。P 和 K 养分平衡是农田投入的养分（包括无机和有机肥料来源）与输出的养分（收获时养分净移走量）之差。养分平衡分级如下：<–15kg P_2O_5/hm^2 为低 P 平衡，–15～0kg P_2O_5/hm^2 为中等 P 平衡，>0kg P_2O_5/hm^2 为高 P 平衡；<–20kg K_2O/hm^2 为低 K 平衡，–20～0kg K_2O/hm^2 为中等 K 平衡，>0kg K_2O/hm^2 为高 K 平衡。P 和 K 的平衡级别临界值可能会因作物养分移走量而发生变化。NE 系统根据以下原则来确定 INS、IPS 和 IKS 的级别。

1）INS 级别

低：砂土（不考虑土壤颜色如何）；微红的/微黄的黏土或壤土。

中：灰色的/褐色的黏土或壤土。

高：含有高量有机质和高肥力并呈黑色的黏土或壤土。

如果施用过大量的有机肥（如每季施 2t/hm^2 或更多的家禽粪达到 3 年以上），将提高 INS 一个级别。

2）IPS 级别

低：低的土壤 P 含量及低到中等的 P 平衡。

中：中等的土壤 P 含量及低到中等的 P 平衡；或低的土壤 P 含量及高的 P 平衡；或高的土壤 P 含量及低的 P 平衡。

高：高的土壤 P 含量及中到高等的 P 平衡；或中等的土壤 P 含量及高的 P 平衡。

3）IKS 级别

同 IPS。

同样，确定了土壤基础养分供应级别，不同的级别对应着不同的相对产量数值，结合可获得的目标产量，可以预估得到产量反应数值。

4.5.3　产量反应与农学效率之间的相关关系

在不施肥条件下所达到的产量主要由土壤基础养分提供，该产量与目标产量的差异（产量反应）主要来自肥料的作用，而施肥效应的大小由农学效率来表征。产量反应随着土壤基础养分供应量的改变而变化，农学效率随着产量反应的高低而变化，并且土壤基础养分不仅包括土壤本身的养分，还包括来自大气沉降及灌溉水中从外界环境带入的养分，总体养分数值不易直接测得，因此需要通过其他有效途径在考虑土壤基础养分供应的基础上进一步来确定施肥量。研究发现，产量反应（x）和农学效率（y）之间存在着显著的一元二次曲线关系（P<0.05）（图 4-14），即

氮产量反应（x_N）和其农学效率（y_N）对应关系：$y_N= -2\times10^{-7}x_N^2+0.005x_N+0.606$，$r^2$=0.739

磷产量反应（x_P）和其农学效率（y_P）对应关系：$y_P= -7\times10^{-7}x_P^2+0.012x_P-0.034$，$r^2$=0.729

钾产量反应（x_K）和其农学效率（y_K）对应关系：$y_K= -7\times10^{-7}x_K^2+0.011x_K+0.263$，$r^2$=0.639

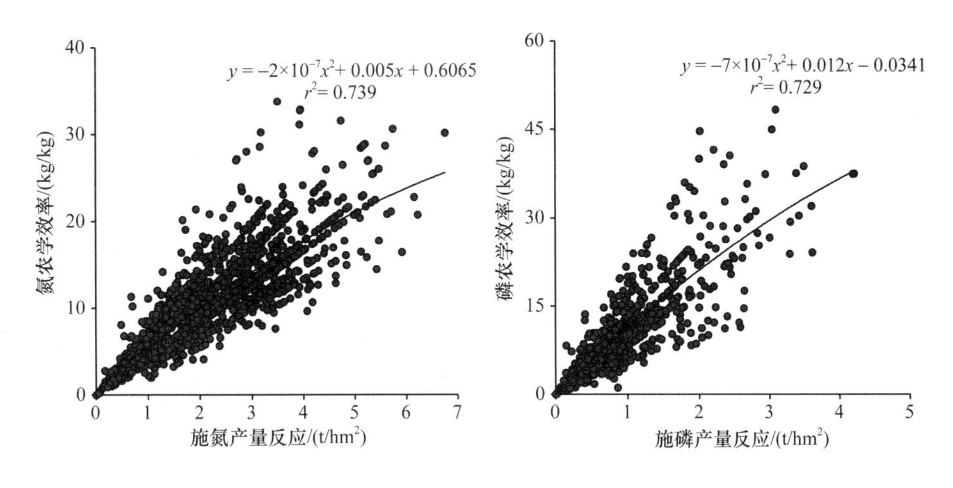

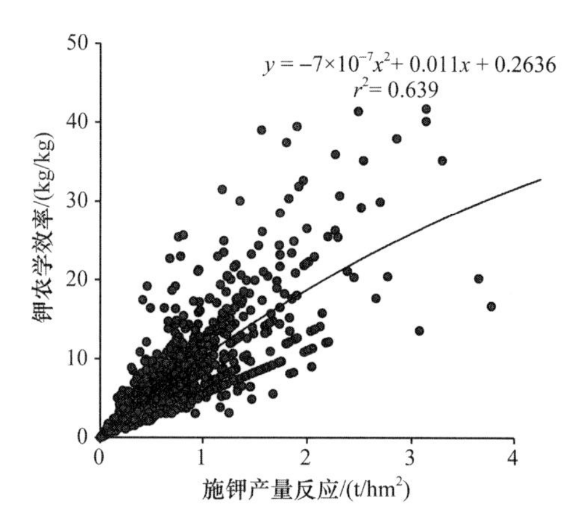

图 4-14　小麦产量反应与农学效率相关性

养分农学效率随着产量反应的增加而增加，只是增加幅度逐渐减小。某种养分所对应的产量反应越小，说明该养分土壤基础供应量越大，而施用该种养分肥料的农学效率偏低。相反，如果某种养分的产量反应越大，说明该种养分土壤供应能力越低，施用该种肥料后的农学效率就会偏高。基于产量反应和农学效率的推荐施肥方法就是以该理论为前提，在大量田间试验数据的基础上找出产量反应和农学效率间的关系，依据小麦养分专家推荐施肥决策原理，提出推荐施肥新方法。

当前过量施肥现象在小麦上非常普遍，导致过多的养分（尤其是氮素）残留在土壤中，造成较高的土壤基础养分供应，更可能威胁到生态环境安全，并影响到农田的可持续利用。研究发现（朱兆良，2008），华北地区小麦–玉米轮作体系多年多点（n>500）农田土壤硝态氮累积量在 0～90cm 土层中最高，达到 600～900kg/hm^2，平均约为200kg/hm^2。赵士诚等（2011b）研究也表明，在河北省冬小麦收获后 0～100cm 土层矿质氮累积量达 180～303kg/hm^2，远远高于欧盟国家规定的大田作物收获后硝态氮最高残留量（0～90cm 土层 90～100kg N/hm^2）的标准（Isfan et al.，1995）。这种因过量施肥导致的土壤硝态氮残留现象极为普遍，土壤中的硝态氮随着地表径流或淋溶下渗到水体，加剧了江、河、湖、库等地表水的富营养化及地下水硝酸盐含量超标（杜连凤等，2009；李宗新等，2008；赵同科等，2007；张云贵等，2005）。水体中硝酸盐含量超标，直接危害人畜健康，给人类及环境带来一定的潜在风险（董文旭等，2011；胡春胜等，2011；李鑫，2007）。

本研究得出的中国小麦土壤基础氮、磷和钾养分供应量平均分别为 141.1kg/hm^2、33.0kg/hm^2 和 154.4kg/hm^2，表明来自土壤和外界环境的基础养分供应量很高，对作物生长起着重要作用。同时也指出，在推荐施肥确定施肥量时，土壤基础养分供应不能忽视，相反，可以将其用于确定最佳养分的需求（Cui et al.，2008a；He et al.，2009；沙之敏等，2010）。本研究中的土壤基础养分供应数值要远远高于印度西北部的 Punjab 州（INS 66.3kg/hm^2、IPS 15.5 kg/hm^2 和 IKS 79.1kg/hm^2）和泰国西北部地区（INS 38kg/hm^2、IPS 10kg/hm^2 和 IKS 89kg/hm^2）(Khurana et al.，2008a；Naklang et al.，2006)。Liu 等（2006a）利用 1985～1995 年数据得出土壤基础养分供应分别为 54.1kg N/hm^2（n≈345）、

14.2kg P/hm^2（n≈74）和 93.4kg K/hm^2（n≈91）。前期研究结果显示，北方地区河北、河南、山东和山西四省小麦土壤基础 N、P 和 K 养分供应平均分别为 136.2kg N/hm^2（范围为 100.9～185.1kg/hm^2）、19.1kg P/hm^2（范围为 8.2～29.6kg/hm^2）和 127.8kgK/hm^2（范围为 38.6～218.0kg/hm^2），分别占地上部养分总吸收量的 63.3%～72.8%、63.2%～89.4% 和 68.4%～98.0%（He et al.，2009）。同时，沙之敏等（2010）也对山东、河南和河北三省的土壤基础养分供应（即土壤本底养分）进行分析，指出这三个省的土壤基础 N、P 和 K 养分供应分别达到 109.0～211.8kg N/hm^2、23.5～30.1kg P/hm^2 及 67.8～137.2kg K/hm^2。Liu 等（2011a）曾对 2000～2008 年（包括华北、长江中下游及西北地区）1022 个田间试验进行研究，结果显示，土壤基础N、P和K养分供应平均分别达到133.0kg/hm^2、30.2kg/hm^2 和 131.7kg/hm^2。本文研究结果与笔者课题组先前研究结果较为接近，均比 Liu 等（2006a）和其他国家的土壤基础养分供应偏高，其原因主要是农民施肥量的大幅增加提高了土壤的养分残留与矿化。另外，近年来灌溉水及大气沉降所带入的养分量也逐渐增加，不容忽视。

相对产量、土壤基础养分供应及产量反应均是表征土壤肥力的重要因子，可以用于实地养分管理施肥推荐（Cui et al.，2008a；Dobermann et al.，2003；Dobermann and Cassman，2002）。基于电脑软件的小麦养分专家推荐施肥系统可以充分利用土壤的基础养分供应，是在基于产量反应分别与土壤速效养分、土壤基础养分供应、相对产量及农学效率之间的相互关系等理论基础上进行研究与开发，在实际运行中需要当地农户或推广人员配合以提供系统所需要的简单的作物养分管理信息，即可运行系统，做出施肥推荐，整个过程仅需几分钟即可完成，时效性强、简便快捷。然而，该系统需要调用背后的数据参数，每个参数均是通过多年多点数据分析统计获得，其推荐施肥效果仍需要小面积及区域性的田间试验验证，并对参数进行适时调整，才能更具有说服性。但是，该方法克服了测土配方施肥过程中样品采集可能代表性弱、采集量大、测试时间长、推荐不及时等缺点，特别是在测土和植株诊断等条件不充分时采用本技术显得尤为重要。该系统既可针对每一个小农户，又可针对大区域，适用性强，因此，在小范围的田间试验验证基础上，会逐渐促进其在农业生产领域的广泛推广。该养分专家推荐施肥系统与测土施肥、植株诊断施肥等技术一样，将会成为推荐施肥技术的普及形式。

4.6　小麦养分利用率特征

4.6.1　农学效率

从农学效率的分布情况可以看出（图 4-15），N 的农学效率低于 15kg/kg 的占全部观察数据的 82.4%（n≈1804）；P 的农学效率低于 15kg/kg 的占全部观察数据的 82.2%（n≈940），而全部观测数据中低于 10kg/kg 的占 61.9%；K 的农学效率低于 10kg/kg 的占全部观察数据的 78.0%（n≈1287）。

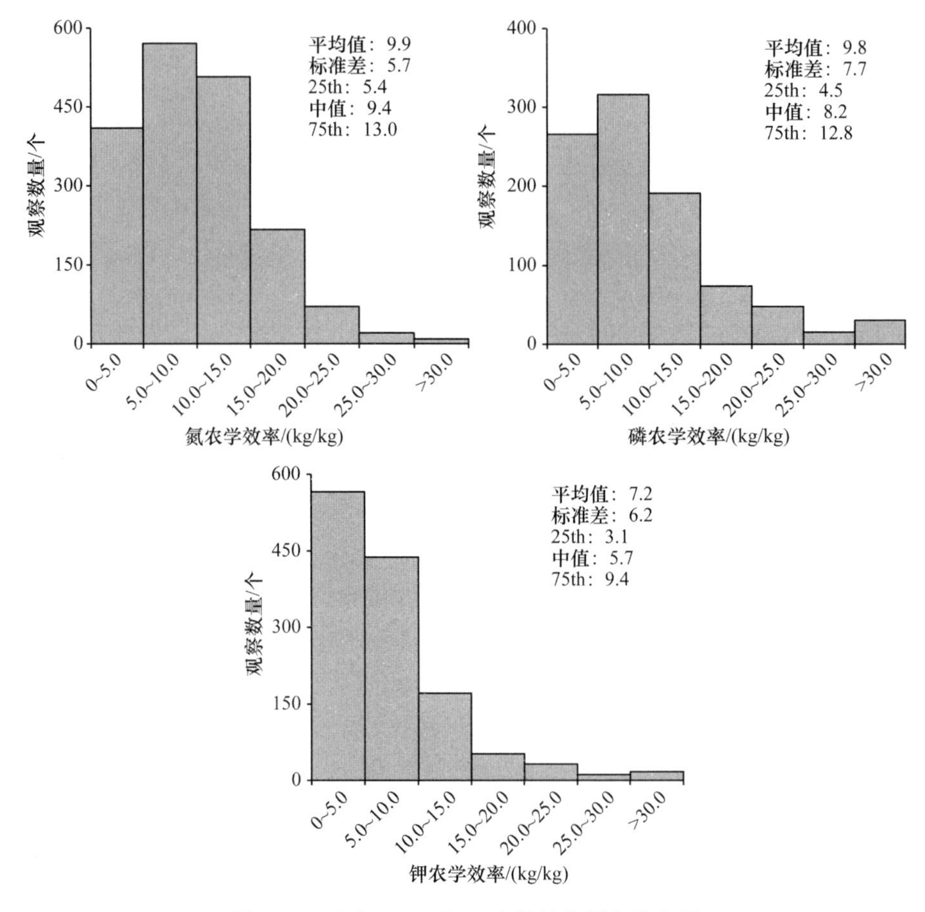

图 4-15　小麦 N、P 和 K 农学效率频率分布图

分析优化施肥处理和农民习惯施肥处理的肥料利用率差异，有助于进一步分析养分利用率低下的原因，提高养分管理措施。优化施肥处理（OPT）的 AEN 和 AEP 显著高于 FP 处理，但 AEK 前者要低于后者。就所有数据而言（图 4-16），OPT 处理的平均 AEN、AEP 和 AEK 分别为 9.9kg/kg、9.8kg/kg 和 7.2kg/kg，而农民习惯施肥的分别为 6.3kg/kg、6.8kg/kg 和 9.8kg/kg，分别增加了 3.6kg/kg、3.0kg/kg 和–2.6kg/kg。但不同区域间的 AE 存在着显著差异（P<0.0001），这与土壤基础养分供应和施肥量有关。华北、南部和西北地区三个研究区域 OPT 处理的 AEN 分别为 8.5kg/kg、12.8kg/kg 和 8.8kg/kg，FP 处理的分别为 5.3kg/kg、9.7kg/kg 和 6.5kg/kg，分别增加了 3.2kg/kg、3.1kg/kg 和 2.3kg/kg，增幅分别达到了 60.3%、32.0%和 35.4%；OPT 处理的 AEP 分别为 9.0kg/kg、12.3kg/kg 和 8.4kg/kg，FP 处理的分别为 6.9kg/kg、6.7kg/kg 和 3.4kg/kg，分别增加了 2.1kg/kg、5.6kg/kg 和 5.0kg/kg，增幅分别达到了 30.4%、83.6%和 147.1%；但华北和西北地区 OPT 处理的 AEK 要低于 FP 处理，其主要原因是 FP 处理的施钾量较低。在华北和西北地区多数农民的施钾量都低于 50kg/hm^2，甚至不施钾肥，FP 的平均施钾量在这两个区域仅为 59kg/hm^2（n≈568）和 16kg/hm^2（n≈86）。在西北地区的试验中由于大多数 FP 不施钾肥，因此 FP 的养分利用率数据量较少。

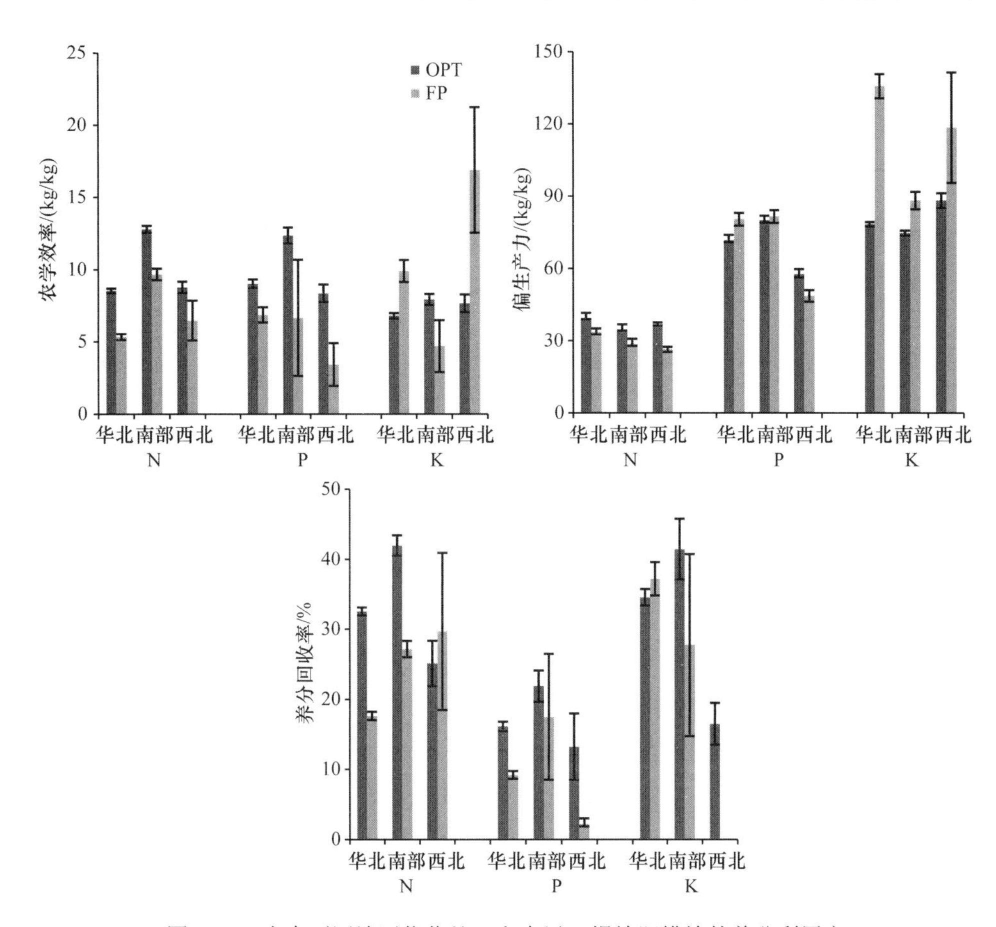

图 4-16　小麦不同地区优化处理和农民习惯施肥措施的养分利用率

4.6.2　偏生产力

就所有数据的 PFPN 而言，OPT 处理（37.6kg/kg）要高于 FP 处理（31.4kg/kg）6.2kg/kg，而 PFPP 和 PFPK 的 OPT 处理要低于 FP 处理，OPT 处理的 PFPP 和 PFPK 分别为 71.8kg/kg 和 78.1kg/kg，FP 处理的分别为 77.2kg/kg 和 121.1kg/kg。在不同地区间存在很大变异性（P<0.0001）（图 4-16），就 PFPN 而言，三个地区的 OPT 处理都要高于 FP 处理，华北、南部和西北三个地区分别高 6.1kg/kg、5.9kg/kg 和 10.6kg/kg。就 PFPP 而言，除了西北地区外，其余两个地区都是 OPT 处理低于 FP 处理。而在 PFPK 中，所有地区的则是 FP 处理高于 OPT 处理，其主要原因是农民习惯施肥小麦季不施或者只施少量的钾肥。从偏生产力的分布情况可以看出，PFPN 主要位于 20～60kg/kg，占全部观察数据的 88.1%，PFPP 位于 40～80kg/kg 的占全部观察数据的 57.6%，而 PFPK 位于 40～80kg/kg 的占全部观察数据的 50.6%（图 4-17）。

4.6.3　回收率

养分回收率研究结果得出，就全部数据平均值而言，OPT 的 REN 和 REP 高于 FP

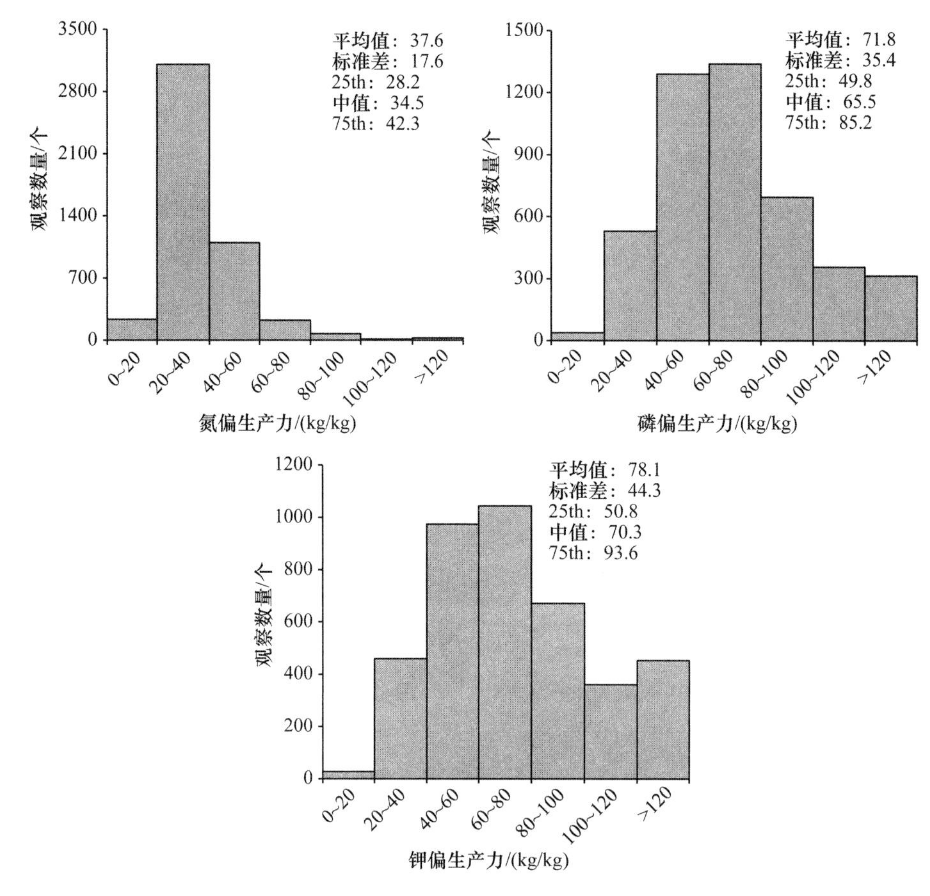

图 4-17　小麦氮、磷和钾偏生产力频率分布图

处理，OPT 处理分别为 33.7%和 16.5%，FP 处理分别为 18.5%和 9.3%，OPT 处理比 FP 处理分别高 15.2 个百分点和 7.2 个百分点，但 OPT 处理的 REK 要低于 FP 处理，其主要原因是 FP 处理施钾量较低。FP 处理的 REN 仍较低的原因主要是土壤较高的养分供应能力及较高的施氮量。不同区域间的 RE 存在很大差异（图 4-16），且 OPT 处理华北和南部地区的RE 高于西北地区。REN 在华北和南部地区 OPT 处理比 FP 处理分别高 14.9 个百分点和 14.8 个百分点，但在西北地区前者要低于后者。对于 REP 而言，三个地区的 OPT 处理都要高于 FP 处理，华北、南部和西北地区分别高 7.0 个百分点、4.4 个百分点和 11.0 个百分点。对于 REK 而言，OPT 处理在华北地区低于 FP 处理，但在南部地区 OPT 处理要高于 FP 处理，而西北地区无 FP 数据。就全部回收率试验数据而言（图 4-18），氮回收率位于 20%～40%的占全部观察数据的 47.7%，但低于 30%的占全部观察数据的 40.9%；磷回收率中有 68.5%的观察数据低于 20%，且低于 10%的占全部观察数据的 39.6%；钾回收率中大于 50%的仅占全部观察数据的 22.6%。

大量研究证明，过量化肥投入将会造成严重的资源浪费，降低肥料回收率。李庆逵等（1998）曾经指出当时主要粮食作物的氮肥、磷肥和钾肥回收率范围分别为 30%～35%、15%～20%和 35%～50%。张福锁等（2008）对 2000～2005 年不同地区、不同粮食作物的施肥研究也表明，不同地区间主要粮食作物（包括水稻、玉米和小麦）的氮、磷和钾

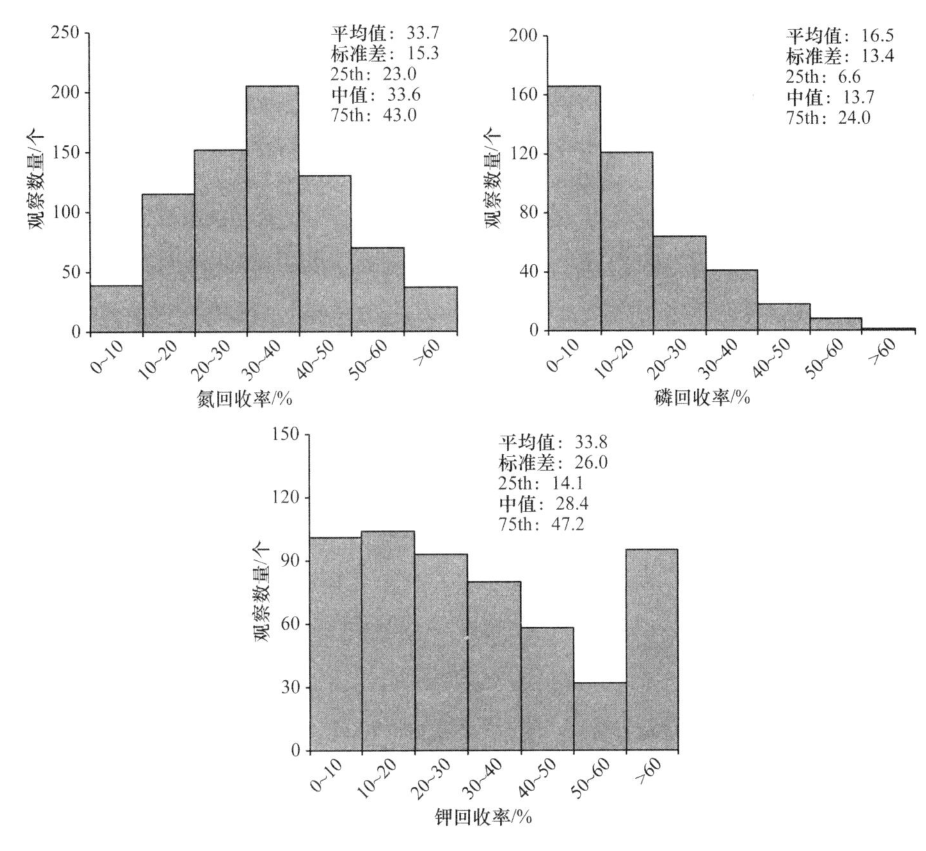

图 4-18　小麦氮、磷和钾回收率频率分布图

肥回收率变异较大，其变化幅度主要分布在 10.8%～40.5%、7.3%～20.1%及 21.2%～35.9%，平均分别为 27.5%、11.6%和 31.3%。同时，中国农业科学院从全国 165 个监测点的田间试验中统计得出，小麦和玉米的氮、磷和钾肥当季回收率平均分别为 28.7%、13.1%和 27.3%（闫湘等，2008）。上述研究结论大体相当，均显示，我国化肥回收率与发达国家相比还有较大差距，尤其在华北平原粮食作物集约化种植区，氮肥回收率低的现象更为严重。同时发现，无论是氮肥、磷肥，还是钾肥，我国主要粮食作物的肥料回收率均呈现逐渐下降趋势（闫湘等，2008；陈范骏等，2003）。

据全国化肥网田间试验施肥增产效果显示，1981～1983 年小麦氮、磷和钾肥的农学效率分别为 10.0kg/kg、8.1kg/kg 和 2.1kg/kg，闫湘（2008）统计的 2002～2005 年全国小麦氮、磷和钾肥的农学效率分别为 13.0kg/kg、7.5kg/kg 和 6.0kg/kg，Liu 等（2011a）利用 2000～2008 年最佳养分管理处理得出的氮、磷、钾肥农学效率分别为 9.8kg/kg、8.4kg/kg 和 6.0kg/kg，本文研究氮、磷、钾肥的农学效率分别为 9.9kg/kg、9.8kg/kg 和 7.2kg/kg，该结果与 Liu 等（2011a）相比，氮肥农学效率基本相当，而磷肥和钾肥农学效率有所上升。本研究结果与闫湘（2008）研究结果相比，AEN 偏低，AEP 和 AEK 有所升高。与 1981～1983 年结果相比，磷肥和钾肥的农学效率均有增加，尤其是钾肥的农学效率提高了 3 倍多。和发达国家相比，中国的农学效率仍然较低，仅达到了 Ladha 等（2005）报道的世界平均水平（18kg/kg）的 55%（Dobermann，2007）。另外，Dobermann

（2007）指出，氮肥农学效率应在 10～30kg/kg，如果给予最佳的管理措施，或适当减少肥料施用，农学效率应在 25kg/kg 以上。综上可见，由于过于追求粮食高产目标，以及盲目不科学施肥、肥料品种选择不合适、其他养分资源未得到充分有效利用、施肥技术落后并缺乏优良作物栽培管理技术等，中国化肥肥效较低。但是必须认识到，肥效的高低与作物施肥量、生长区域及养分管理措施显著相关。Liu 等（2011a）指出，华北地区的冬小麦-夏玉米轮作、长江中下游地区的稻-麦轮作及西北地区的春小麦或冬小麦种植体系中，小麦季的氮、磷和钾肥的农学效率均有所差异。长江中下游地区小麦季的氮农学效率显著高于华北地区，华北地区显著高于西北地区；磷或钾肥农学效率华北和长江中下游地区均无显著差异，但仍显著高于西北地区，可见不同的种植区域施肥效果有异。另有研究表明（赵士诚等，2010；王秀斌等，2009；裴雪霞等，2009），氮肥减量后移能够提高作物产量，减少氮素表观损失，提高氮肥利用率。以上研究综合表明，中国小麦整体的养分利用率有待于进一步提高，科学地指导合理施肥对于小麦生长及保障粮食安全、提高肥料利用率具有重要意义（高伟等，2008；张福锁等，2008；崔振岭，2005）。

4.7 小麦推荐施肥模型与专家系统构建

4.7.1 基于作物产量反应和农学效率的施肥推荐原理

施肥量、施肥种类、施肥时间和施肥位置确定的原理同水稻部分（第 2 章）。

4.7.2 产量反应的确定

不施某种养分处理的产量与施用氮磷钾肥养分供应充足的处理之间的产量差，即该养分的产量反应。如 N 的产量反应就是施了 N、P、K 肥的处理与只施 P、K 肥处理间的产量差。如图 4-19 所示，不施氮而磷钾肥供应充足的处理，氮是其产量的主要限制因子，该处理作物收获后地上部所累积的氮素来自于土壤和外界环境带入土壤的养分，即土壤基础养分供应，而该处理与施氮磷钾肥处理之间的产量差主要由氮肥提供，这部分养分需求就决定着要推荐的施肥量。磷（或钾）的产量反应和氮类似，即施了 N、P、K 肥的处理与只施 N、K（或 N、P）肥处理间的产量差。

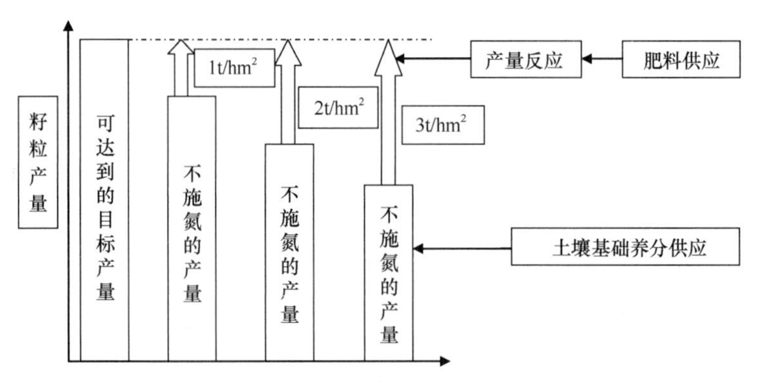

图 4-19 产量反应图解

在养分专家系统中，预估产量反应的方法主要有两种：一是在附近区域具有相似养分管理措施的土壤上做过减素试验，产量反应直接由具体的养分供应充足的产量与缺素产量之间的产量差获得；二是如果在附近区域没有做过减素试验，养分专家系统可以调用背后数据库，利用土壤及田间种植的相关信息来预估可获得产量及产量反应。该系统主要利用的相关信息包括以下。

（1）生长环境特征：该地区水源情况（是灌溉，全部雨养，还是雨养加充足的灌溉）及涝害和旱害发生的频率。

（2）土壤肥力指标：土壤质地，土壤颜色，有机质含量，以及土壤 P 和 K 含量的高低（如果已知）。

（3）有机肥的历史施用情况（如果施用）及是否为障碍土壤。

（4）农民种植模式下作物轮作体系。

（5）作物秸秆处理和肥料施用情况。

（6）农民当前小麦实际产量。

养分专家系统衡量某个区域或生长环境下的可获得产量（Ya）是通过最大可获得产量（Ymax）、当地气候、灌溉和土壤障碍因子等信息及农民实际产量（Yf）进行预估。Ymax 是养分供应充足且没有其他管理条件限制时所达到的最大产量，是由作物模型或最佳的养分管理田间试验得出，而 Ya 是依据田间试验或当地专家经验确定。小麦养分专家系统通过 Ymax 数值和生长环境中涝害或旱害发生的风险水平（低、中、高）及是否具有土壤障碍因子（如盐害、土壤侵蚀）等因素对 Ya 进行预估。该系统假定在低风险环境下，Ya=Ymax，而在高的限制或风险条件下，如在干旱地区，Ya≪Ymax。为了建立具有实际意义的目标产量，避免不切实际，Ya 通常参考 Yf 进行预估，详细如下（Pampolino et al.，2012）。

（1）低风险环境：Ya=Yf+3t/hm^2，Ya≤Ymax

（2）中风险环境：Ya=Yf+2t/hm^2，Ya≤Ymax

（3）高风险环境：Ya=Yf+1t/hm^2，Ya≤Ymax

产量（Yf，Ya 和 Ymax）单位为 t/hm^2，以上（1）～（3）等式用于不同风险环境下小麦产量分别增加 3t/hm^2、2t/hm^2 和 1t/hm^2。但是这些数值并不是绝对的，如果数据量更大可能会发生变化。增加的 3t/hm^2、2t/hm^2 和 1t/hm^2 的产量是基于农田当前的产量差及由生长环境风险水平主导的经济损失决定的。亚洲小麦养分供应充足的处理与农民习惯施肥处理之间的产量差处于 1～3t/hm^2（国际植物营养研究所未发表数据）。

在小麦养分专家系统中，产量反应的估算是建立在缺素区产量与施 NPK 可获得产量（Ya）之间的正相关关系上。对于特定的地块或区域，相同的气候条件下，缺素区的产量与 Ya 变化趋势一致，即缺素区产量随着 Ya 的增加而增加。缺素区的产量与施 NPK 产量两者拟合的相关性如图 4-20 所示。减 N 处理、减 P 处理及减 K 处理分别与其施 NPK 处理产量的相关系数（r^2）为 0.600、0.862 和 0.893，达极显著水平（P<0.01）。斜线越接近于中间 1∶1 线，说明两者之间的相关性越强。

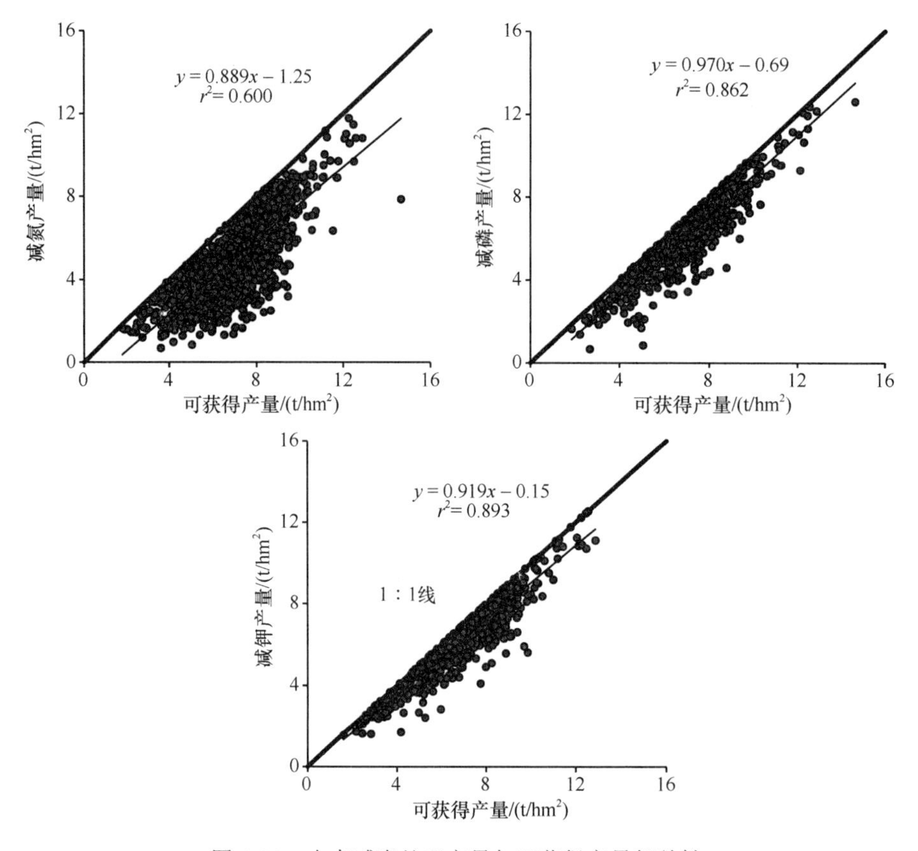

图 4-20　小麦减素处理产量与可获得产量相关性

4.7.3　小麦养分专家系统界面

应用计算机软件技术发展的小麦养分专家系统是以 2000～2015 年汇总的小麦养分吸收相关的强大数据库支撑为依托，通过向当地农业技术推广者询问作物栽培管理历史信息等问题，利用后台已有的数据库生成基于不同农户个性化信息的施肥营养套餐，不仅包括利用 QUEFTS 模型模拟一定目标产量下的最佳养分吸收及收获后最佳养分移走量，还包括采用最佳养分管理的“4R”原则（在作物合适的施肥时期，合适的位置，选取合适的肥料品种，施入适量的肥料用量）帮助农民实现增产增收的目标。

小麦养分专家系统用户主界面如图 4-21 所示。该系统主要分为四大模块，分别是当前农民养分管理措施及产量、养分优化管理施肥量、肥料种类及分次施用和效益分析。小麦养分专家系统可以评估当前养分管理措施，在可获得产量基础上确定目标产量，并且预估一定目标产量下的 N、P 和 K 养分需求量，可在农民意愿的前提下，选择农民已有的肥料品种，直接为农民换算为具体的肥料种类用量，在合理的作物生长期直接实时指导农民施肥，最后还可以比较农民习惯施肥措施与优化措施两者间的经济效益差别。在初次使用该系统时，首先要进行初始设置，选择要推荐施肥地块所属的行政区域及小麦的种植季节，如无论是华北、长江中下游还是西北地区，无论是春小麦还是冬小麦，选择该区域的具体省份，以备系统调用背后的数据库参数。

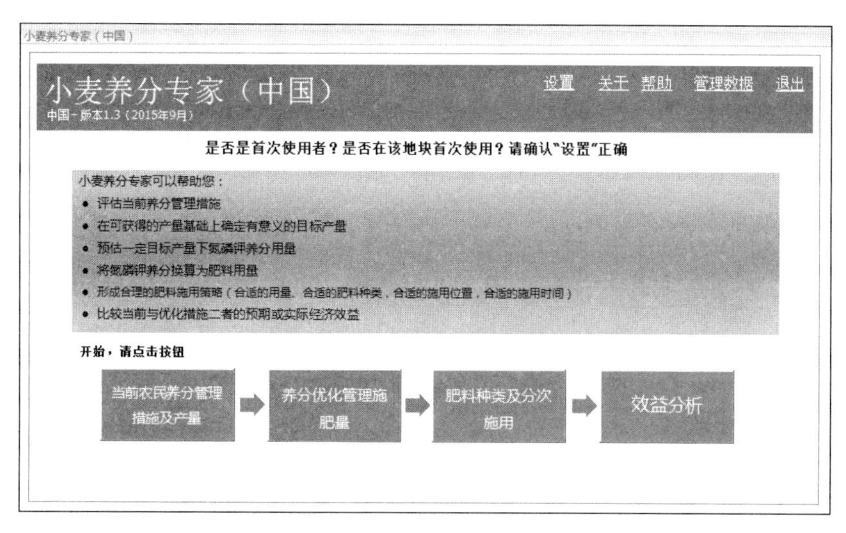

图 4-21　小麦养分专家系统用户主界面

在当前农民养分管理措施及产量模块（图 4-22），系统通过向农户询问简单问题的形式，获得当前农民习惯施肥条件下的小麦产量、肥料施用种类及施用量等，为优化栽培措施和进行经济效益分析奠定数据调用基础。

小麦养分专家系统 - 调查问卷
小麦养分专家（中国）
主页　设置　帮助
当前农民养分管理措施及产量 | 养分优化管理施肥量 | 肥料种类及分次施用 | 效益分析
农户姓名/地点　Site A; 河北　田块面积 1 公顷
生长季节 冬小麦
1. 提供整块地收获的小麦籽粒产量
收获的籽粒产量: 吨
含水量(如果知道): %
含水量为13.5%时的籽粒产量: 吨/公顷
2. 农民通常在整块麦田施了多少肥料？
点击肥料种类可以查看肥料清单并输入用量

无机肥料			有机肥料		
N:	0	公斤/公顷	N:	0.00	公斤/公顷
P_2O_5:	0	公斤/公顷	P_2O_5:	0.00	公斤/公顷
K_2O:	0	公斤/公顷	K_2O:	0.00	公斤/公顷

图 4-22　当前农民养分管理措施及产量模块

在养分优化管理施肥量模块（图 4-23），通过在农民习惯施肥可获得产量基础上，结合田间有效水源状况（灌溉、完全雨养或雨养加充足的灌溉）、低温或霜冻发生频率、旱害涝害发生风险、土壤本身是否存在障碍因子及是否缺乏微量元素等情况进行综合评价，确定可获得的目标产量（图 4-24）。然后预估作物施用 N、P 和 K 肥所对应的产量反应，进而调用系统背后数据库中产量反应和农学效率间的关系，结合 QUEFTS 模型，推荐出合理的肥料用量。

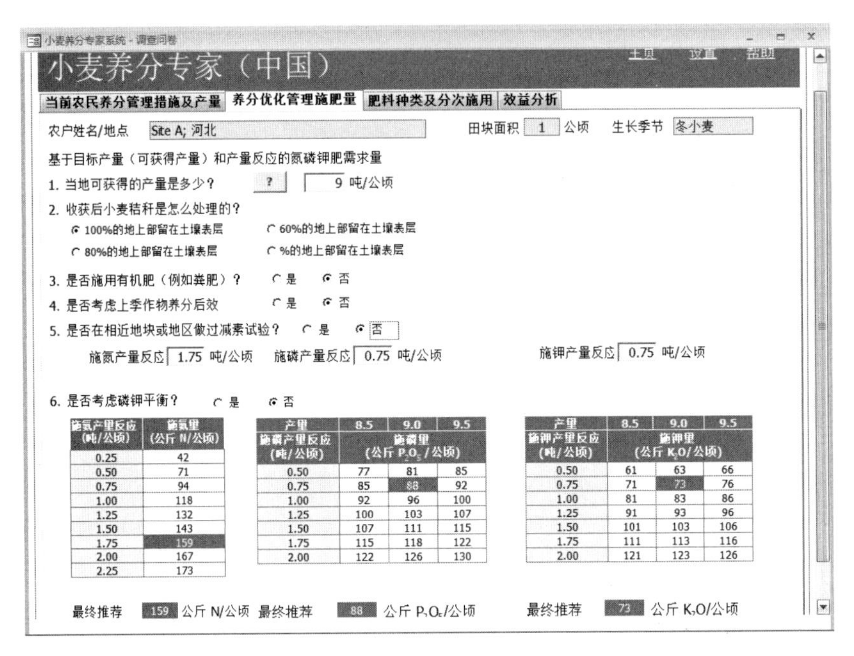

小麦养分专家系统 - 调查问卷

小麦养分专家（中国）　主页　设置　帮助

当前农民养分管理措施及产量 | 养分优化管理施肥量 | 肥料种类及分次施用 | 效益分析

农户姓名/地点 Site A; 河北　田块面积 1 公顷　生长季节 冬小麦

基于目标产量（可获得产量）和产量反应的氮磷钾肥需求量

1. 当地可获得的产量是多少？ ? 9 吨/公顷

2. 收获后小麦秸秆是怎么处理的？

100%的地上部留在土壤表层　60%的地上部留在土壤表层

80%的地上部留在土壤表层　%的地上部留在土壤表层

3. 是否施用有机肥（例如粪肥）？ 是 否

4. 是否考虑上季作物养分后效 是 否

5. 是否在相近地块或地区做过减素试验？ 是 否

施氮产量反应 1.75 吨/公顷　施磷产量反应 0.75 吨/公顷　施钾产量反应 0.75 吨/公顷

6. 是否考虑磷钾平衡？ 是 否

施氮产量反应（吨/公顷）	施氮量（公斤 N/公顷）
0.25	42
0.50	71
0.75	94
1.00	118
1.25	132
1.50	143
1.75	159
2.00	167
2.25	173

产量	8.5	9.0	9.5
施磷产量反应（吨/公顷）	施磷量（公斤 P_2O_5/公顷）		
0.50	77	81	85
0.75	85	88	92
1.00	92	96	100
1.25	100	103	107
1.50	107	111	115
1.75	115	118	122
2.00	122	126	130

产量	8.5	9.0	9.5
施钾产量反应（吨/公顷）	施钾量（公斤 K_2O/公顷）		
0.50	61	63	66
0.75	71	73	76
1.00	81	83	86
1.25	91	93	96
1.50	101	103	106
1.75	111	113	116
2.00	121	123	126

最终推荐 159 公斤 N/公顷　最终推荐 88 公斤 P_2O_5/公顷　最终推荐 73 公斤 K_2O/公顷

图 4-23　养分优化管理施肥量模块

预估可获得的产量

预估可获得的产量

农户姓名/地点 Site A; 河北　冬小麦

农民的产量 8　8

生长环境描述

1. 水分状况（水源） 灌溉　完全雨养　雨养加充足的灌溉

2. 低温或霜冻发生频率如何？ 经常　偶尔　从不

（经常=5次中有2或3次；偶尔=5次中有1次）

3. 干旱问题　经常　偶尔　从不

（经常=5次中有2或3次；偶尔=5次中有1次）

4. 除氮磷钾以外土壤存在的相关问题

酸性　如果pH<5.3，请勾选框（酸碱度）并输入pH值

中微量元素不足

硼　铜　铁　镁　锰　钼　硫　锌

障碍土壤

盐渍土　碱土　坡地（坡度等于或更大10%）

全无

预估　当地可获得的产量 吨/公顷 (13.5%水分含量)

生长环境

确定　重新设置　取消

图 4-24　预估可获得的产量模块

在预估产量反应时，如果在该地区做过减素试验，则可以在确定目标产量基础上，直接获得产量反应，输入具体数值即可。如果在该地区从未做过减素试验，则需要根据当地的土壤质地、土壤颜色、有机质情况及最近测试的土壤 P 或 K 养分含量高低，对土壤基础养分供应能力进行评价（图 4-25）。同时，还需要结合当季小麦秸秆处理情况、施用有机肥历史情况，在调查上季作物及管理（图 4-26）情况（包括有机肥和化肥施用

量、秸秆或残留物处理方式等）基础上，从考虑养分带入量和移走量的作物轮作周期角度对土壤基础养分供应能力进行适当校正，从而调整当季作物养分推荐量。如近几年施用过大量有机肥就需要提高一个土壤基础供应能力级别，最终判定土壤基础养分供应能力的低、中、高级别，然后结合可获得的目标产量，系统会计算出产量反应。有了具体的产量反应数值，该系统根据背后的数据库，直接给出所需要的 N、P 和 K 养分需求量。

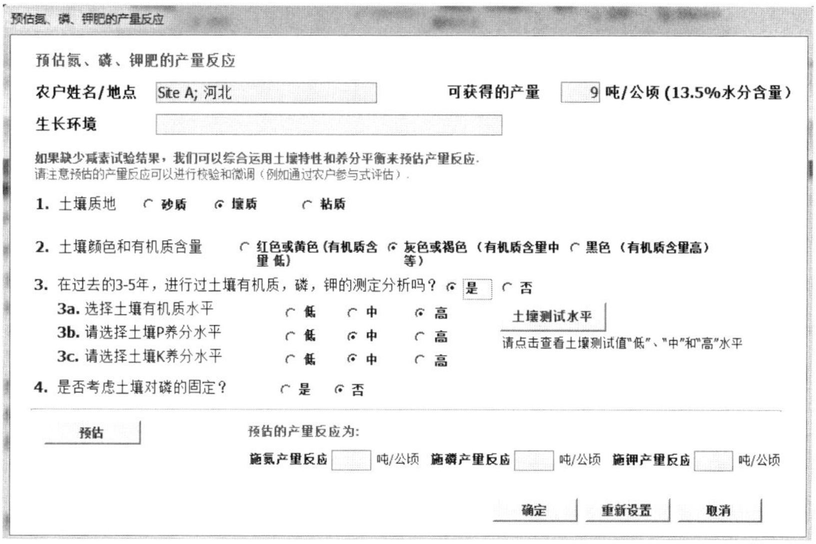

图 4-25　预估产量反应模块

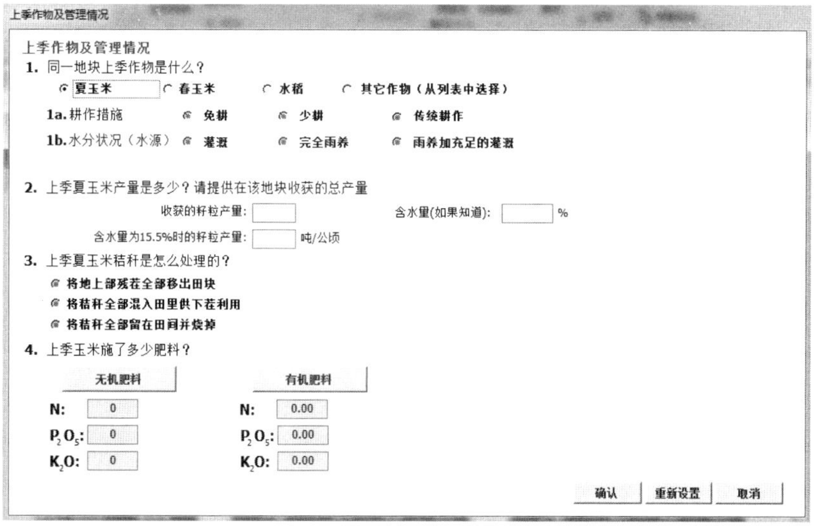

图 4-26　上季作物及管理情况调查模块

在回答以上简单问题后，该系统结合小麦的生长环境（灌溉、充足的雨养或不太充足的雨养）及分次施用次数，根据农民已有的肥料品种，计算出每种肥料分次施用时的具体用量（图 4-27），用户将得到适合该特定地块和特殊生长环境的肥料养分管理套餐（图 4-28）。推荐的肥料用量可以依据用户已有的肥料品种进行折算，不受肥料种类限制，如农户同时有尿素和复合肥，系统就可根据农户已有的肥料储备进行推荐。在该过程中，还可根据农民意愿选择肥料的施用次数。另外，在高肥力土壤上，倾向于重施后肥，即两次施用时（基肥和拔节肥）选择 40∶60 分配比例；如果在中等肥力上，倾向选择 50∶50，而在低肥力土壤上，要重施基肥，保证出苗质量及早期的小麦正常生长。同时，该系统还可以根据当地土壤的中微量元素状况做出中微量元素施肥推荐（图 4-29）。

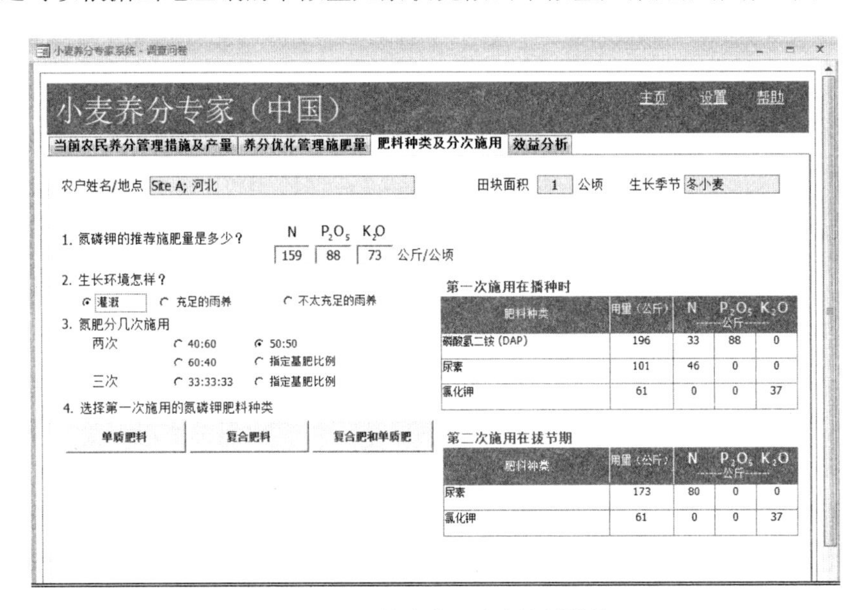

图 4-27　肥料种类及分次施用模块

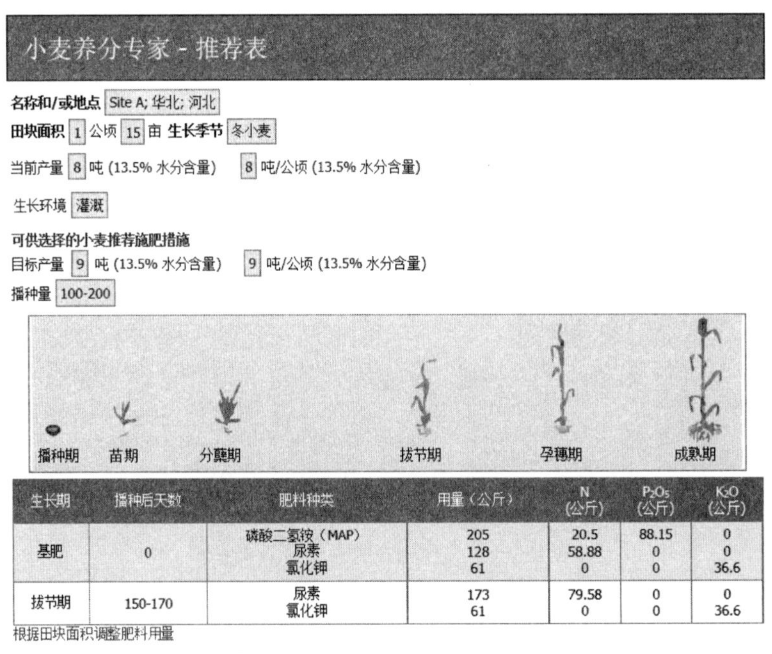

小麦养分专家 - 推荐表

名称和/或地点 Site A; 华北; 河北

田块面积 1 公顷 15 亩 **生长季节** 冬小麦

当前产量 8 吨 (13.5% 水分含量) 8 吨/公顷 (13.5% 水分含量)

生长环境 灌溉

可供选择的小麦推荐施肥措施

目标产量 9 吨 (13.5% 水分含量) 9 吨/公顷 (13.5% 水分含量)

播种量 100-200

生长期	播种后天数	肥料种类	用量（公斤）	N (公斤)	P_2O_5 (公斤)	K_2O (公斤)
基肥	0	磷酸二氢铵（MAP） 尿素 氯化钾	205 128 61	20.5 58.88 0	88.15 0 0	0 0 36.6
拔节期	150-170	尿素 氯化钾	173 61	79.58 0	0 0	0 36.6

根据田块面积调整肥料用量

种肥或基肥: 施入种子侧或正下方3-5厘米

第2次或第3次追肥: 条施追肥，深度为5-8厘米，施后浇水。

图 4-28　小麦养分专家系统推荐的肥料养分管理套餐

养分缺乏的元素	肥料推荐量用于纠正养分缺乏
硼	基施15公斤/公顷硼砂或用0.01%-0.05%的硼砂溶液浸种。或者分别在苗期、分蘖期和孕穗期叶面喷施0.1%-0.2%硼砂溶液。
锰	基施15-30公斤/公顷的硫酸锰，或用0.02%-0.05%硫酸锰溶液浸种。或者分别在苗期、分蘖期和孕穗期叶面喷施0.1%-0.2%的硫酸锰溶液。

图 4-29　中微量元素推荐

在效益分析模块，调用了当前农民养分管理措施、养分优化管理模块产量和施肥量数据，进行了基于种子成本和肥料成本的预期经济效益分析（图 4-30）。

小麦养分专家（中国）　主页　设置　帮助

当前农民养分管理措施及产量 | 养分优化管理施肥量 | 肥料种类及分次施用 | 效益分析

	当前农民措施	推荐措施
播种量	150 公斤/公顷	150 公斤/公顷
种子价格	5.00 元/公斤	5.00 元/公斤
小麦价格	2.00 元/公斤	

全部报告　保存数据　效益分析

简单效益分析	当前农民措施	推荐措施
含水量为13.5%时的籽粒产量 (吨/公顷)	8	9
小麦价格 (元/公斤)	2.00	2.00
收入 (元/公顷)	**16,000**	**18,000**
种子成本 (元/公顷)	750	750
肥料成本-无机肥料 (元/公顷)	2,661	1,483
肥料成本-有机肥料 (元/公顷)	0	0
总成本 (元/公顷)	**3,411**	**2,233**
减去肥料成本后的预期效益 (元/公顷)	**13,339**	**16,517**
减去种子和肥料成本后的预期效益 (元/公顷)	**12,589**	**15,767**
推荐措施与农民当前措施相比的净收益 (元/公顷)	**3,178**	

图 4-30　经济效益分析模块

4.8　小麦养分专家系统田间验证与效应评价

4.8.1　施肥量

为验证和改进小麦养分专家系统，于 2010～2014 年在华北四省的河北（115°18′E，37°47′N）、河南（115°13′E，35°46′N）、山东（116°24′E，37°6′N）、山西（111°18′E，35°48′N）小麦–玉米轮作种植体系分别布置 83 户、95 户、89 户和 48 户共计 315 个田间试验，试验点分布情况见图 4-31。试验农田土壤均为潮土或褐土。冬小麦在每年 9 月末或 10 月初玉米收获后耕地播种，在翌年 6 月初至中旬收获。

每个试验分别设 CK（不施任何肥料）、NE（基于小麦养分专家系统推荐施肥）、FP（农民习惯施肥）、OPTS（测土推荐施肥或当地推广部门实地推荐）及基于 NE 处理的 OPT-N（减 N）、OPT-P（减 P）和 OPT-K（减 K）处理。试验采用完全随机排列，每个试验的处理以农户作为重复。每个处理约为 30m^2。当 OPTS 处理与 NE 处理的施肥量相同或相近时，不设 OPTS 处理。如在河北省，由于 OPTS 处理施肥量与 NE 处理基本相

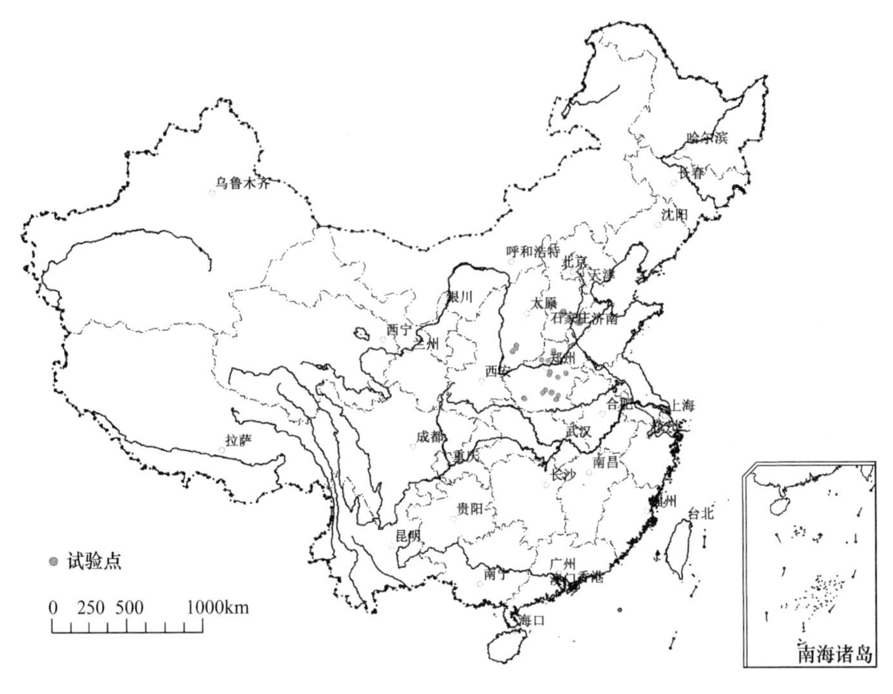

图 4-31　小麦田间验证试验点分布

当，因此，只设一个 NE 处理。氮肥、磷肥和钾肥种类分别为尿素、过磷酸钙和氯化钾，或结合 15∶15∶15 等不同比例复合肥施用。尿素根据土壤肥力水平或预估的产量反应高低及农民意愿，分为基肥和拔节期追肥两次施用，或基肥、拔节肥和灌浆肥三次施用。磷钾肥均在播种前撒施。灌溉和其他栽培管理措施与当地管理措施相同。收获后，在每个小区中间位置划定 $1m^2×1m^2$ 范围进行人工收获，籽粒和秸秆分别称重计产，并将收获后的秸秆和籽粒样品在 60℃烘干 72h 计算干重，混合均匀后取适量样品用于进行养分测定。其中植株全氮、全磷和全钾含量分别采用凯氏定氮法、钒钼黄比色法与火焰光度计法测定。

四年田间验证试验的施肥量研究结果显示（表 4-9），农民的施肥量非常不平衡。就各省的平均值而言，FP 处理的施氮量普遍偏高，平均分布范围为 211～323kg N/hm^2，四省的平均施氮量为 279kg N/hm^2，最高施氮量超过了 500kg N/hm^2（山东省，2014 年），而最低施氮量仅有 112kg N/hm^2（河南省，2012 年）。FP 处理在全部 315 个试验中有 274 个试验点的施氮量超过 180kg N/hm^2，占全部试验数的 87.0%，施氮量超过 250kg N/hm^2 的占全部试验数的 66.7%，而施氮量超过 300kg N/hm^2 的占全部试验数的 35.5%，说明中国华北平原冬小麦种植区农民过量施氮的问题比较严重。而 NE 处理优化了施氮量，四省的平均分布范围为 159～168kg N/hm^2，平均值为 163kg N/hm^2。四省 NE 处理的平均施氮量都显著低于 FP 处理，平均降低了 116kg N/hm^2，降幅达到了 41.6%，而河北、河南、山东和山西分别降低了 159kg N/hm^2、47kg N/hm^2、156kg N/hm^2 和 101kg N/hm^2，降幅分别达到了 49.2%、22.3%、49.5%和 37.5%。虽然农民习惯的施氮量已经过量，但是施肥量仍然呈增加趋势。NE 处理每年的施氮量是不同的，因为养分专家系统是一个动态的养分管理方法，可以依据上季土壤氮素残留、土壤基础养分供应、产量与养分吸收关系，以及产量反应和农学效率关系等对施肥量进行调整。

表 4-9　小麦养分专家系统的节肥效益

	施氮量/（kg N/hm^2）				施磷量/（kg P_2O_5/hm^2）				施钾量/（kg K_2O /hm^2）			
	NE	FP	Δ	*P*> [T]	NE	FP	Δ	*P*> [T]	NE	FP	Δ	*P* > [T]
河北	164	323	–159	<0.0001	82	117	–35	<0.0001	73	31	42	<0.0001
河南	164	211	–47	<0.0001	82	115	–33	<0.0001	80	100	–20	<0.0001
山东	159	315	–156	<0.0001	83	130	–47	<0.0001	69	22	47	<0.0001
山西	168	269	–101	<0.0001	86	111	–25	0.0081	72	26	46	<0.0001
2011	143	264	–121	<0.0001	69	109	–40	<0.0001	70	57	13	0.0109
2012	178	279	–101	<0.0001	88	119	–31	<0.0001	76	46	30	<0.0001
2013	176	297	–121	<0.0001	97	132	–35	<0.0001	76	40	36	<0.0001
2014	176	370	–194	<0.0001	100	134	–34	0.0002	75	32	43	<0.0001
全部	163	279	–116	<0.0001	83	119	–36	<0.0001	74	49	25	<0.0001

四省 FP 处理磷肥施用量分布范围为 111～130kg P_2O_5/hm^2，平均值为 119kg P_2O_5/hm^2（表 4-9）。NE 处理的磷肥施用量范围为 82～86kg P_2O_5/hm^2，平均值为 83kg P_2O_5/hm^2。NE 处理显著降低了施磷量，与 FP 处理相比，平均降低了 36kg P_2O_5/hm^2，降幅达到了 30.3%。四省中，NE 处理的磷肥施用量都显著低于 FP 处理，河北、河南、山东和山西分别降低了 35kg P_2O_5/hm^2、33kg P_2O_5/hm^2、47kg P_2O_5/hm^2 和 25kg P_2O_5/hm^2，降幅分别达到了 29.9%、28.7%、36.2%和 22.5%。在所有试验中，FP 处理有 68.6%的农户施磷量超过了 100kg P_2O_5/hm^2，而施磷量超过 150kg P_2O_5/hm^2 的占全部试验数的 25.1%，而施磷量超过 200kg P_2O_5/hm^2 的占全部试验数的 5.7%，如此高的施磷量远远超过了作物对磷的需求，农民对磷肥的施用存在严重的过量施用现象。

四省的钾肥用量 FP 处理的施用范围为 22～100kg K_2O/hm^2，平均值为 49kg K_2O/hm^2（表 4-9）；NE 处理的钾肥用量分布范围为 69～80kg K_2O/hm^2，平均值为 74kg K_2O/hm^2，NE 处理提高了钾肥施用量，增加了 25kg K_2O/hm^2，增幅为 51.0%。河北、山东和山西的 FP 处理施钾量均偏低，氮磷钾施用严重不平衡，比 NE 处理分别低 42kg K_2O/hm^2、47kg K_2O/hm^2 和 46kg K_2O/hm^2，而河南 FP 处理施钾量为 100kg/hm^2，多以复合肥形式直接施入土壤，并不考虑养分间的平衡供应。河北、山东和山西三省基于小麦养分专家系统的推荐施肥处理平均施钾量分别比 FP 处理增施了 1 倍以上，而 FP 处理中有 67.6%的农户钾肥用量低于 50kg K_2O/hm^2，施钾量大于 100kg K_2O/hm^2 的仅占全部试验数的 20.3%，而在全部试验中有 25.1%的农户不施任何钾肥。

4.8.2　产量和经济效益

四年试验的产量结果显示（表 4-10），NE 处理比 FP 处理产量平均高 0.2t/hm^2，增幅为 2.5%。除山西省外，其余三省的产量 NE 处理都要高于 FP 处理，河北、河南和山东的 NE 处理产量比 FP 分别高 0.4t/hm^2、0.2t/hm^2 和 0.1t/hm^2，提高了 1.3%～5.3%。山西 NE 处理的产量略低于 FP 处理，但二者没有显著差异。应用养分专家系统在第二年试验开始前，使用第一年田间试验结果对小麦养分专家系统进行校正和改进，随着小麦养分专家系统的不断优化，NE 处理在大幅度降低了氮肥和磷肥施用量的情况下产量还略高于 FP 处理。

表 4-10　小麦养分专家系统的产量和经济效益

	产量/（t/hm^2）				化肥消耗/（元/hm^2）				经济效益/（元/hm^2）			
	NE	FP	Δ	P> [T]	NE	FP	Δ	P > [T]	NE	FP	Δ	P > [T]
河北	7.9	7.5	0.4	<0.000 1	1 550	2 245	–695	<0.000 1	15 577	14 077	1 500	<0.000 1
河南	7.6	7.4	0.2	<0.000 1	1 735	2 257	–522	<0.000 1	13 392	12 566	826	<0.000 1
山东	8.1	8.0	0.1	0.081 4	1 468	2 111	–643	<0.000 1	16 870	16 090	780	<0.000 1
山西	9.4	9.5	–0.1	0.055 7	2 032	2 396	–364	<0.000 1	17 694	17 684	10	0.812
2011	8.0	7.9	0.1	0.013 7	1 496	2 187	–691	<0.000 1	15 035	14 120	915	<0.000 1
2012	8.2	8.1	0.1	0.075 8	1 869	2 370	–501	<0.000 1	15 652	14 934	718	<0.000 1
2013	8.1	7.9	0.2	<0.000 1	1 652	2 159	–507	<0.000 1	16 286	15 334	952	<0.000 1
2014	9.2	9.0	0.2	0.071 2	1 351	2 061	–710	<0.000 1	19 963	18 939	1 024	<0.000 1
全部	8.1	7.9	0.2	<0.000 1	1 656	2 234	–578	<0.000 1	15 606	14 740	866	<0.000 1

化肥消耗的计算结果显示（表 4-10），四省 NE 处理的化肥花费都要显著低于 FP 处理（P<0.0001），河北、河南、山东和山西分别降低了 695 元/hm^2、522 元/hm^2、643 元/hm^2 和 364 元/hm^2。与 FP 处理相比，NE 处理平均降低了 578 元/hm^2，其中 NE 推荐施肥中氮肥节省了 529 元/hm^2（NE 处理和 FP 处理的氮肥消耗分别为 764 元/hm^2 和 1293 元/hm^2），NE 还节省了 188 元/hm^2 的磷肥，但钾肥的投入增加了 138 元/hm^2。高量的化肥投入（尤其是氮肥和磷肥）已成为农民降低经济效益的主要因素之一。随着对小麦养分专家系统的不断优化，经济效益呈增加趋势。NE 与 FP 处理相比，四个省份 GRF 都有所增加，增幅为 0.1%～10.7%。增幅最大的为河北省，GRF 增加了 1500 元/hm^2。NE 和 FP 处理的平均 GRF 分别为 15 606 元/hm^2 和 14 740 元/hm^2，NE 比 FP 处理增加了 866 元/hm^2，其中由产量增加而带来的 GRF 为 288 元/hm^2，占总 GRF 的比例为 33.3%。

4.8.3　养分利用率

氮素农学效率结果显示（表 4-11），四省 NE 处理的平均 AEN 分布范围为 7.2～10.9kg/kg，FP 处理的为 2.6～8.0kg/kg。总体而言，NE 处理的 AEN 显著高于 FP 处理，高 3.5kg/kg，增幅达到了 70.0%，且年季间的增幅范围达到 47.1%～133.3%。与 FP 处理相比，四省的 NE 处理都显著增加了氮素农学效率，河北、河南、山东和山西分别增加了 4.4kg/kg、2.9kg/kg、3.7kg/kg 和 2.4kg/kg，增幅分别达到了 169.2%、36.3%、105.7% 和 39.3%。氮素回收率结果显示（表 4-11），NE 处理的 REN 显著高于 FP 处理，NE 的 REN 为 29.9%，而 FP 的仅为 17.3%，平均高 12.6 个百分点。四省 NE 处理的平均 REN

分布范围为 24.8%～38.1%，FP 处理的为 12.3%～23.9%。与 FP 处理相比，四省的 NE 处理都显著地增加了氮素回收率，河北、河南、山东和山西分别增加了 12.5 个百分点、14.2 个百分点、14.1 个百分点和 7.4 个百分点，年季间的增幅范围为 6.8～18.9 个百分点。氮素偏生产力结果显示（表 4-11），由于 NE 处理显著降低了施氮量，并且增加了产量，NE 处理的 PFPN 都显著高于 FP 处理。总体而言，NE 处理的 PFPN 为 50.1kg/kg，而 FP 处理的仅为 31.6kg/kg，平均高 18.5kg/kg，增幅达到了 58.5%。四省 NE 处理的 PFPN 都显著高于 FP 处理，NE 处理的平均 PFPN 分布范围为 46.7～56.1kg/kg，FP 处理的为 25.0～39.0kg/kg。与 FP 处理相比，河北、河南、山东和山西 NE 处理的 PFPN 分别增加了 24.0kg/kg、7.7kg/kg、25.0kg/kg 和 18.3kg/kg，增幅分别达到了 96.0%、19.7%、93.6%和 48.4%，且年季间的 PFPN 增幅范围为 40.6%～95.9%。

表 4-11　小麦养分专家系统的氮素利用率

	氮素农学效率/（kg/kg）				氮素回收率/%				氮素偏生产力/（kg/kg）			
	NE	FP	Δ	P>[T]	NE	FP	Δ	P>[T]	NE	FP	Δ	P>[T]
河北	7.0	2.6	4.4	<0.0001	24.8	12.3	12.5	<0.0001	49.0	25.0	24.0	<0.0001
河南	10.9	8.0	2.9	<0.0001	38.1	23.9	14.2	<0.0001	46.7	39.0	7.7	<0.0001
山东	7.2	3.5	3.7	<0.0001	27.9	13.8	14.1	<0.0001	51.7	26.7	25.0	<0.0001
山西	8.5	6.1	2.4	<0.0001	26.6	19.2	7.4	<0.0001	56.1	37.8	18.3	<0.0001
2011	10.4	5.8	4.6	<0.0001	36.4	17.5	18.9	<0.0001	56.2	31.8	24.4	<0.0001
2012	7.5	5.1	2.4	<0.0001	25.3	18.5	6.8	<0.0001	46.4	33.0	13.4	<0.0001
2013	6.9	4.0	2.9	<0.0001	26.3	15.8	10.5	<0.0001	46.1	30.2	15.9	<0.0001
2014	6.3	2.7	3.6	<0.0001	27.1	14.8	12.3	<0.0001	52.1	26.6	25.5	<0.0001
全部	8.5	5.0	3.5	<0.0001	29.9	17.3	12.6	<0.0001	50.1	31.6	18.5	<0.0001

磷素农学效率结果显示（表 4-12），四省 NE 处理的平均 AEP 分布范围为 5.1～13.0kg/kg，FP 处理的为 3.0～12.3kg/kg。总体而言，NE 处理和 FP 处理的 AEP 分别为 8.8kg/kg 和 6.9 kg/kg，前者显著高于后者，高 1.9kg/kg，增幅为 27.5%。各省的 AEP 存在一定差异，河北、河南和山东 NE 处理 AEP 高于 FP 处理，高 2.4kg/kg、3.5kg/kg 和 2.1kg/kg，增幅分别为 22.6%、74.5%和 70.0%。而山西 NE 处理的 AEP 要低于 FP 处理，但二者差异不显著。磷素回收率结果显示（表 4-12），NE 处理的 REP 显著高于 FP 处理，NE 的平均 REP 为 15.0%，而 FP 的仅为 9.3%，平均高 5.7 个百分点。河北、河南和山东 NE 处理的 REP 都显著高于 FP 处理，分别增加了 4.4 个百分点、10.8 个百分点和 3.7 个百分点，但山西省两个处理间无显著差异。NE 处理的 PFPP 显著高于 FP 处理，提高了 13.6kg/kg（P<0.0001），增幅为 15.2%。河北、河南和山东 NE 处理的 PFPP 高于 FP 处理，高 5.1kg/kg、26.5kg/kg 和 36.4kg/kg，增幅为 5.1%、39.3%和 52.1%。山西省的磷素利用率 NE 处理的要低于 FP 处理，主要是因为农民习惯施磷量不平衡，一些农户的施磷量不足 30kg/hm^2，占全部试验的 25%，低施磷量增加了磷素利用率，但两个处理间的利用率差异不显著。

表 4-12 小麦养分专家系统的磷素利用率

	磷素农学效率/（kg/kg）				磷素回收率/%				磷素偏生产力/（kg/kg）			
	NE	FP	Δ	P>[T]	NE	FP	Δ	P>[T]	NE	FP	Δ	P>[T]
河北	13.0	10.6	2.4	0.0471	14.1	9.7	4.4	0.0035	105.7	100.6	5.1	0.2791
河南	8.2	4.7	3.5	<0.0001	24.0	13.2	10.8	<0.0001	93.9	67.4	26.5	<0.0001
山东	5.1	3.0	2.1	<0.0001	8.6	4.9	3.7	0.0028	106.3	69.9	36.4	<0.0001
山西	9.5	12.3	−2.8	0.1612	8.7	9.0	−0.3	0.8724	111.0	149.4	−38.4	0.0494
2011	12.1	10.0	2.1	0.0228	19.3	13.1	6.2	<0.0001	118.8	98.8	20.0	<0.0001
2012	6.7	5.1	1.6	0.0415	12.5	6.4	6.1	<0.0001	95.0	90.5	4.5	0.4892
2013	6.6	4.8	1.8	0.0558	11.6	6.8	4.8	<0.0001	91.1	76.7	14.4	0.3213
2014	6.3	3.9	2.4	0.0078	8.4	7.1	1.3	0.2932	94.7	69.6	25.1	<0.0001
全部	8.8	6.9	1.9	<0.0001	15.0	9.3	5.7	<0.0001	103.1	89.5	13.6	<0.0001

FP 处理中较低的施钾量导致其钾素利用率要高于 NE 处理（表 4-13）。总体而言，NE 处理的 AEK 和 PFPK 要显著低于 FP 处理，但二者的 REK 无显著差异。除河南省 NE 处理的 AEK、REK 和 PFPK 都显著高于 FP 处理外，其余三省都是前者低于后者。这主要是因为农民习惯施肥的施钾量较低，在河北、山东和山西 NE 处理的施钾量分别是 FP 处理的 2.4 倍、3.1 倍和 2.8 倍。

表 4-13 小麦养分专家系统的钾素利用率

	钾素农学效率/（kg/kg）				钾素回收率/（%）				钾素偏生产力/（kg/kg）			
	NE	FP	Δ	P>[T]	NE	FP	Δ	P>[T]	NE	FP	Δ	P>[T]
河北	8.8	9.6	−0.8	0.5819	30.2	33.8	−3.6	0.4783	112	195.4	−83.4	<0.0001
河南	9.6	6.6	3.0	<0.0001	36.1	25.7	10.4	<0.0001	96.3	80.2	16.1	0.0012
山东	5.6	10.2	−4.6	0.0015	35.8	38.4	−2.6	0.9069	119.6	236.4	−116.8	<0.0001
山西	7.7	23.5	−15.8	0.0031	33.0	53.6	−20.6	0.027	132.6	317.0	−184.4	<0.0001
2011	10.5	14.2	−3.7	0.1985	34.0	34.5	−0.5	0.8881	116.6	163.5	−46.9	0.0016
2012	6.7	8.5	−1.8	0.4738	32.8	27.4	5.4	0.1363	112	169.8	−57.8	<0.0001
2013	6.0	8.5	−2.5	0.0417	35.7	38.6	−2.9	0.2419	108	198.9	−90.9	<0.0001
2014	3.2	5.3	−2.1	0.0286	33.4	29.3	4.1	0.6335	125.1	268.2	−143.1	<0.0001
全部	8.0	10.6	−2.6	0.0223	34	33.8	0.2	0.6619	112.4	178.05	−65.65	<0.0001

4.8.4 与测土施肥比较

对同时具有 NE 处理和 OPTS 处理的试验进行比较得出（表 4-14），与 OPTS 处理相比，NE 处理 N 和 P_2O_5 施用量分别降低了 74kg/hm^2 和 22kg/hm^2，降低幅度为 31.0% 和 21.5%，但 K_2O 的施用量 NE 处理比 OPTS 处理高 2kg/hm^2。OPTS 处理的产量略高于 NE 处理，高 0.1t/hm^2，但 NE 处理的经济效益比 OPTS 处理高 182 元/hm^2，这部分增加的经济效益是由于 NE 处理降低了施肥量。NE 处理比 OPTS 处理显著地提高了氮素利用率，REN、AEN 和 PFPN 分别增加了 6.1 个百分点、1.6kg/kg 和 14.4kg/kg。NE 处理与 OPTS 处理相比，在保证产量基本不变的前提下，增加了经济效益和氮素回收率，省去了测土施肥中土壤样品采集和土壤养分测试程序，节省了人力、物力和财力。但判断土壤中微量元素是否缺乏时仍需要借助土壤测试结果进行确定。

表 4-14　小麦养分专家系统（NE）与测土推荐施肥（OPTS）比较

处理	施肥量/（kg/hm^2）			产量/（t/hm^2）	经济效益/（元/hm^2）	氮素利用率		
	N	P_2O_5	K_2O			REN/%	AEN/（kg/kg）	PFPN /（kg/kg）
NE	165b	84b	73a	8.2b	15 997a	28.5a	7.9a	50.5a
OPTS	239a	107a	71a	8.3a	15 815b	22.4b	6.3b	36.1b
NE–OPTS	74	23	−2	0.1	182	6.1	1.6	14.4
NE–OPTS（%）	31.0	21.5	−2.8	1.2	1.2	27.2	25.4	39.9

注：同列不同字母表示差异显著（$P<0.05$），%单位为 NE 比 OPTS 的增加和减少比率

基于产量反应和农学效率的推荐施肥和养分管理方法既可针对大区域，又可针对小农户，简便易行，并与实地养分管理技术相结合以使作物的养分需求与土壤养分供应协调同步。已有研究证明了该方法可以提高玉米的产量、经济效益和肥料回收率，维持土壤养分平衡，从而保障农田的可持续利用（何萍等，2012；Pampolino et al.，2012），应用前景较好。本文研究结果也证明了该推荐施肥方法能够合理地指导中国小麦作物的施肥推荐，试验效果值得肯定。但是仍然需要在更大区域、多种气候环境条件下的验证。另外，在系统运行过程中，需要农户提供当地的产量及施肥量等信息或按照系统内容制成调查表，提前完成调查会提高推荐施肥的工作效率。同时，该系统如果在新的国家或其他作物上使用，仍然需要采用相同的方法，确定作物地上部各种养分的最大累积和最大稀释状态边界线，利用模型模拟产量与养分吸收之间的关系，以及进行产量反应与农学效率参数的校正，最终形成适合不同国家和地区及不同作物种植体系的养分专家管理系统。

第 5 章　基于产量反应和农学效率的大豆推荐施肥

5.1　试验点和数据描述

收集和汇总 2000～2015 年大豆田间试验数据，田间试验种类主要包括减素试验、肥料量级试验、长期定位试验、耕作措施试验、3414 试验及肥料品种试验等。数据主要来自于 IPNI 中国项目部多年来开展的田间试验及公开发表的文献。数据相关指标包括生物产量，籽粒和秸秆中 N、P、K 养分含量及吸收量等。最佳养分需求估算使用的数据同时含有产量吸收数据和养分吸收数据（至少有氮磷钾三大养分元素之一），而大豆养分专家系统的构建则使用全部数据。田间试验点基本涵盖了我国大豆主要种植区域不同的气候、土壤类型、种植模式及主栽品种（图 5-1）。试验点分布、土壤基础理化性质和数据样本数等信息详见表 5-1。

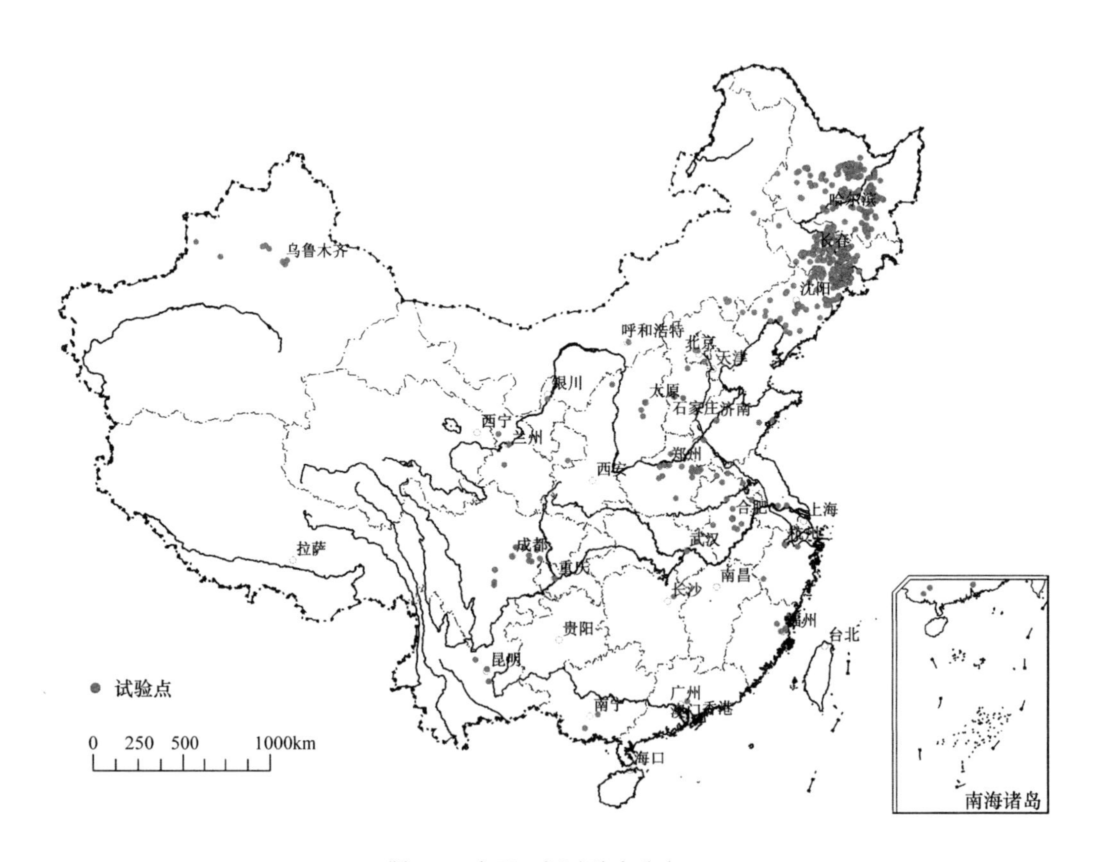

图 5-1　大豆田间试验点分布

表 5-1　大豆主产区试验点土壤基础理化性质

省份	有机质/%	pH	全氮/（g/kg）	有效磷/（g/kg）	速效钾/（g/kg）	样本数
黑龙江	1.51～78.1	4.90～8.52	0.11～28.10	4.00～205.00	1.12～515.80	187
吉林	1.40～63.2	2.63～7.92	0.16～25.00	0.40～125.20	20.00～274.00	259
辽宁	0.18～17.82	4.61～7.88	1.12～2.70	3.10～58.21	67.61～249.00	33
内蒙古	1.50～1.52	6.55～7.83	0.60～2.13	30.30～35.00	67.20～140.00	6
河北	2.33	7.15	1.06	44.50	110.00	5
山东	0.93～1.10	6.84～8.40	0.97～1.85	19.20～81.34	59.54～115.00	7
河南	0.85～3.78	6.12～8.21	0.23～1.17	8.10～57.64	68.60～175.74	21
山西	3.43	6.78	2.35	7.83	150.00	3
北京	3.00	7.18	1.02	80.00	150.00	2
陕西	0.72	8.49	6.80	5.10	56.00	1
新疆	5.38～65.30	7.13～8.02	0.11～2.15	15.50～124.50	183.00～266.60	9
宁夏	1.43	8.00	0.72	17.42	174.00	1
甘肃	0.82～1.68	7.60～8.00	0.65～1.33	4.01～7.83	128.00～168.00	5
安徽	1.60～1.77	5.50～7.50	1.19～1.52	10.10～13.90	104.00～172.00	10
江苏	3.10～9.58	6.45	1.64	18.50～69.00	60.00～110.00	6
浙江	0.96～1.18	5.50	0.98	11.50～36.40	95.00～138.00	3
湖北	1.23	5.55	0.76	7.90	122.00	2
湖南	2.52	5.70	1.22	12.00	133.00	1
四川	3.93	5.65	2.43	27.40	90.00	11
云南	2.48	6.00	1.12	18.00	163.00	3
重庆	2.43	6.40	1.39	2.00	142.00	1
福建	2.69	5.44	0.84	11.10	41.00	5
广东	1.29	5.70	0.69	4.80	50.00	1
广西	3.36	4.50	2.20	5.00	79.00	2

5.2　大豆养分吸收特征

5.2.1　养分含量与吸收量

我国大豆种植区域比较广泛，从收集的数据来看，东北三省和内蒙古自治区的试验点数约占全国总试验点数的 83%，其余 17%分散于 20 个省份（表 5-1）。如此大跨度的种植区域，其生态气候、土壤类型和种植模式的差异导致了大豆在产量、养分含量和吸收量等方面的变幅较大。由表 5-2 可见，我国大豆产量和养分吸收存在很大变异性。我国大豆籽粒产量平均值为 2472kg/hm^2，变幅为 525～6514kg/hm^2。秸秆产量平均值为 2948kg/hm^2，变幅为 548～8871kg/hm^2。收获指数平均值为 0.46kg/kg，变幅为 0.26～0.66kg/kg。本研究大豆籽粒产量平均值远高于联合国粮食及农业组织公布的我国大豆平均产量（1720kg/hm^2）。这可能是因为本研究收集的数据大部分来源于科研单位的试验数据，其管理技术优于一般农民水平。

表 5-2　我国大豆产量和养分吸收特征

参数	单位	样本数	平均值	标准差	最小值	25th	中值	75th	最大值
籽粒产量	kg/hm^2	9318	2472	683	525	2022	2461	2900	6514
秸秆产量	kg/hm^2	5085	2948	1051	548	2190	2760	3531	8871
收获指数	kg/kg	5277	0.46	0.06	0.26	0.42	0.47	0.49	0.66
地上部 N	kg/hm^2	2193	131.5	38.8	21.1	105.2	125.9	153.1	434.8
地上部 P	kg/hm^2	2199	21.8	8.6	5.6	16.0	20.3	26.2	72.7
地上部 K	kg/hm^2	2192	47.6	21.8	8.2	33.5	42.4	56.5	194.4
籽粒 N 含量	g/kg	2239	53.5	5.7	30.2	50.4	52.0	55.4	122.0
籽粒 P 含量	g/kg	2239	7.2	2.2	1.7	6.1	7.3	8.2	27.9
籽粒 K 含量	g/kg	2224	13.3	3.5	2.9	11.0	12.3	14.7	28.2
秸秆 N 含量	g/kg	2200	8.9	2.8	1.0	7.0	8.5	10.6	46.4
秸秆 P 含量	g/kg	2195	3.2	1.9	0.1	2.1	2.9	3.6	15.0
秸秆 K 含量	g/kg	2187	8.4	3.5	0.6	6.7	8.2	9.5	28.8
籽粒 N	kg/hm^2	2191	110.3	31.8	36.0	87.2	105.8	131.4	226.8
籽粒 P	kg/hm^2	2204	14.8	5.9	2.8	11.0	14.0	17.3	47.5
籽粒 K	kg/hm^2	2205	29.3	19.8	6.1	19.8	24.5	34.0	287.1
秸秆 N	kg/hm^2	2285	19.6	7.7	2.8	14.9	18.8	23.1	70.2
秸秆 P	kg/hm^2	2296	6.9	4.4	0.3	4.1	6.2	8.5	40.6
秸秆 K	kg/hm^2	2304	19.5	12.4	1.0	12.6	17.2	22.9	145.0
N 收获指数	kg/kg	1570	0.84	0.04	0.71	0.81	0.84	0.86	0.94
P 收获指数	kg/kg	1579	0.67	0.09	0.42	0.62	0.68	0.71	0.95
K 收获指数	kg/kg	1576	0.58	0.08	0.36	0.53	0.56	0.61	0.88

地上部氮、磷和钾养分吸收量平均值分别为 131.5kg/hm^2、21.8kg/hm^2 和 47.6kg/hm^2，其变化范围分别为 21.1～434.8kg/hm^2、5.6～72.7kg/hm^2 和 8.2～194.4kg/hm^2。籽粒中氮、磷和钾养分含量平均值分别为 53.5g/kg、7.2g/kg 和 13.3g/kg，变化范围分别为 30.2～122.0g/kg、1.7～27.9g/kg 和 2.9～28.2g/kg。秸秆中平均氮、磷和钾养分含量分别为 8.9g/kg、3.2g/kg 和 8.4g/kg，变化范围分别为 1.0～46.4g/kg、0.1～15.0g/kg 和 0.6～28.8g/kg。而 N、P 和 K 收获指数平均值分别为 0.84kg/kg、0.67kg/kg 和 0.58kg/kg，其变化范围分别为 0.71～0.94kg/kg、0.42～0.95kg/kg 和 0.36～0.88kg/kg，大豆养分收获指数受不同养分肥料施用量的影响。向达兵等（2010）研究发现，钾肥收获指数随施磷量的增加呈先降低后升高的趋势。因此，合理的磷、钾肥配施是提高大豆养分收获指数的关键。

5.2.2　养分内在效率与吨粮养分需求

养分内在效率（internal efficiency，IE）和吨粮养分吸收（reciprocal internal efficiency，RIE）用于表示籽粒产量与地上部养分吸收之间的关系，RIE 定义为生产 1t 籽粒产量地上部需要吸收的养分量。我国大豆氮磷钾养分平均 IE 值分别为 18.2kg/kg、120.3kg/kg 和 54.2kg/kg，其变幅分别为 5.2～96.0kg/kg、39.8～441.8kg/kg 和 20.9～217.7kg/kg。我国大豆吨粮氮磷钾养分需求（RIE）分别为 55.9kg/t、9.4kg/t 和 19.9kg/t，其变幅分别为 10.4～194.1kg/t、2.3～25.2kg/t 和 4.6～47.8kg/t（表 5-3）。N∶P∶K 为 1∶0.17∶0.36。李金荣（2005）认为，大豆是喜肥喜水的作物，每生产 1t 籽粒需氮、磷和钾量分别为 66.0kg、13.4kg 和 18.0kg，与本研究结果基本一致。

表 5-3　我国大豆氮磷钾养分内在效率（IE）和吨粮养分吸收（RIE）

参数	单位	样本数	平均值	标准差	最小值	25th	中值	75th	最大值
IE-N	kg/kg	2193	18.2	2.6	5.2	17.4	18.4	19.3	96.0
IE-P	kg/kg	2199	120.3	48.0	39.8	95.1	107.4	136.3	441.8
IE-K	kg/kg	2192	54.2	16.5	20.9	46.4	54.2	60.5	217.7
RIE-N	kg/t	2193	55.9	8.7	10.4	51.7	54.4	57.5	194.1
RIE-P	kg/t	2199	9.4	3.2	2.3	7.3	9.3	10.5	25.2
RIE-K	kg/t	2192	19.9	5.8	4.6	16.5	18.4	21.6	47.8

5.3　大豆养分最佳需求量估算

5.3.1　养分最大累积边界和最大稀释边界参数确定

养分最大累积边界（*a*）和最大稀释边界（*d*）参数是 QUEFTS 模型估测不同目标产量下作物最佳养分需求量的两个重要指标。数据分析时剔除收获指数小于 0.4kg/kg 的数据，并去除 IE 值的上下 2.5th、5.0th 和 7.5th 的数据，计算得到我国大豆 N、P 和 K 吸收的 *a* 和 *d* 三组参数值（表 5-4）。

表 5-4　我国大豆氮磷钾养分吸收的最大累积边界（*a*）和最大稀释边界（*d*）（单位：kg/kg）

养分	参数 I		参数 II		参数III	
	a（2.5th）	*d*（97.5th）	*a*（5.0th）	*d*（95th）	*a*（7.5th）	*d*（92.5th）
N	13.5	21.4	14.3	20.6	15.1	20.3
P	60.4	234.6	65.4	205.7	68.9	191.0
K	27.8	79.9	30.6	74.1	33.3	71.0

以三组参数为边界，应用 QUEFTS 模型分别模拟大豆不同目标产量下的养分吸收并进行比较分析（图 5-2）。结果显示，三组参数只是缩短了最大累积边界和最大稀释边界间的距离，对养分吸收曲线影响较小，三组参数的养分吸收曲线非常接近，只是在接近潜在产量时有所差异，因此以参数 I（即 IE 上下 2.5th）作为估测养分吸收的最终参数，即 N、P 和 K 养分吸收的参数 *a* 和 *d* 值分别为 13.5kg/kg 和 21.4kg/kg、60.4kg/kg 和 234.6kg/kg、27.8kg/kg 和 79.9kg/kg。

5.3.2　地上部养分最佳需求量估算

利用去除养分内在效率数值上下限 2.5th 所对应的 *a* 和 *d* 值参数，应用 QUEFTS 模型对养分吸收进行模拟（潜在产量 3～6t），得出 QUEFTS 模型模拟的大豆氮磷钾养分的最佳需求量呈线性-抛物线-平台曲线关系（图 5-3）。

结果得出，不论潜在产量为多少，当目标产量达到潜在产量的 60%～70%时，生产每吨籽粒产量地上部养分需求是一致的，即目标产量所需的养分在达到潜在产量 60%～70%前呈直线增长。

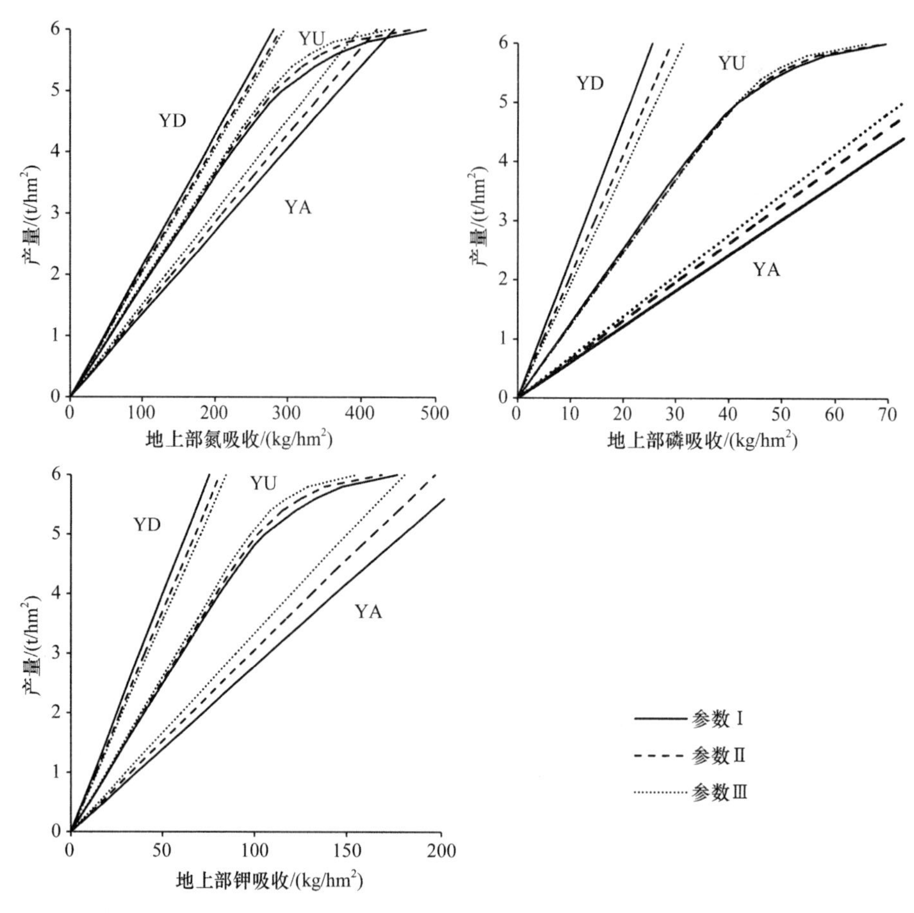

图 5-2　我国大豆产量与氮磷钾养分吸收的关系

YA、YD 和 YU 分别为地上部养分最大累积边界、最大稀释边界和最佳养分吸收曲线

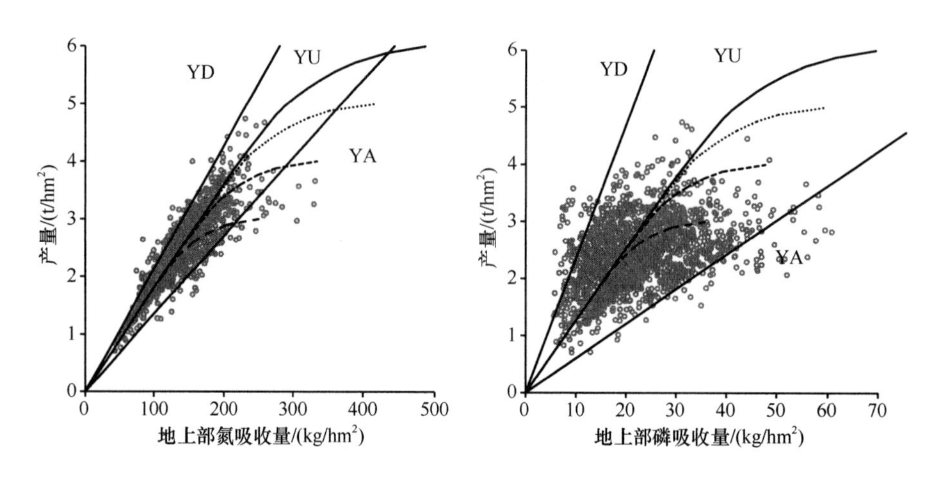

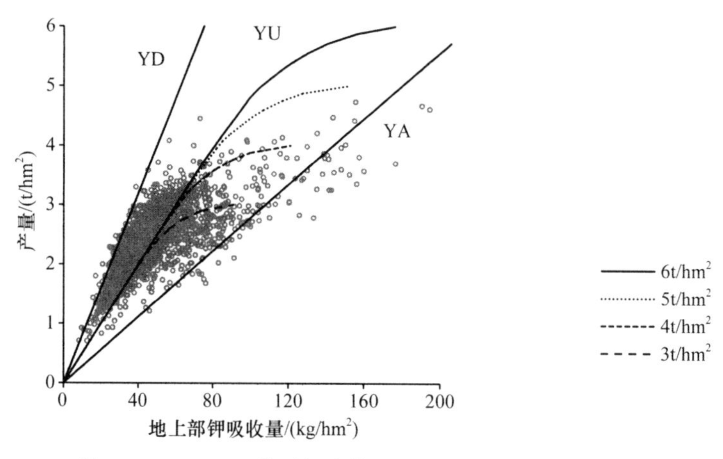

图 5-3　QUEFTS 模型拟合的不同潜在产量下大豆地上部最佳养分吸收量

YA、YD 和 YU 分别为地上部养分最大累积边界、最大稀释边界和最佳养分吸收曲线

QUEFTS 模型拟合的地上部和籽粒中的养分吸收以潜在产量 6t/hm^2 为例，生产 1t 籽粒产量地上部 N、P 和 K 养分需求量直线部分分别为 55.4kg/t、7.9kg/t 和 20.1kg/t，N∶P∶K 为 1∶0.14∶0.36。此时对应的最佳养分内在效率分别为 18.0kg/kg、126.3kg/kg 和 49.8kg/kg（表 5-5）。

表 5-5　QUEFTS 模型拟合的不同潜在产量下大豆地上部 N、P 和 K 养分的最佳需求量、养分内在效率和吨粮养分吸收

产量/（t/hm^2）	地上部养分需求量/（kg/hm^2）			养分内在效率/（kg/kg）			吨粮养分吸收/（kg/t）		
	N	P	K	N	P	K	N	P	K
0	0.0	0.0	0.0	0.0	0.0	0.0	0.0	0.0	0.0
0.80	44.4	6.3	16.1	18.0	126.3	49.8	55.4	7.9	20.1
1.60	88.7	12.7	32.1	18.0	126.3	49.8	55.4	7.9	20.1
2.40	133.1	19.0	48.2	18.0	126.3	49.8	55.4	7.9	20.1
3.00	166.3	23.8	60.3	18.0	126.3	49.8	55.4	7.9	20.1
3.20	177.4	25.3	64.3	18.0	126.3	49.8	55.4	7.9	20.1
3.60	199.6	28.5	72.3	18.0	126.3	49.8	55.4	7.9	20.1
3.84	213.5	30.5	77.3	18.0	126.0	49.7	55.6	7.9	20.1
4.20	236.0	33.7	85.5	17.8	124.6	49.1	56.2	8.0	20.4
4.56	259.1	37.0	93.9	17.6	123.2	48.6	56.8	8.1	20.6
4.80	274.9	39.3	99.6	17.5	122.3	48.2	57.3	8.2	20.7
4.96	287.8	41.1	104.2	17.2	120.7	47.6	58.0	8.3	21.0
5.12	304.2	43.4	110.2	16.8	117.9	46.5	59.4	8.5	21.5
5.28	322.3	46.0	116.7	16.4	114.7	45.2	61.0	8.7	22.1
5.40	337.4	48.2	122.2	16.0	112.1	44.2	62.5	8.9	22.6
5.56	360.4	51.5	130.5	15.4	108.0	42.6	64.8	9.3	23.5
5.72	389.0	55.6	140.9	14.7	103.0	40.6	68.0	9.7	24.6
5.88	431.3	61.6	156.2	13.6	95.5	37.6	73.4	10.5	26.6
6.00	486.2	69.4	176.1	12.3	86.4	34.1	81.0	11.6	29.4

5.3.3 籽粒养分最佳需求量估算

大豆籽粒中养分含量比较高，所以计算籽粒所移走的养分量对于精准施肥至关重要，可以避免施肥过量或不足对产量造成的影响。QUEFTS 模型拟合得出的籽粒养分吸收与地上部养分吸收趋势一致，即目标产量达到潜在产量的60%～70%前呈直线增长（图 5-4）。

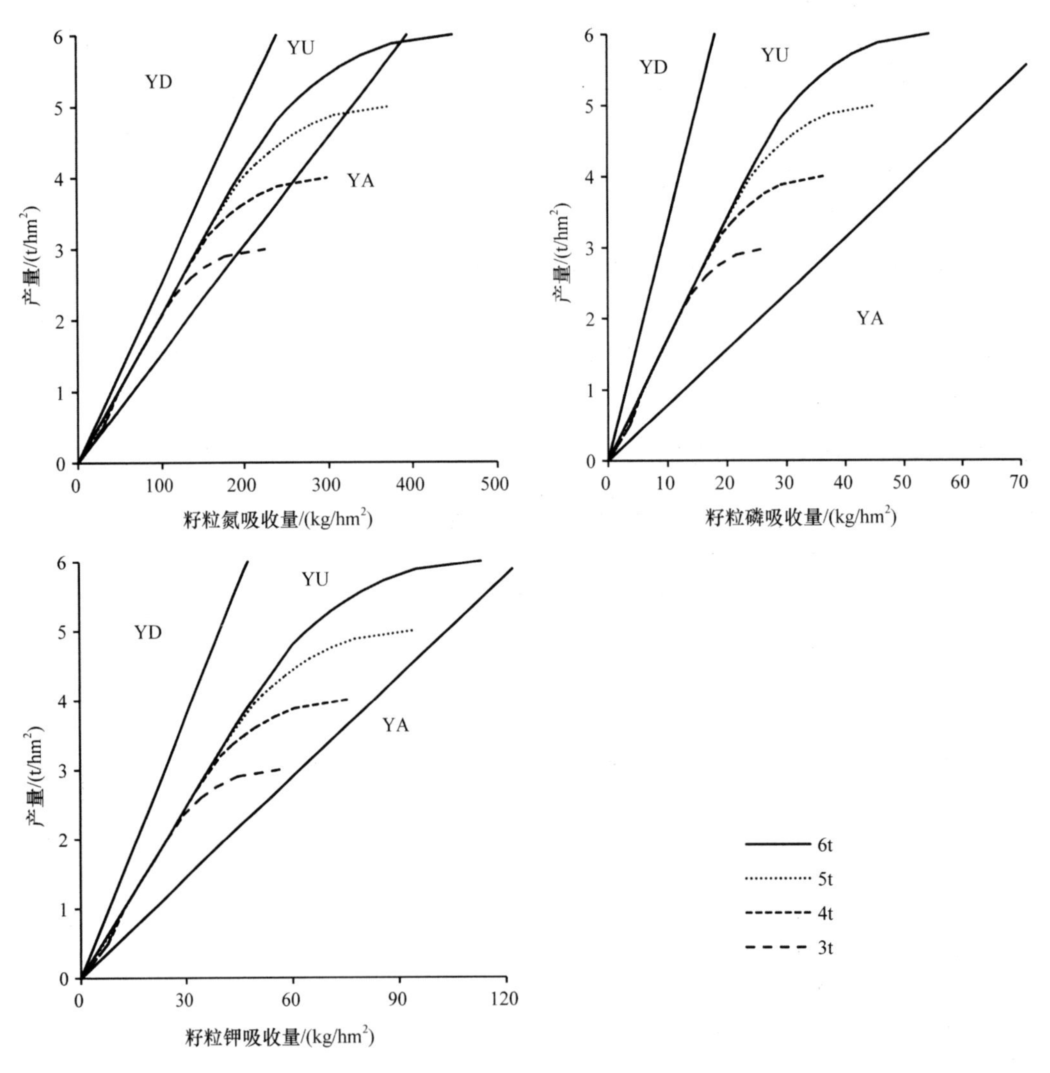

图 5-4 QUEFTS 模型拟合的不同潜在产量下大豆籽粒最佳养分吸收量

YA、YD 和 YU 分别为地上部养分最大累积边界、最大稀释边界和最佳养分移走量曲线

对于我国大豆而言，生产 1t 籽粒产量直线部分所需的 N、P 和 K 养分分别为 48.3kg/t、5.9kg/t 和 12.2kg/t；当目标产量达到潜在产量的 80%时，籽粒所需的 N、P 和 K 养分占整个地上部养分吸收的比例分别为 86.6%、73.7%和 60.4%（表 5-6）。

表 5-6　我国大豆不同产量水平下氮磷钾养分需求

产量/（t/hm²）	地上部养分需求/（kg/t）			籽粒养分需求/（kg/t）			籽粒移走比例/%		
	N	P	K	N	P	K	N	P	K
0	0	0	0	0	0	0	0	0	0
0.8	55.4	7.9	20.1	48.3	5.9	12.2	87.1	74.1	60.8
1.2	55.4	7.9	20.1	48.3	5.9	12.2	87.1	74.1	60.8
1.6	55.4	7.9	20.1	48.3	5.9	12.2	87.1	74.1	60.8
2.0	55.4	7.9	20.1	48.3	5.9	12.2	87.1	74.1	60.8
2.4	55.4	7.9	20.1	48.3	5.9	12.2	87.1	74.1	60.8
2.8	55.4	7.9	20.1	48.3	5.9	12.2	87.1	74.1	60.8
3.2	55.4	7.9	20.1	48.3	5.9	12.2	87.1	74.1	60.8
3.6	55.4	7.9	20.1	48.3	5.9	12.2	87.1	74.1	60.8
3.9	55.7	8.0	20.2	48.3	5.9	12.2	86.7	73.8	60.5
4.2	56.2	8.0	20.4	48.7	5.9	12.3	86.7	73.7	60.5
4.5	56.7	8.1	20.5	49.1	6.0	12.4	86.7	73.7	60.5
4.8	57.3	8.2	20.7	49.6	6.0	12.5	86.6	73.7	60.4
5.0	58.3	8.3	21.1	50.9	6.2	12.9	87.3	74.3	60.9
5.2	60.2	8.6	21.8	52.6	6.4	13.3	87.3	74.3	60.9
5.4	62.5	8.9	22.6	54.6	6.6	13.8	87.3	74.3	60.9
5.6	65.5	9.4	23.7	57.2	6.9	14.5	87.3	74.3	60.9
5.8	70.2	10.0	25.4	61.3	7.4	15.5	87.3	74.2	60.9
6.0	81.0	11.6	29.4	74.6	9.1	18.9	92.1	78.3	64.2

5.4　大豆可获得产量、产量差和产量反应

5.4.1　可获得产量与产量差

可获得产量（Ya）定义：在田间试验条件下应用各种最佳管理措施所获得的最大产量。本研究应用试验中优化养分管理处理所获得的平均产量，作为可获得产量。产量差主要依据可获得产量进行计算：①基于农民习惯施肥措施的产量差=Ya–农民习惯施肥措施产量（Yf）；②基于空白处理的产量差=Ya–不施肥产量（Yck）。分析结果得出所有试验优化养分管理处理大豆平均 Ya 为 2.69t/hm²，显著高于 Yf（2.32t/hm²）和 Yck（1.95t/hm²），分别高 376kg/hm² 和 743kg/hm²，增幅分别为 16.2%和 38.1%（图 5-5）。优化养分管理处理大豆 Ya 平均值接近发达国家大豆产量水平，如美国（2.76t/hm²）和巴西（2.70t/hm²），远高于 FAO 公布的我国大豆平均产量水平（1.72t/hm²）。以上结果表明通过优化养分管理施肥，大豆的增产潜力是可观的。

5.4.2　相对产量和产量反应

研究结果显示，大豆平均 N、P 和 K 的相对产量分别为 0.79（n≈551）、0.78（n≈

465）和 0.79（n≈510）。RYN 低于 0.80 的占全部观察数据的 41%，而 P 和 K 的 RY 低于 0.80 的分别占全部观察数据的 61.7%和 60.4%（图 5-6）。氮肥的增产效果最为明显，产量增幅大于 10%的占全部观察数据的 70.9%，其次为钾，再次为磷。

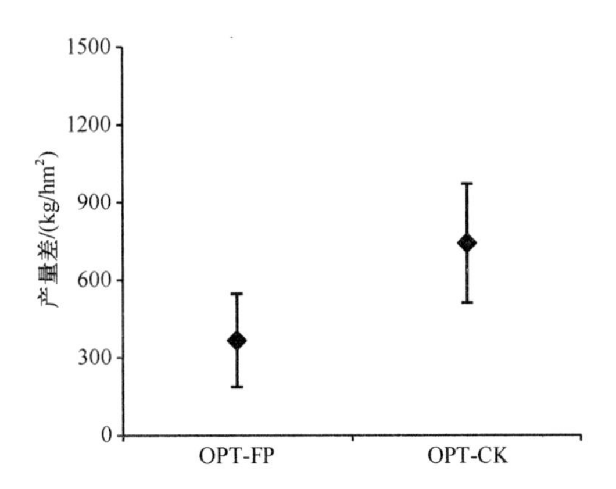

图 5-5　我国大豆优化养分管理处理（OPT）与农民习惯施肥措施处理（FP）和不施肥处理（CK）的产量差

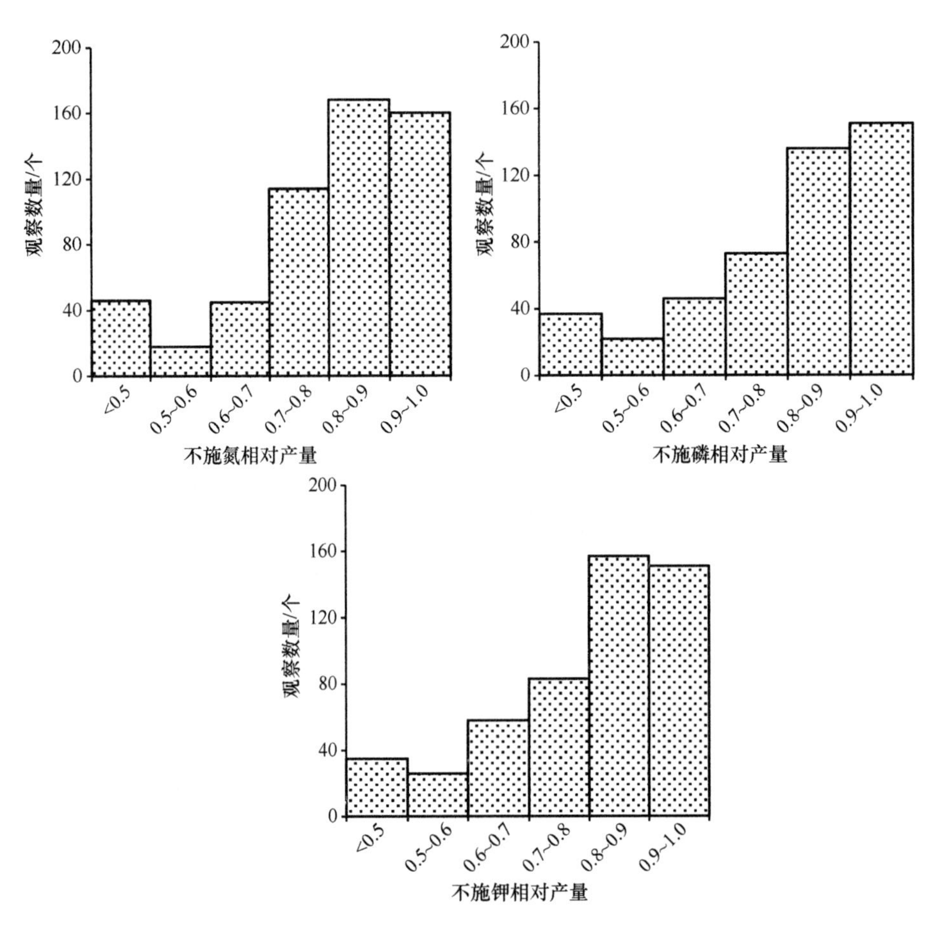

图 5-6　我国大豆不施某种养分处理的相对产量频率分布

产量反应（YR）为可获得产量与不施某种养分的产量差，氮、磷和钾产量反应分别用 YRN、YRP 和 YRK 表示。产量反应是施肥所增加的产量，是推荐施肥需要考虑的重要参数之一。产量反应不仅可以反映土壤基础养分供应状况，还可以反映施肥效应情况。试验结果显示，大豆 YRN 平均为 0.40t/hm^2，其中 72%位于 0～0.50t/hm^2；YRP 平均为 0.39t/hm^2，其中 74%位于 0～0.50 /hm^2；YRK 平均为 0.39t/hm^2，其中 69%位于 0～0.50t/hm^2（图 5-7）。

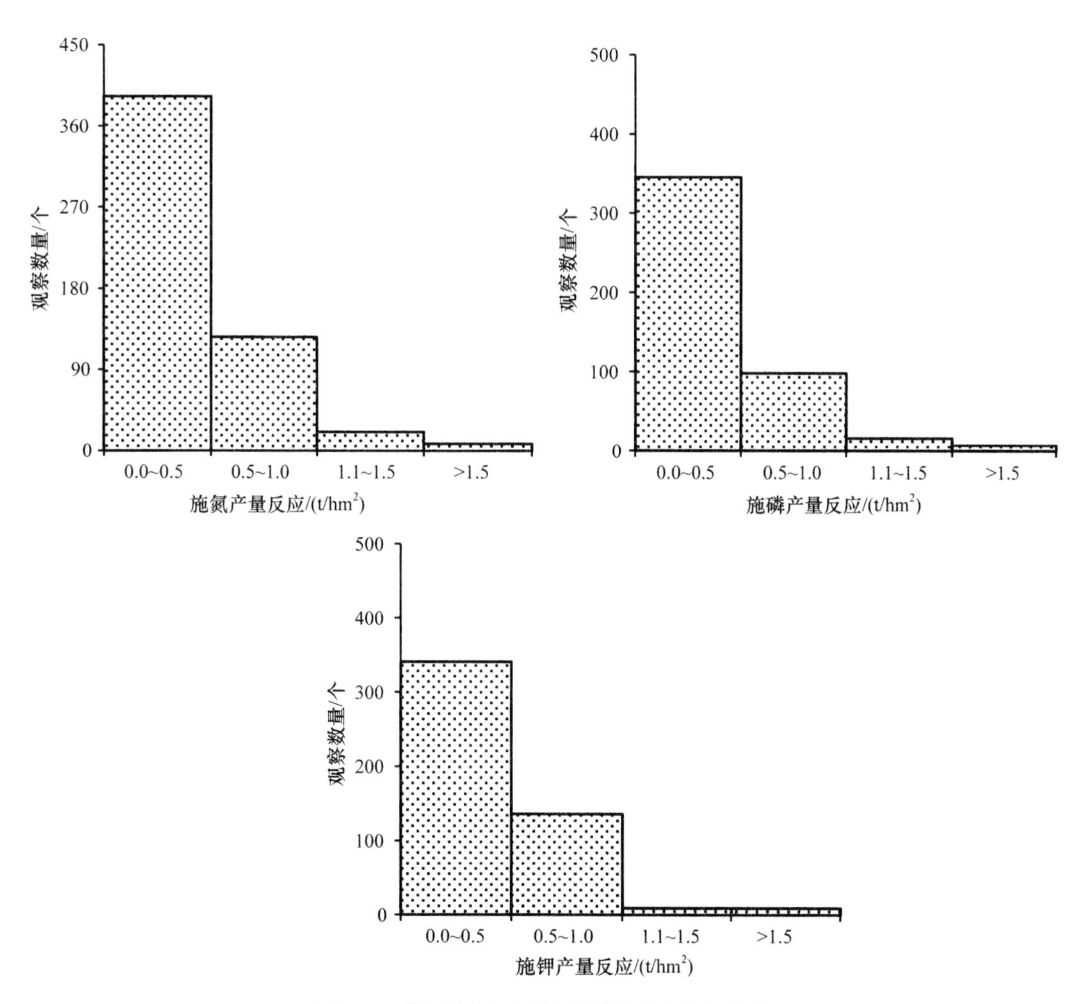

图 5-7　我国大豆施肥处理产量反应频率分布

5.4.3　产量反应与相对产量的关系

由图 5-8 可见，产量反应与相对产量呈负相关线性关系，氮磷钾产量反应越大，相对产量越低。RYN（y）与 YRN（x）的线性公式为：y=–0.0005x+0.9891（r^2=0.699）；RYP（y）与 YRP（x）的线性公式为：y=–0.0005x+0.9959（r^2=0.777）；RYK（y）与 YRK（x）的线性公式为：y=–0.0005x+0.9887（r^2=0.763）。

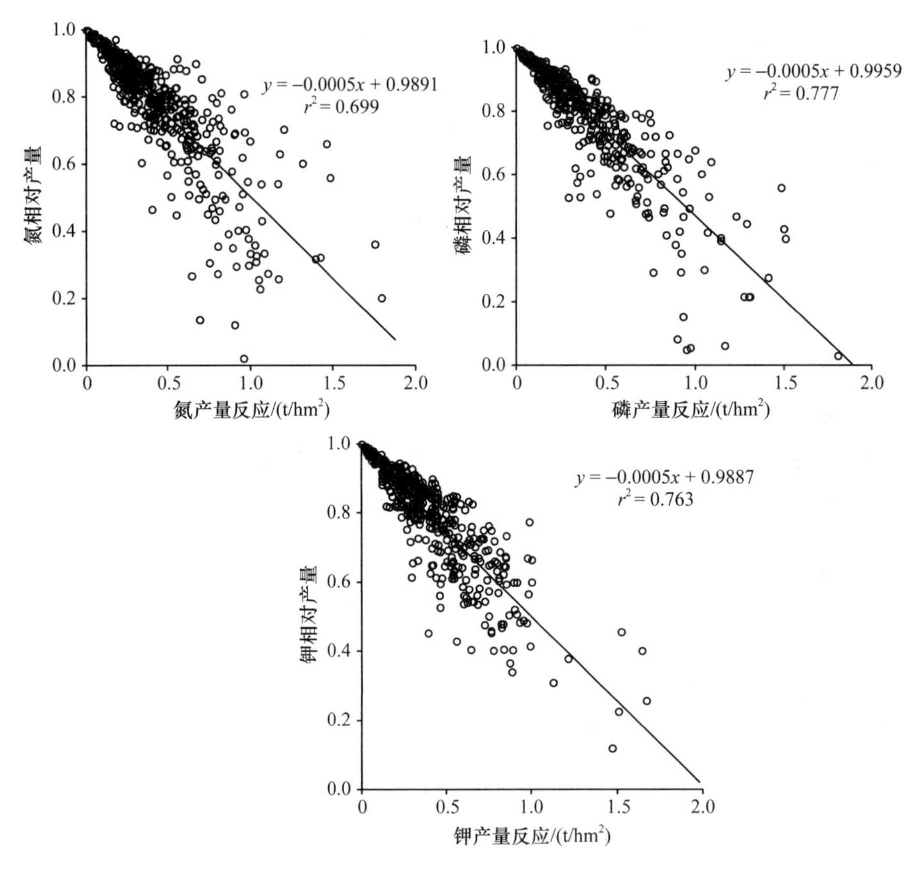

图 5-8　我国大豆产量反应与相对产量间的关系

5.5　大豆土壤养分供应、产量反应和农学效率的关系

5.5.1　土壤基础养分供应

土壤基础养分供应用不施某种养分作物地上部养分吸收量表示。产量反应与土壤基础养分供应间呈显著的负相关关系。所有试验点中，土壤基础 N 供应（INS）、磷供应（IPS）和 K 供应（IKS）平均分别为 126.0kg/hm²（n≈174）、20.5kg/hm²（n≈174）和 47.8kg/hm²（n≈174）。INS 位于 50～150kg/hm² 的占全部观察数的 73%，超过 100kg/hm² 的占全部观察数的 75%。IPS 位于 10～40kg/hm² 的占全部观察数的 92%，超过 20kg/hm² 的占全部观察数的 42%。IKS 位于 0～90kg/hm² 的占全部观察数的 97%，而超过 90kg/hm² 的仅占全部观察数的 3%（图 5-9）。

5.5.2　产量反应与土壤基础养分供应的相关关系

所有缺素区产量与 Ya 的比值中 25th、中值和 75th 所对应的数值可以作为参数，预估一定目标产量下缺素区的产量及进行土壤基础养分供应能力的分级，即将相对产量的中值作为中等土壤基础养分供应水平的临界值，而 25th 和 75th 所对应的数值作为土壤低级和高级土壤基础养分供应水平的临界值（图 5-10）。

土壤基础养分供应低、中、高级别所对应的相对产量参数如表 5-7 所示。土壤基础 N 养分供应低、中、高级别所对应的相对产量参数分别为 0.73、0.84 和 0.91；土壤基础

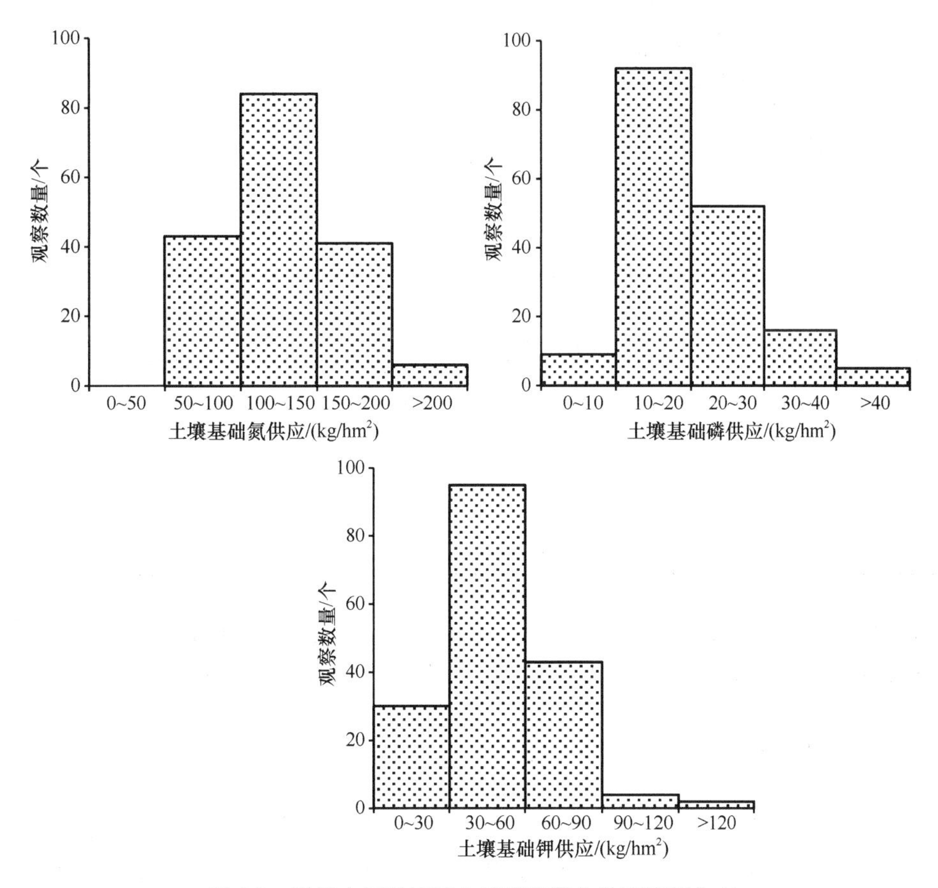

图 5-9　我国大豆种植区土壤基础养分供应特征分布

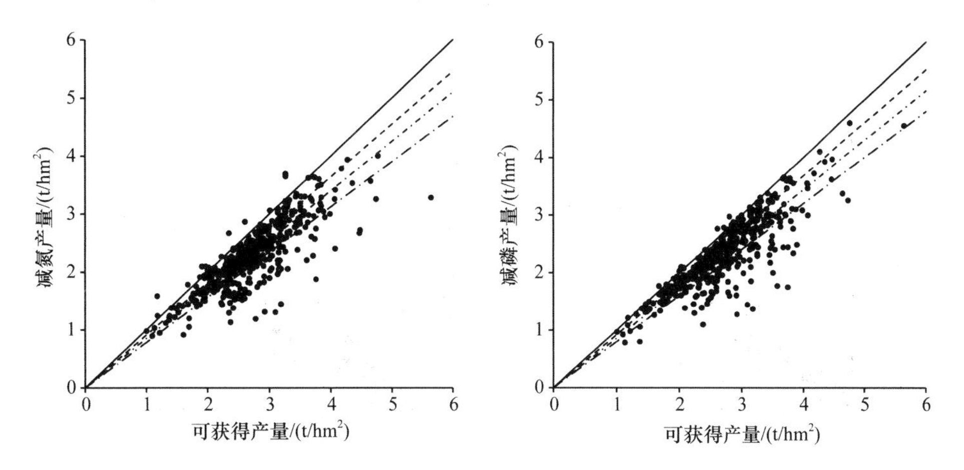

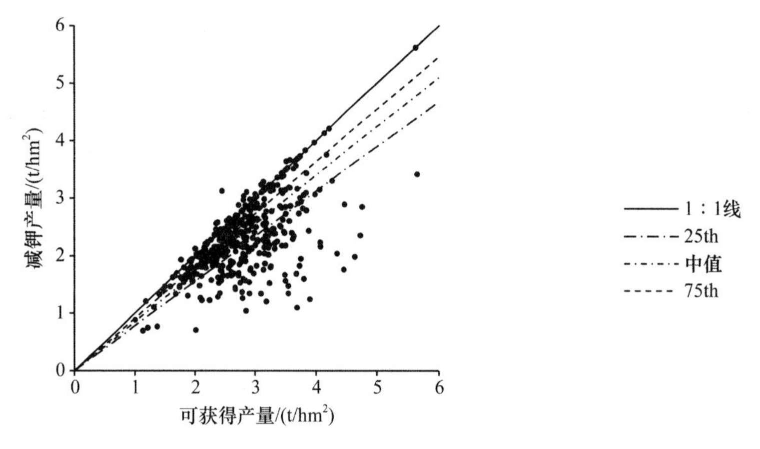

图 5-10 大豆减素处理产量与可获得产量的关系

表 5-7 大豆土壤基础养分供应能力分级参数

参数	N		P		K		等级
	相对产量	产量反应参数	相对产量	产量反应参数	相对产量	产量反应参数	
25th	0.73	0.27	0.72	0.28	0.71	0.29	低
中值	0.84	0.16	0.84	0.16	0.84	0.16	中
75th	0.91	0.09	0.92	0.08	0.91	0.09	高

P 养分供应低、中、高级别所对应的相对产量参数分别为 0.72、0.84 和 0.92；土壤基础 K 养分供应低、中、高所对应的相对产量参数分别为 0.71、0.84 和 0.91。

5.5.3 产量反应与农学效率之间的相关关系

产量反应与农学效率呈正相关线性关系。由图 5-11 可见，YRN（y）与 AEN（x）的线性公式：y=0.021x+0.085（r^2=0.818）；YRP（y）与 AEP（x）的线性公式：y=0.020x+0.062（r^2=0.870）；YRK（y）与 AEK（x）的线性公式：y=0.023x–0.931（r^2=0.900）。

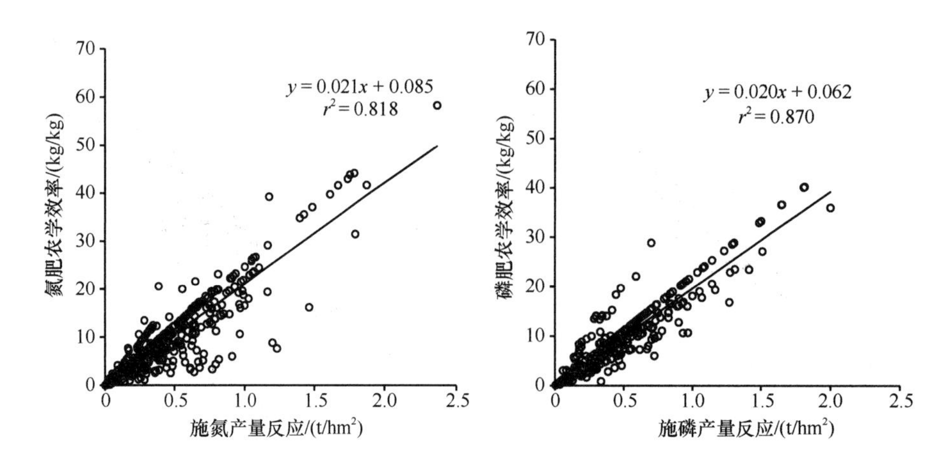

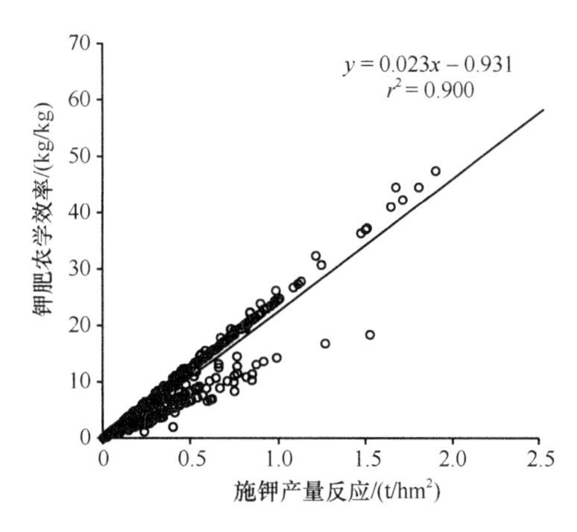

图 5-11　大豆产量反应与农学效率之间的相关关系

5.6　大豆养分利用率特征

5.6.1　农学效率

大豆氮磷钾养分农学效率平均值分别为 8.9kg/kg、7.8kg/kg 和 8.8kg/kg（表 5-8）。AEN 变化范围为 0～116.3kg/kg，大部分数据分布在 3.8～11.7kg/kg；AEP 变化范围为 0～40.3kg/kg，大部分数据分布在 3.0～10.6kg/kg；AEK 变化范围为 0～203.1kg/kg，大部分数据分布在 3.1～11.8kg/kg。氮磷钾养分农学效率变异较大主要由大豆种植区气候条件和养分管理方式各异所致。

表 5-8　我国大豆氮磷钾养分农学效率分析（2000～2015 年）　（单位：kg/kg）

参数	样本数	平均值	标准差	最小值	25th	中值	75th	最大值
氮素农学效率	527	8.9	9.1	0	3.8	6.7	11.7	116.3
磷素农学效率	449	7.8	7.0	0	3.0	5.7	10.6	40.3
钾素农学效率	478	8.8	12.2	0	3.1	6.0	11.8	203.1

5.6.2　偏生产力

偏生产力是作物产量与施肥量的比值，它是反映当地土壤基础养分供应和化肥施用量综合效应的重要指标。表 5-9 结果显示，我国大豆氮磷钾养分 PFP 平均值分别为 61.7kg/kg、52.1kg/kg 和 55.9kg/kg。PFPN 变化范围为 11.8～151.7kg/kg，其中大部分数据分布在 46.8～72.7kg/kg；PFPP 变化范围为 7.5～142.4kg/kg，其中大部分数据分布在 37.6g～62.0kg/kg；PFPK 变化范围为 11.2～139.3kg/kg，其中大部分数据分布在 37.6～72.2kg/kg。

表 5-9　我国大豆氮磷钾养分偏生产力（2000～2015 年）　（单位：kg/kg）

参数	样本数	平均值	标准差	最小值	25th	中值	75th	最大值
氮素偏生产力	486	61.7	21.2	11.8	46.8	60.1	72.7	151.7
磷素偏生产力	487	52.1	20.9	7.5	37.6	50.9	62.0	142.4
钾素偏生产力	486	55.9	22.7	11.2	37.6	56.0	72.2	139.3

5.6.3 回收率

明确我国大豆主产区肥料养分利用率状况对于进一步优化养分管理方法和提高施肥效率至关重要。利用收集的数据计算2000～2015年的大豆养分利用率，结果显示，我国大豆氮磷钾养分回收率均较低（表5-10）。REN平均值为37.4%，变化范围为2.2%～88.7%，其中大部分数据分布在25.9%～45.9%；REP平均值为19.2%，变化范围为2.4%～80.7%，其中大部分数据分布在11.3%～24.6%；REK平均值为25.1%，变化范围为5.4%～87.2%，其中大部分数据分布在13.5%～31.2%。氮磷钾养分回收率低的原因主要是不合理的施肥方式。高聚林等（2003，2004）认为，氮、磷、钾的合理配施有利于植株生长发育，建立长势良好的群体，从而提高养分利用率。管宇（2009）研究发现，大豆氮肥基肥和追肥利用率分别为27%和57%～63%，因此分次施肥有利于提高养分利用率。

表5-10 大豆田间肥料养分回收率分析（2000～2015年） （单位：%）

参数	样本数	平均值	标准差	最小值	25th	中值	75th	最大值
氮素回收率	168	37.4	16.5	2.2	25.9	36.5	45.9	88.7
磷素回收率	171	19.2	11.7	2.4	11.3	17.2	24.6	80.7
钾素回收率	170	25.1	16.8	5.4	13.5	19.3	31.2	87.2

5.6.4 偏因子养分平衡

偏因子养分平衡（partial nutrient balance，PNB）是指作物地上部带走的养分与施肥量的比值，表征养分投入与输出的关系。表5-11结果显示，我国大豆N、P和K的PNB平均值分别为3.30kg/kg、0.34kg/kg和0.64kg/kg。PNBN分布范围为0.38～19.36kg/kg，大部分数据位于2.13～3.95kg/kg，说明我国大豆整体投入的氮素少，带走的氮素多，这可能与大豆根瘤菌固氮有关。PNBP分布范围为0.04～1.99kg/kg，大部分数据位于0.20～0.42kg/kg。PNBK分布范围为0.10～4.79kg/kg，大部分数据位于0.30g～0.80kg/kg。

表5-11 我国大豆氮磷钾偏因子养分平衡分析（2000～2015年） （单位：kg/kg）

参数	样本数	平均值	标准差	最小值	25th	中值	75th	最大值
氮素偏因子养分平衡	1854	3.30	1.69	0.38	2.13	2.94	3.95	19.36
磷素偏因子养分平衡	1865	0.34	0.21	0.04	0.20	0.29	0.42	1.99
钾素偏因子养分平衡	1862	0.64	0.55	0.10	0.30	0.47	0.80	4.79

5.7 大豆推荐施肥模型与专家系统构建

5.7.1 基于作物产量反应和农学效率的施肥推荐原理

同水稻、玉米和小麦部分。

5.7.2　大豆养分专家系统界面

大豆养分专家系统包含四个模块，用户只需要回答每个模块的问题就可以得到最后的推荐施肥报告。用户可以在不同模块间进行自由的切换和数据修改，但每个模块间的数据是共享的。大豆养分专家系统首页界面见图 5-12。

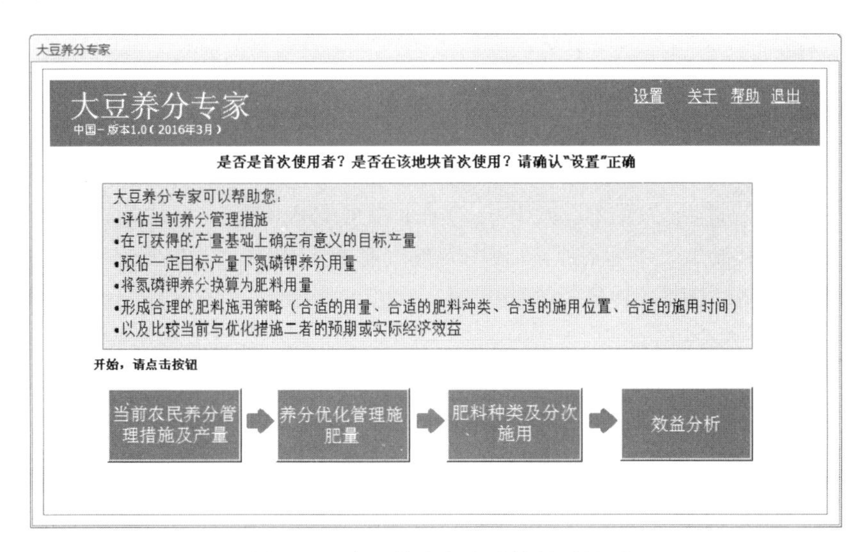

图 5-12　大豆养分专家系统首页界面

设置页面可作为用户对当地具体信息的自定义数据库，如田块面积单位及产量（地点描述）、当地已有的肥料种类、养分含量和价格（无机肥料、有机肥料）。输入的数据或信息都会在关闭页面后自动保存（图 5-13）。

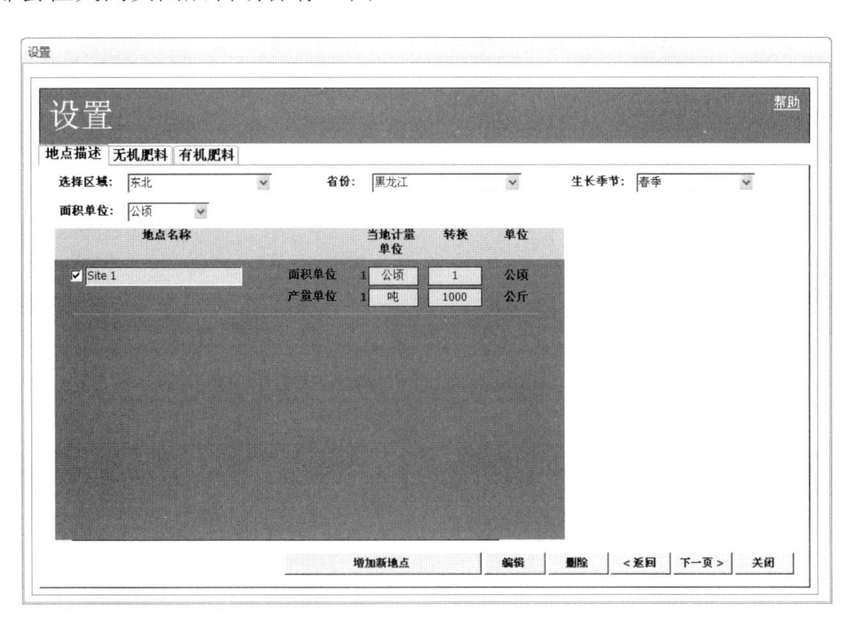

设置　帮助

地点描述　无机肥料　有机肥料

无机肥料养分含量和价格

肥料种类	N	P_2O_5	K_2O	MgO	CaO	S	Zn	Fe	Cu	Mn	B	每公斤肥料价格（元）
	%											
15-15-15	15	15	15	-	-	-	-	-	-	-	-	2.65
20-10-9	20	10	9	-	-	-	-	-	-	-	-	1.00
尿素	46	-	-	-	-	-	-	-	-	-	-	1.86
控释尿素	44	-	-	-	-	-	-	-	-	-	-	2.42
氯化钾	-	-	60	-	-	-	-	-	-	-	-	3.12
氯化铵	24	-	-	-	-	-	-	-	-	-	-	0.70
硫酸钾	-	-	50	-	-	-	-	-	-	-	-	3.55
硝酸铵	20	-	-	-	-	-	-	-	-	-	-	0.70
碳酸氢铵	17	-	-	-	-	-	-	-	-	-	-	0.68
磷酸二氢铵（MAP）	10	43	-	-	-	-	-	-	-	-	-	2.76
磷酸氢二铵（DAP）	17	45	-	-	-	-	-	-	-	-	-	3.04

增加新的无机肥料种类　编辑　删除　<返回　下一页>　关闭

设置　帮助

地点描述　无机肥料　有机肥料

有机肥料养分含量和价格

肥料种类	N	P_2O_5	K_2O	MgO	CaO	S	Zn	Fe	Cu	Mn	B	每公斤肥料价格（元）
	%											
一般堆肥	0.333	0.234	1.135	-	-	-	-	-	-	-	-	0.00
人粪尿	0.973	1.254	3.366	-	-	-	-	-	-	-	-	0.00
农家肥	1.262	0.618	1.606	-	-	-	-	-	-	-	-	0.00
厩肥	1.070	0.735	1.401	-	-	-	-	-	-	-	-	0.00
堆肥提取物	0.635	0.571	1.766	-	-	-	-	-	-	-	-	0.00
小麦秸秆堆肥	0.940	0.424	1.277	-	-	-	-	-	-	-	-	0.00
水稻秸秆堆肥	1.405	0.577	1.689	-	-	-	-	-	-	-	-	0.00
牛粪	1.299	0.744	2.192	-	-	-	-	-	-	-	-	0.00
牛粪尿	2.461	1.269	3.479	-	-	-	-	-	-	-	-	0.32
[illegible]	0.929	1.014	1.144	-	-	-	-	-	-	-	-	0.00
[illegible]	3.773	2.508	3.005	-	-	-	-	-	-	-	-	0.32

增加新的有机肥料种类　编辑　删除　<返回　下一页>　关闭

图 5-13　大豆养分专家系统中地点和肥料信息设置界面

当前农民养分管理措施及产量模块提供了当前农民养分管理措施及可获得产量的总体概况。输出报告是一个包括肥料施用时间、肥料施用量，以及肥料 N、P_2O_5 和 K_2O 用量的概要性表格（图 5-14）。

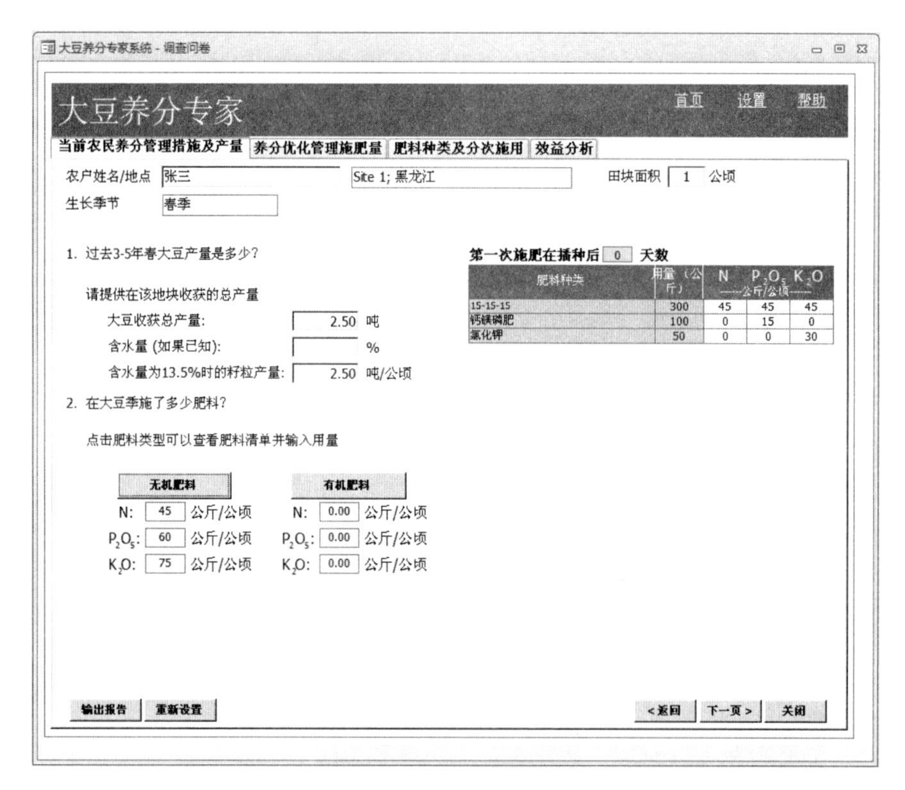

图 5-14　大豆养分专家系统中的当前农民养分管理措施及产量

养分优化管理施肥量模块根据当地气候、土壤和耕作制度等条件，在预估的产量反应、农学效率和养分平衡原则基础上，计算出大豆在一定目标产量下的 N、P 和 K 养分需求量；也可通过已有信息对某个新地区可获得产量和产量反应进行预估，进而推荐施肥。影响养分供应的因素或措施，如有机肥的投入（粪便）、作物残茬管理、上季作物管理和根瘤菌接种等都需要考虑，从而调整 N、P 和 K 肥料的施用量（图 5-15）。

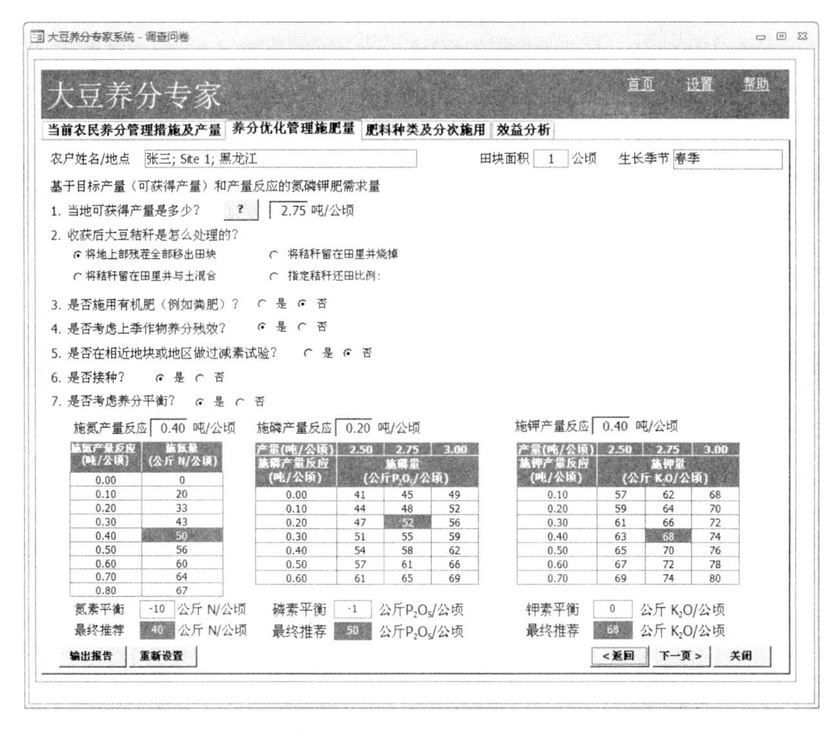

施氮产量反应（吨/公顷）	施氮量（公斤 N/公顷）
0.00	0
0.10	20
0.20	33
0.30	43
0.40	50
0.50	56
0.60	60
0.70	64
0.80	67

产量(吨/公顷) / 施磷产量反应（吨/公顷）	2.50	2.75	3.00
	施磷量（公斤 P_2O_5/公顷）		
0.00	41	45	49
0.10	44	48	52
0.20	47	52	56
0.30	51	55	59
0.40	54	58	62
0.50	57	61	66
0.60	61	65	69

产量(吨/公顷) / 施钾产量反应（吨/公顷）	2.50	2.75	3.00
	施钾量（公斤 K_2O/公顷）		
0.10	57	62	68
0.20	59	64	70
0.30	61	66	72
0.40	63	68	74
0.50	65	70	76
0.60	67	72	78
0.70	69	74	80

图 5-15　大豆养分专家系统中的养分优化管理施肥量

肥料种类及分次施用模块帮助用户将推荐的 N、P 和 K 养分用量转换为当地已有的单质或复合肥料用量（图 5-16），并符合 SSNM 优化施肥原则。

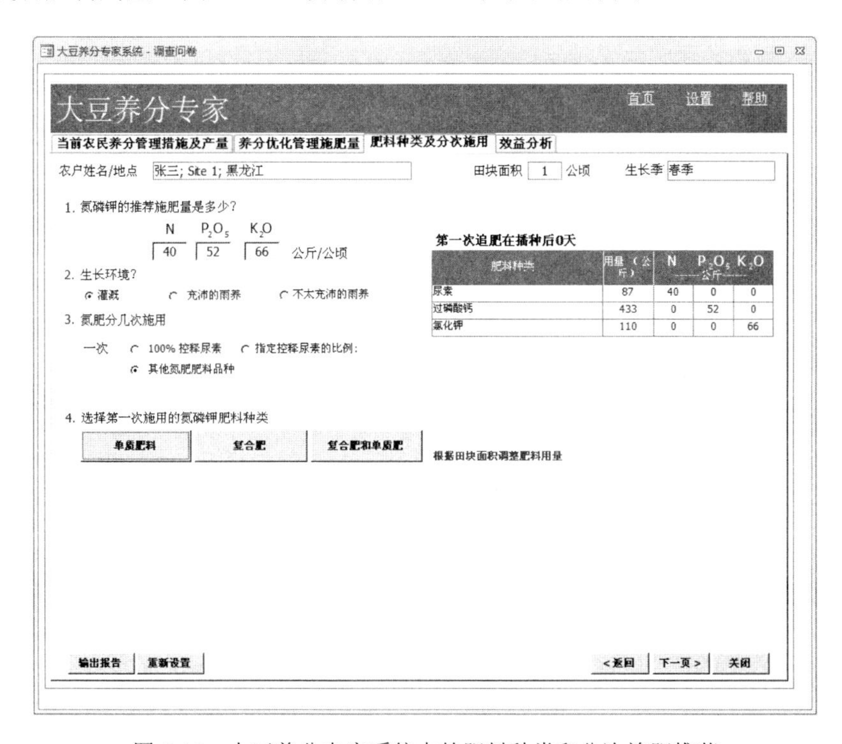

肥料种类	用量（公斤）	N	P_2O_5	K_2O
尿素	87	40	0	0
过磷酸钙	433	0	52	0
氯化钾	110	0	0	66

图 5-16　大豆养分专家系统中的肥料种类和分次施肥推荐

该模块的输出报告是一个针对特定生长环境的最佳养分管理策略，即包括选择合适的肥料种类、确定合适的施肥量和合适的施肥时间及施肥位置。如果在上一个模块中土壤有酸化和微量元素缺乏情况，此处报告中也会给出相应的补救措施（图 5-17）。

大豆养分专家系统 - 推荐表

名称和/或地点 王五; Site 1; 东北; 黑龙江

田块面积 1 公顷 1 公顷 **生长季节** 春季

当前产量 2.5 吨 (13.5% 水分含量)　2.5 吨/公顷 (13.5% 水分含量)

生长状况 灌溉

推荐大豆的另选方案

目标产量 2.75 吨 (13.5% 水分含量)　2.75 吨/公顷 (13.5% 水分含量)

生长期	播种后天数	肥料种类	用量（公斤）	N (公斤)	P_2O_5 (公斤)	K_2O (公斤)
基肥	0	尿素 过磷酸钙 氯化钾	86.96 422.4 114.08	40 0 0	0 50.69 0	0 0 68.45

根据田块面积调整肥料用量

种肥或基肥: 提倡侧深施肥，施肥位置在种子侧面5-7厘米，种子下面5-8厘米；如做不到侧深施肥可采用分层施肥，施肥深度在种子下面3-4厘米占1/3，6-8厘米占2/3。

每公顷用浓度为0.5%的磷酸二氢钾3公斤，于大豆结荚鼓粒期 (R4-R6, 播种后60~80天) 每隔7~10天叶面喷施1次，连续喷施2~3次.

其他养分来源

作物残留 (大豆): 低

石灰需要量: 0.8 石灰或$CaCO_3$数量（吨）

播种前3-4周时将石灰均匀施入土壤.

养分缺乏的元素	肥料推荐量用于纠正养分缺乏
锌	基施15-30公斤/公顷硫酸锌，或用0.02% -0.05% 的硫酸锌溶液浸种。或者分别在苗期、分蘖期和孕穗期叶面喷施0.1% -0.2% 硫酸锌溶液。

图 5-17　大豆养分专家系统中的施肥指导

效益分析模块比较了一定目标产量下优化养分管理和当前农民习惯施肥措施两种方式下预期的经济效益和收益变化。经济效益分析需要用户定义农产品和种子价格，肥料投入成本是根据“设置”页面中用户所定义的试验地点的肥料价格来计算。输出报告显示了一个简单的效益分析，包括收入、化肥和种子成本、预期效益及采用优化施肥带来的效益变化（图 5-18）。

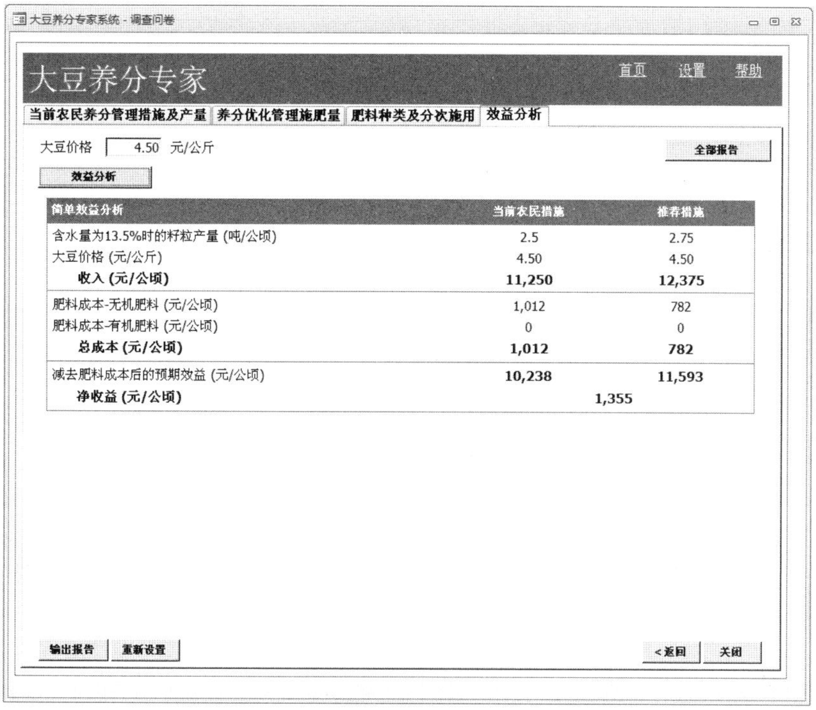
大豆养分专家系统 - 调查问卷
大豆养分专家
首页
设置
帮助
当前农民养分管理措施及产量
养分优化管理施肥量
肥料种类及分次施用
效益分析
大豆价格 4.50 元/公斤
全部报告
效益分析
简单效益分析
当前农民措施
推荐措施
含水量为13.5%时的籽粒产量 (吨/公顷) 2.5 2.75
大豆价格 (元/公斤) 4.50 4.50
收入 (元/公顷) 11,250 12,375
肥料成本-无机肥料 (元/公顷) 1,012 782
肥料成本-有机肥料 (元/公顷) 0 0
总成本 (元/公顷) 1,012 782
减去肥料成本后的预期效益 (元/公顷) 10,238 11,593
净收益 (元/公顷) 1,355
输出报告
重新设置
<返回
关闭

图 5-18　大豆养分专家系统中的经济效益分析

5.8　大豆养分专家系统田间验证与效应评价

5.8.1　农学效率

为验证和优化大豆养分专家系统，于 2014 年和 2015 年在黑龙江、吉林、辽宁和内蒙古四省（自治区）进行了 23 个田间验证试验。每个试验均包括 6 个处理：分别为大豆养分专家推荐优化养分管理处理（NE）、当地推荐施肥处理（OPTS）、农民习惯施肥措施（FP）及基于 NE 的不施氮、磷和钾肥处理。随机区组排列，三次重复。NE 的施肥量、施肥比例和施肥时间根据大豆养分专家系统推荐进行；FP 的施肥量和施肥次数等按照农民自己意愿进行管理；OPTS 依据测土或当地农技推广部门确定施肥量，施肥措施按照当地农技推广部门推荐进行。各处理的密度设置相同，病虫草害防治统一进行管理。

2014 年试验结果显示，与 OPTS 和 FP 处理相比，NE 处理籽粒产量分别增加了 136kg/hm^2 和 318kg/hm^2，增幅分别为 5.0%和 12.5%；氮肥回收率分别提高了 4.5 个百分点和 16.9 个百分点，农学效率增幅分别为 10.3%和 103.5%，偏生产力增幅不明显。2015 年试验与 2014 年试验结果一致，NE 处理较 OPTS 和 FP 处理产量分别增加了 40kg/hm^2 和 258kg/hm^2，增幅为 1.4%和 9.9%；氮肥回收率分别提高了 9.1 个百分点和 18.7 个百分点，农学效率分别提高了 64.2%和 300.8%，偏生产力分别提高了 40.2%和 32.5%（表 5-12）。由上述结果可见，NE 处理提高了大豆的籽粒产量和肥料利用率，与 OPTS 和 FP

处理相比，产量平均增加了 3.2%和 11.2%，氮肥回收率平均提高 6.8 个百分点和 17.8 个百分点，农学效率平均提高了 32.1%和 171.0%，偏生产力平均提高了 19.8%和 16.6%。

表 5-12　不同处理大豆产量和氮素利用率比较

年份	处理	籽粒产量/（kg/hm^2）	氮素回收率/%	氮素农学效率/（kg/kg）	氮素偏生产力/（kg/kg）
2014	NE	2859a	39.4a	4.72a	58.1a
	OPTS	2723b	34.9a	4.28a	57.4a
	FP	2541c	22.5b	2.32b	57.3a
2015	NE	2851a	36.0a	4.81a	72.6a
	OPTS	2811a	26.9b	2.93b	51.8b
	FP	2593b	17.3b	1.20c	54.8b
所有	NE	2855a	37.7a	4.77a	65.4a
	OPTS	2767b	30.9a	3.61a	54.6b
	FP	2567c	19.9b	1.76b	56.1b

注：同列不同字母表示差异显著（P<0.05）

5.8.2　经济效益

由表 5-13 可见，NE 处理较 OPTS 和 FP 处理降低了磷肥用量，调整了钾肥和氮肥用量，提高了农民的经济效益。2014 和 2015 年，OPTS 与 FP 两处理磷肥用量基本一致，而 NE 处理磷肥用量较二者分别降低了 14.6%和 15.7%。NE 处理钾肥用量较 FP 处理增加了 34.0%，但较 OPTS 处理降低了 9.5%。NE 处理与 FP 处理氮肥用量基本一致，但较 OPTS 处理降低了 15.2%。与 OPTS 和 FP 处理相比，NE 处理农民经济效益 2014 年分别提高 1.7%和 7.0%，2015 年分别提高 3.6%和 12.9%，平均增收 2.7%和 10.0%。

表 5-13　不同处理肥料用量和经济效益比较

年份	处理	试验点数	氮肥用量/（kg N/hm^2）	磷肥用量/（kg P_2O_5/hm^2）	钾肥用量/（kg K_2O/hm^2）	经济效益/（元/hm^2）
2014	NE	12	55	64	63	12331a
	OPTS	12	60	78	70	12130ab
	FP	12	52	79	48	11527b
2015	NE	11	57	75	70	14301a
	OPTS	11	71	86	78	13808a
	FP	11	57	87	52	12672b
所有	NE	23	56	70	67	13316a
	OPTS	23	66	82	74	12969ab
	FP	23	55	83	50	12100b

注：同列不同字母表示差异显著（P<0.05）

5.8.3　环境效应

与 OPTS 和 FP 处理相比，NE 处理降低了磷素盈余，平衡了氮素和钾素的盈亏。特别是 2015 年，磷素和钾素施用量与移走量接近平衡（表 5-14）。说明 NE 处理在一定程度上平衡了土壤中的养分盈亏。在本试验中，大豆氮素盈余均小于–100kg/hm^2，说明大豆氮素移走量远远大于施氮量，这可能与大豆地上部氮素吸收很大一部分来源于根瘤菌生物固氮作用有关。Salvagiotti 等（2008）认为大豆氮素需求有 50%～60%来源于生物固氮。国内学者研究也发现，尽管我国不同品种类型大豆生物固氮率存在差异，但一般情况下生物固氮率介于 47%～70%（李欣欣等，2016；关大伟等，2014）。

表 5-14　大豆田土壤氮素、磷素、钾素表观平衡

年份	处理	N/（kg/hm^2）		P_2O_5/（kg/hm^2）		K_2O/（kg/hm^2）	
		移走量	盈余	移走量	盈余	移走量	盈余
2014	NE	166.7	–111.7 a	30.7	33.3 b	99.5	–36.5 a
	OPTS	203.7	–143.7 b	36	42.0 a	117.9	–47.9 a
	FP	196.1	–144.1 b	33.7	45.3 a	108.2	–60.2 b
2015	NE	192.2	–135.2 b	65.5	9.5 b	68	2.0 ab
	OPTS	187.6	–116.6 a	67	19.0 a	68.3	9.7 a
	FP	173.2	–116.2 a	60.6	26.4 a	63.4	–11.4 b
所有	NE	180.1	–124.1 a	48.9	20.6 b	83	–16.0 a
	OPTS	195.6	–130.6 b	51.5	30.5 a	93.1	–19.1 a
	FP	184.7	–130.2 b	47.2	35.8 a	85.8	–35.8 b

注：同列不同字母表示差异显著（P<0.05）

在当前农业生产中，农民种植大豆存在盲目性施肥问题，有些农民认为大豆能固氮，种大豆不需要施肥。有些农民则片面追求经济效益，不了解土壤养分状况，盲目、过量施用化肥，并且氮磷钾施用比例不当，致使肥料利用率低下，造成土壤养分失衡和肥力衰退。姚玉波（2012）研究认为，在适宜条件下固氮作用提供的氮，可以达到大豆需求量的 50%左右，但其发挥作用主要是在开花至鼓粒期，开花前约 40 天的时间，根瘤小而少，固氮作用微小；鼓粒后期根瘤衰老，固氮作用迅速下降。此外，在磷素不足的情况下根瘤数量和固氮能力下降。因此，大豆前期合理高效地施肥并保持土壤养分平衡仍然是值得重视和研究的课题。

参 考 文 献

白由路, 金继运, 杨俐苹, 等. 2001. 农田土壤养分变异与施肥推荐. 植物营养与肥料学报, 7(2): 129-133

白由路, 李保国, 胡克林. 1999. 黄淮海平原土壤盐分及其组成的空间变异特征研究. 土壤肥料, 3: 22-26

白由路, 杨俐苹. 2006. 我国农业中的测土配方施肥. 土壤肥料, (2): 3-7

曹静, 刘小军, 汤亮, 等. 2010. 稻麦适宜氮素营养指标动态的模型设计. 应用生态学报, 21(2): 359-364

曹志洪, 周建民, 蔡祖聪, 等. 2008. 中国土壤质量. 北京: 科学出版社

陈德立, 朱兆良. 1988. 稻田土壤供氮能力的解析研究. 土壤学报, 25(3): 262-267

陈范骏, 米国华, 张福锁, 等. 2003. 华北区部分主栽玉米杂交种的氮效率分析. 玉米科学, 11(2): 78-82

陈蓉蓉, 周治国, 曹卫星, 等. 2004. 农田精准施肥决策支持系统的设计和实现. 中国农业科学, 37(4): 516-521

陈欣, 张庆忠, 鲁彩艳, 等. 2004. 东北一季作农田秋末土壤中无机氮的累积. 应用生态学报, 15(10): 1887-1890

陈新平, 李志宏, 王兴仁, 等. 1999. 土壤、植株快速测试推荐施肥技术体系的建立与应用. 土壤肥料, 2: 6-10

陈新平, 张福锁. 2006a. 通过"3414"试验建立测土配方施肥技术指标体系. 中国农技推广, 22(4): 36-39

陈新平, 张福锁. 2006b. 小麦–玉米轮作体系养分资源综合管理理论与实践. 北京: 中国农业出版社

陈新平, 周金池, 王兴仁, 等. 1997. 应用土壤无机氮测试进行冬小麦氮肥推荐的研究. 土壤肥料, (5): 19-21

陈志超, 田长彦, 马英杰, 等. 2006. 应用土壤无机氮测试进行棉花氮肥推荐研究. 棉花学报, 18(4): 242-247

崔振岭. 2005. 华北平原冬小麦夏玉米轮作体系优化氮肥管理——从田块到区域尺度. 中国农业大学博士学位论文

党红凯, 李瑞奇, 李雁鸣, 等. 2012. 超高产栽培条件下冬小麦对磷的吸收、积累和分配. 植物营养与肥料学报, 18(3): 531-541

丁晓东, 石媛媛, 路雪, 等. 2011. 基于扫描图像光谱特征和模式识别的水稻叶片磷素诊断研究. 光谱学与光谱分析, 31(5): 1336-1339

董文旭, 吴电明, 胡春胜, 等. 2011. 华北山前平原农田氨挥发速率与调控研究. 中国生态农业学报, 19(5): 1115-1121

杜连凤, 吴琼, 赵同科, 等. 2009. 北京市郊典型农田施肥研究与分析. 中国土壤与肥料, (3): 75-78

范立春, 彭显龙, 刘元英, 等. 2005. 寒地水稻实地氮肥管理的研究与应用. 中国农业科学, 38(9): 1761-1766

高凤友. 2007. 玉米测土配方施肥应用技术的基础研究——以赤峰市松山区为例. 中国农业科学院硕士学位论文

高聚林, 刘克礼, 李惠智, 等. 2004. 大豆群体对氮、磷、钾的平衡吸收关系的研究. 大豆科学, 23(2): 106-110

高聚林, 刘克礼, 王立刚, 等. 2003. 大豆综合农艺栽培措施与产量关系模型及效应分析. 中国油料作物学报, 25(4): 83-88

高强, 李德忠, 黄立华, 等. 2008. 吉林玉米带玉米一次性施肥现状调查分析. 吉林农业大学学报, 30(3):

301-305
高伟, 金继运, 何萍, 等. 2008. 我国北方不同地区玉米养分吸收及累积动态研究. 植物营养与肥料学报, 14(4): 623-629
关大伟, 李力, 岳现录, 等. 2014. 我国大豆的生物固氮潜力研究. 植物营养与肥料学报, 20(6): 1497-1504
管宇. 2009. 施氮对土壤和大豆植株养分含量的影响. 东北农业大学硕士学位论文
郭建华, 王秀, 陈立平, 等. 2010. 快速获取技术在小麦推荐施肥中的应用. 土壤通报, 41(3): 664-667
何萍, 金继运, Pampolino M F, 等. 2012a. 基于产量反应和农学效率的推荐施肥方法. 植物营养与肥料学报, 18(2): 499-505
何萍, 金继运, 等. 2012b. 集约化农田节肥增效理论与实践. 北京: 科学出版社
贺帆, 黄见良, 崔克辉, 等. 2007. 实时实地氮肥管理对水稻产量和稻米品质的影响. 中国农业科学, 40(1): 123-132
贺帆, 黄见良, 崔克辉, 等. 2008. 实时实地氮肥管理对不同杂交水稻氮肥利用率的影响. 中国农业科学, 41(2): 470-479
侯彦林. 2000. 生态平衡施肥的理论基础和技术体系. 生态学报, 20(4): 653-658
侯彦林, 陈守伦. 2004. 施肥模型研究综述. 土壤通报, 35(4): 493-501
侯彦林, 郭喆, 任军. 2002. 不测土条件下半定量施肥原理和模型评述. 生态学杂志, 21(4): 31-35
胡春胜, 董文旭, 张玉铭, 等. 2011. 华北山前平原农田生态系统氮通量与调控. 中国生态农业学报, 19(5): 997-1003
胡明芳, 田长彦, 马英杰, 等. 2002. 土壤/植株硝态氮含量与棉花产量及其相关因素之间的关系. 西北农业学报, 11(3): 128-131
黄进宝, 范晓晖, 张绍林, 等. 2007. 太湖地区黄泥土壤水稻氮素利用与经济生态适宜施氮量. 生态学报, 27(2): 588-595
黄绍文, 金继运, 杨俐苹, 等. 2002a. 乡(镇)级区域土壤养分空间变异与分区管理技术研究. 资源科学, 24(2): 77-82
黄绍文, 金继运, 左余宝, 等. 2002b. 黄淮海平原玉田县和陵县试区良田土壤养分平衡现状评价. 植物营养与肥料学报, 8(2): 137-143
姬兴杰, 于永强, 张稳, 等. 2010. 近二十年中国冬小麦收获指数时空格局. 中国农业科学, 43(17): 3511-3519
戢林, 张锡洲, 李廷轩. 2011. 基于“3414”试验的川中丘陵区水稻测土配方施肥指标体系构建. 中国农业科学, 44(1): 84-92
纪洪亭, 冯跃华, 何腾兵, 等. 2012. 超级杂交稻群体干物质和养分积累动态模型与特征分析. 中国农业科学, 45(18): 3709-3720
贾良良, 陈新平, 张福锁. 2001a. 作物氮营养诊断的无损测试技术. 世界农业, (6): 36-37
贾良良, 陈新平, 张福锁, 等. 2001b. 北京市冬小麦氮肥适宜用量评价方法的研究. 中国农业大学学报, 6(3): 67-73
贾良良, 寿丽娜, 李斐, 等. 2007. 遥感技术在植物氮营养诊断和推荐施肥中的应用之研究进展. 中国农学通报, 23(12): 396-401
姜国钧. 2007. 吉林省统计年鉴. 北京: 中国统计出版社
姜海燕, 朱艳, 汤亮, 等. 2009. 基于本体的作物系统模拟框架构建研究. 中国农业科学, 42(4): 1207-1214
姜文彬, 杨铁成, 单文波. 1986. 玉米诊断施肥技术的研究与应用. 吉林农业大学学报, 8(4): 62-68
金继运, 白由路. 2001. 精准农业与土壤养分管理. 北京: 中国大地出版社
金继运, 李家康, 李书田. 2006. 化肥与粮食安全. 植物营养与肥料学报, 12(5): 601-609
金耀青. 1989. 配方施肥的方法及其功能对我国配方施肥工作的评述. 土壤通报, 20(1): 46-49

巨晓棠, 刘学军, 邹国元, 等. 2002. 冬小麦/夏玉米轮作体系中氮素的损失途径分析. 中国农业科学, 35(12): 1493-1499
巨晓棠, 潘家荣, 刘学军, 等. 2002. 高肥力土壤冬小麦生长季肥料氮的去向研究Ⅰ冬小麦生长季肥料氮的去向. 核农学报, 16(6): 397-402
雷咏雯, 危常州, 冶军, 等. 2004. 计算机辅助叶色分析进行棉花氮素营养诊断的初步研究. 石河子大学学报(自然科学版), 22(2): 113-116
李刚. 2008. 田块尺度下春玉米养分资源综合管理技术研究. 吉林农业大学硕士学位论文
李红莉, 张卫峰, 张福锁, 等. 2010. 中国主要粮食作物化肥施用量与效率变化分析. 植物营养与肥料学报, 16(5): 1136-1143
李金荣. 2005. 大豆的科学施肥技术. 吉林农业科技学院学报, 14(3): 20-21
李庆逵, 朱兆良, 于天仁. 1998. 中国农业持续发展中的肥料问题. 南京: 江苏科学技术出版社
李书田, 金继运. 2011. 中国不同区域农田养分输入、输出与平衡. 中国农业科学, 44(20): 4207-4229
李欣欣, 许锐能, 廖红. 2016. 大豆共生固氮在农业减肥增效中的贡献及应用潜力. 大豆科学, 35(4): 531-535
李鑫. 2007. 华北平原冬小麦-夏玉米轮作体系中肥料氮去向及氮素气态损失研究. 河北农业大学硕士学位论文
李映雪, 朱艳, 曹卫星. 2006. 不同施氮条件下小麦冠层的高光谱和多光谱反射特征. 麦类作物学报, 26(2): 103-108
李志宏, 刘宏斌, 张云贵. 2006. 叶绿素仪在氮肥推荐中的应用研究进展. 植物营养与肥料学报, 12(1): 125-132
李志宏, 张福锁, 王兴仁. 1997. 我国北方地区几种主要作物氮营养诊断及追肥推荐研究Ⅱ植株硝酸盐快速诊断方法的研究. 植物营养与肥料学报, 3(3): 268-272
李志宏, 张宏斌, 张福锁. 2003. 应用叶绿素仪诊断冬小麦氮营养状况的研究. 植物营养与肥料学报, 9(4): 401-405
李宗新, 董树亭, 王空军, 等. 2008. 不同施肥条件下玉米田土壤养分淋溶规律的原位研究. 应用生态学报, 19(1): 65-70
刘洪见. 2005. 图像处理技术在获取夏玉米冠层信息和氮肥诊断中的应用. 中国农业大学硕士学位论文
刘建刚, 王宏, 石全红, 等. 2012. 基于田块尺度的小麦产量差及生产限制因素解析. 中国农业大学学报, 17(2): 42-47
刘金山. 2011. 水旱轮作区土壤养分循环及其肥力质量评价与作物施肥效应研究. 华中农业大学博士学位论文
刘立军, 桑大志, 刘翠莲, 等. 2003. 实时实地氮肥管理对水稻产量和氮素利用率的影响. 中国农业科学, 36(12): 1456-1461
刘文通, 刘声元, 郝景发. 1984. 长春地区诊断施肥量计算公式中几个参数的探讨. 土壤通报, 15(3): 117-120
刘芷宇. 1982. 植物营养诊断的回顾与展望. 土壤, 24(1): 173-175
刘子恒, 唐延林, 常静, 等. 2009. 水稻叶片叶绿素含量与吸收光谱变量的相关性研究. 中国农学通报, 25(15): 68-71
鲁如坤. 1998. 土壤-植物营养学原理和施肥. 北京: 化学工业出版社
吕晓男. 1999. 施肥模型的发展及其应用//中国土壤学会. 迈向21世纪的土壤科学(浙江省卷). 北京: 中国环境科学出版社: 164-166
马文奇. 1999. 山东省作物施肥现状、问题与对策. 中国农业大学博士学位论文
马新明, 张娟娟, 刘合兵, 等. 2006. 小麦生长模型(WCSODS)在河南省的适应性评价研究. 中国农业科学, 39(9): 1789-1795
毛振强. 2003. 基于田间试验和作物生长模型的冬小麦持续管理研究. 中国农业大学博士学位论文

裴雪霞, 王秀斌, 何萍, 等. 2009. 氮肥后移对土壤氮素供应和冬小麦氮素吸收利用的影响. 植物营养与肥料学报, 15(1): 9-15
彭少兵, 黄见良, 钟旭华, 等. 2002. 提高中国稻田氮肥利用率的研究策略. 中国农业科学, 35(9): 1095-1103
彭显龙, 刘元英, 罗盛国, 等. 2006. 实地氮肥管理对寒地水稻干物质积累和产量的影响. 中国农业科学, 39(11): 2286-2293
仇少君, 赵士诚, 苗建国, 等. 2012. 氮素运筹对两个晚稻品种产量及其主要构成因素的影响. 植物营养与肥料学报, 18(6): 1326-1355
沙之敏. 2010. 冬小麦、夏玉米氮素优化管理研究. 河北农业大学硕士学位论文
沙之敏, 边秀举, 郑伟, 等. 2010. 最佳养分管理对华北冬小麦养分吸收和利用的影响. 植物营养与肥料学报, 16(5): 1049-1055
申建波, 李仁岗. 1999. 利用正交趋势分析进行大面积经济施肥建模. 植物营养与肥料学报, 5(3): 258-262
施建平, 鲁如坤, 时正元, 等. 2002. Logistic 回归模型在红壤地区早稻推荐施肥中的应用. 土壤学报, 39(6): 853-862
宋文冲, 胡春胜, 程一松, 等. 2006. 作物氮素营养诊断方法研究进展. 土壤通报, 37(2): 369-372
宋永林, 姚造华, 袁锋明, 等. 2001. 北京褐潮土长期施肥对夏玉米产量及产量变化趋势影响的定位研究. 北京农业科学, 19(6): 14-17
苏昌龙, 王毅. 2006. 超级稻栽培中后期应用"水稻比色卡"的效果简报. 耕作与栽培, 6: 29-30
孙克刚, 李丙奇, 李潮海, 等. 2010. 砂姜黑土区玉米田土壤有效磷施肥指标及施磷推荐——基于 ASI 法的土壤养分丰缺指标. 中国农学通报, 26(21): 167-171
孙义祥, 郭跃升, 于舜章, 等. 2009. 应用"3414"试验建立冬小麦测土配方施肥指标体系. 植物营养与肥料学报, 15(1): 197-203
谭昌伟, 郭文善, 朱新开, 等. 2008. 不同条件下夏玉米冠层反射光谱响应特征的研究. 农业工程学报, 24(9): 131-135
谭昌伟, 周清波, 齐腊, 等. 2008. 水稻氮素营养高光谱遥感诊断模型. 应用生态学报, 19(6): 1261-1268
唐近春. 1994. 中国土壤肥料工作的成就与任务. 土壤学报, 31(4): 341-347
陶勤南, 方萍, 吴良欢, 等. 1990. 水稻氮素营养的叶色诊断研究. 土壤, (4): 190-193, 197
王纯枝, 李良涛, 陈健, 等. 2009. 作物产量差研究与展望. 中国生态农业学报, 17(6): 1283-1287
王红娟. 2007. 我国北方粮食主产区土壤养分分布特征研究. 中国农业科学院博士学位论文
王红娟, 白由路, 魏义长. 2008. 东北平原土壤速效养分状况与分布研究. 中国土壤与肥料, (2): 19-23, 39
王宏庭, 金继运, 王斌, 等. 2004. 土壤速效养分空间变异研究. 植物营养与肥料学报, 10(4): 349-354
王激清. 2007. 我国主要粮食作物施肥增产效应和养分利用效率的分析与评价. 中国农业大学博士学位论文
王绍华, 曹卫星, 王强盛, 等. 2002. 水稻叶色分布特点与氮素营养诊断. 中国农业科学, 35(12): 1461-1466
王圣瑞, 陈新平, 高祥照, 等. 2002. "3414"肥料试验模型拟合的探讨. 植物营养与肥料学报, 8(4): 409-413
王秀斌, 周卫, 梁国庆, 等. 2009. 优化施肥条件下华北冬小麦/夏玉米轮作体系的土壤氨挥发. 植物营养与肥料学报, 15(2): 344-351
魏义长, 白由路, 杨俐苹, 等. 2008. 基于 ASI 法的滨海滩涂地水稻土壤有效氮、磷、钾丰缺指标. 中国农业科学, 41(1): 138-143
吴建国. 1981. 冬小麦地上部分不同器官干物质、氮磷积累、分配特点的初步分析. 河南农学院学报, (2): 26-31
吴良欢, 陶勤南. 1999. 水稻叶绿素计诊断追氮法研究. 浙江农业大学学报, 25(2): 135-138

伍素辉, 程见尧, 刘景福. 1991. 氨基态氮作为棉花氮营养诊断指标的研究. 中国棉花, 2: 29-30
向达兵, 郭凯, 杨文钰, 等. 2010. 磷、钾营养对套作大豆钾素积累及利用效率的影响. 植物营养与肥料学报, 16(3): 668-674
肖焱波, 金航, 段宗颜, 等. 2006. 滇中粮食高产区基于土壤 N_{min} 测试下小麦氮肥推荐的研究. 中国土壤与肥料, 3: 21-23
谢佳贵, 张宽, 王秀芳, 等. 2006. 磷肥在黑土春玉米连作区玉米后效作用的研究. 吉林农业科学, 31(2): 34-38
薛利红, 卢萍, 杨林章, 等. 2006. 利用水稻冠层光谱特征诊断土壤氮素营养状况. 植物生态学报, 30(4): 675-681
薛利红, 杨林章, 沈明星. 2006. 缺素对小麦冠层反射光谱的影响. 麦类作物学报, 26(6): 120-124
薛利红, 俞映倞, 杨林章, 等. 2011. 太湖流域稻田不同氮肥管理模式下的氮素平衡特征及环境效应评价. 环境科学, 32(4): 1133-1138
闫湘. 2008. 我国化肥利用现状与养分资源高效利用研究. 中国农业科学院博士学位论文
闫湘, 金继运, 何萍, 等. 2008. 提高肥料利用率技术研究进展. 中国农业科学, 4(2): 450-459
晏娟, 尹斌, 张绍林, 等. 2008. 不同施氮量对水稻氮素吸收与分配的影响. 植物营养与肥料学报, 14(5): 835-839
杨建昌, 杜永, 刘辉. 2008. 长江下游稻麦周年超高产栽培途径与技术. 中国农业科学, 41(6): 1611-1621
杨京平, 江宁, 陈杰. 2002. 水稻吸氮量和干物质积累的模拟试验研究. 植物营养与肥料学报, 8(3): 318-324
杨林章, 孙波, 刘健. 2002. 农田生态系统养分迁移转化与优化管理研究. 地球科学进展, 17(3): 441-445
姚玉波. 2012. 大豆根瘤固氮特性与影响因素的研究. 东北农业大学博士学位论文
易琼. 2011. 麦-稻作物系统氮素优化管理技术研究. 中国农业科学院硕士学位论文
易琼, 赵士诚, 张秀芝, 等. 2002. 实时实地氮素管理对水稻产量和氮素吸收利用的影响. 植物营养与肥料学报, 18(4): 777-785
于峰. 2003. 计算机图像处理技术在植物 N 营养诊断中的应用及其软件开发. 中国农业大学硕士学位论文
于亮, 陆莉. 2007. 冬小麦氮素营养诊断的研究进展. 安徽农业科学, 32(10): 2861-2863
于振文, 田奇卓, 潘庆民, 等. 2002. 黄淮麦区冬小麦超高产栽培的理论与实践. 作物学报, 28(5): 577-585
鱼欢, 邬华松, 王之杰. 2010a. 利用 SPAD 和 Dualex 快速、无损诊断玉米氮素营养状况. 作物学报, 36(5): 840-847
鱼欢, 杨改河, 王之杰. 2010b. 不同施氮量及基追比例对玉米冠层生理性状和产量的影响. 植物营养与肥料学报, 16(2): 266-273
曾长立, 王兴仁, 陈新平, 等. 2000. 冬小麦氮肥肥料效应模型的选择及其对推荐施氮效果的影响. 江汉大学学报, 17(3): 9-13
曾宪坤. 1999. 磷的农业化学(Ⅴ). 磷肥与复肥, 5(1): 55-59, 78
张春华, 王宗明, 宋开山, 等. 2010. 吉林省伊通县农田土壤养分空间变异特征. 农业系统科学与综合研究, 26(2): 203-208
张大光, 刘武仁, 边秀芝, 等. 1987. 玉米测土施肥中几个主要参数及其应用的研究. 吉林农业科学, (1): 58-63
张福锁, 崔振岭, 王激清, 等. 2007. 中国土壤和植物养分管理现状与改进策略. 植物学通报, 24(6): 687-694
张福锁, 王激清, 张卫峰, 等. 2008. 中国主要粮食作物肥料利用率现状与提高途径. 土壤学报, 45(5): 915-924
张宏彦, 陈清, 李晓林, 等. 2003. 利用不同土壤 N_{min} 目标值进行露地花椰菜氮肥推荐. 植物营养与肥

料学报, 9(3): 342-347
张金恒, 王珂, 王人潮. 2003. 叶绿素计 SPAD-502 在水稻氮素营养诊断中的应用. 西北农林科技大学学报(自然科学版), 31(2): 177-180
张宽, 赵景云, 王秀芳, 等. 1984. 黑土供磷能力与磷肥经济合理用量问题的初步研究. 土壤通报, (3): 120-123
张绍林, 朱兆良, 徐银华, 等. 1988. 关于太湖地区稻麦上氮肥的适宜用量. 土壤, 20(1): 5-9
张永帅. 2007. 基于 N_{min} 的棉田氮素养分实时监测和推荐施肥技术研究. 石河子大学硕士学位论文
张云贵, 刘宏斌, 李志宏, 等. 2005. 长期施肥条件下华北平原农田硝态氮淋失风险的研究. 植物营养与肥料学报, 11(6): 711-716
章明清, 林代炎, 林仁埙. 1996. 福建水稻区域施肥模型和推荐施肥研究. 福建省农科院学报, 12(1): 51-55
赵荣芳, 陈新平, 张福锁. 2009. 华北地区冬小麦-夏玉米轮作体系的氮素循环与平衡. 土壤学报, 46(4): 684-697
赵士诚, 何萍, 仇少君, 等. 2011a. 相对 SPAD 值用于不同品种夏玉米氮肥管理的研究. 植物营养与肥料学报, 17(5): 1091-1098
赵士诚, 裴雪霞, 何萍, 等. 2010. 氮肥减量后移对土壤氮素供应和夏玉米氮素吸收利用的影响. 植物营养与肥料学报, 16(2): 492-497
赵士诚, 沙之敏, 何萍. 2011b. 不同氮素管理措施在华北平原冬小麦上的应用效果. 植物营养与肥料学报, 17(2): 517-524
赵同科, 张成军, 杜连凤, 等. 2007. 环渤海七省(市)地下水硝酸盐含量调查. 农业环境科学学报, 26(2): 779-783
中国农业统计年鉴编委会. 2014. 中国农业统计年鉴. 北京: 中国农业出版社
钟旭华, 黄农荣, 欧杰文, 等. 2006. 实地养分管理技术(SSNM)在华南双季晚稻上的应用效果. 中国稻米, 6(12): 34-36
朱德锋, 程式华, 张玉屏, 等. 2010. 全球水稻生产现状与制约因素分析. 中国农业科学, 43(3): 474-479
朱艳, 曹卫星, 姚霞, 等. 2005. 小麦栽培管理动态知识模型的构建与检验. 中国农业科学, 38(2): 283-289
朱艳, 李映雪, 周冬琴, 等. 2006. 稻麦叶片氮含量与冠层反射光谱的定量关系. 作物学报, 26(10): 3463-3469
朱兆良. 1988. 关于稻田土壤供氮量的预测和平均适宜施氮量的应用. 土壤, 20(2): 57-61
朱兆良. 2000. 农田中氮肥的损失与对策. 土壤与环境, 9(1): 1-6
朱兆良. 2006. 推荐氮肥适宜施用量的方法论刍议. 植物营养与肥料学报, 12(1): 1-4
朱兆良. 2008. 中国土壤氮素研究. 土壤学报, 45(5): 778-783
朱兆良, 文启孝. 1992. 中国土壤氮素. 南京: 江苏科技出版社: 220-282
朱兆良, 张绍林, 徐银华. 1986. 平均适宜施氮量的含义. 土壤, 18(6): 316-317
Alam M M, Karim M R, Ladha J K. 2013. Integrating best management practices for rice with farmers' crop management techniques: a potential option for minimizing rice yield gap. Field Crops Research, 144(144): 62-68
Alam M M, Ladha J K, Foyjunnessa, et al. 2006. Nutrient management for increased productivity of rice-wheat cropping system in Bangladesh. Field Crops Research, 96(2-3): 374-386
Anderson R L, Nelson I A. 1975. Family of models involving intersecting straight lines and commitment experimental design useful in evaluating response of fertilizer nutrient. Biometrics, 31(2): 303-318
Bai J S, Chen X P, Dobermann A, et al. 2010. Evaluation of NASA satellite- and model-derived weather data for simulation of maize yield potential in China. Agronomy Journal, 102(1): 9-16
Balasubramanian V, Morales A C, Cruz R T. 1999. On-farm adaptation of knowledge-intensive nitrogen management technologies for rice systems. Nutrient Cycling in Agroecosystems, 53(1): 59-69

Blackmer T M, Schepers J S. 1995. Use of a chlorophyll meter to monitor nitrogen status and schedule fertigation for corn. Journal of Production Agriculture, 8(1): 56-60

Boling A A, Bouman B A M, Tuong T P, et al. 2011. Yield gap analysis and the effect of nitrogen and water on photoperiod-sensitive Jasmine rice in north-east Thailand. NJAS-Wageningen Journal of Life Sciences, 58(1-2): 11-19

Bronson K F, Hobbs P R. 1998. The role of soil management in improving yields in the rice-wheat systems of South Asia. *In:* Lal R. Soil Quality and Agricultural Sustainability. Chelsea: Ann Arbor Press: 129-139

Buresh R J, Pampolino M F, Witt C. 2010. Field-specific potassium and phosphorus balances and fertilizer requirements for irrigated rice-based cropping systems. Plant Soil, 335(1-2): 35-64

Buresh R J, Witt C. 2007. Site-specific nutrient management. *In:* Krauss A, Isherwood K, Heffer P. Fertilizer Best Management Practices: General Principles, Strategy for their Adoption and Voluntary Initiatives vs Regulations. IFA International Workshop on Fertilizer Best Management Practices, Brussels, Belgium. 7-9 March 2007, International Fertilizer Industry Association, Paris, France: 47-55

Buresh R J. 2009. The SSNM concept and its implementation in rice. Kota Kinabalu: IFA Crossroad Asia-Pacific Conference, 8-10 December

Buresh R J. 2010. Nutrient best management practices for rice, maize, and wheat in Asia. Brisbane: World Congress of Soil Science, 1-6 August

Cambardella C A, Moorman T B, Novak J M, et al. 1994. Field-scale variability of soil properties in central lowa soil. Soil Science Society of America Journal, 58(5): 1501-1511

Cassman K G, Dobermann A, StaCruz P C, et al. 1996a. Soil organic matter and the indigenous nitrogen supply of intensive irrigated rice systems in the tropics. Plant Soil, 182(2): 267-278

Cassman K G, Dobermann A, Walters D T. 2002. Agroecosystems, nitrogen use efficiency, and nitrogen management. Ambio, 31(2): 132-140

Cassman K G, Gines H C, Dizon M, et al. 1996b. Nitrogen-use efficiency in tropical lowland rice systems: contributions from indigenous and applied nitrogen. Field Crops Research, 47(1): 1-12

Cassman K G, Peng S B, Olk D C, et al. 1998. Opportunities for increased nitrogen use efficiency from improved resource management in irrigated rice systems. Field Crops Research, 56(1): 7-38

Cattle S R, Koppi A J, McBratney A B. 1994. The effect of cultivation on the properties of a rhodoxeralf from the wheat/sheep belt of New South Wales. Geoderma, 63(3-4): 215-225

Cerrato M E, Blackmer A M. 1990. Comparison of models for describing corn yield response to nitrogen fertilizer. Agronomy Journal, 82(1): 138-143

Chandrasekhra R K, Riazuddin A. 2000. Soil test based fertilizer recommendation for maize grown in n nceptisols of Jagtiyal in Andhra Pradesh. Journal of the Indian Society of Soil Science, 48: 84-89

Chen M, Chen J, Sun F. 2008. Agricultural phosphorus flow and its environmental impacts in China. Science of the Total Environment, 405(1-2): 140-152

Chen X P, Cui Z L, Fan M S, et al. 2014. Producing more grain with lower environmental costs. Nature, 514(7523): 486-489

Chen X P, Cui Z L, Vitousek P M, et al. 2011. Integrated soil-crop system management for food security. Proceedings of the National Academy of Sciences of the United States of America, 108(16): 6399-6404

Chen X P, Zhang F S, Cui Z L, et al. 2010. Optimizing soil nitrogen supply in the root zone to improve maize management. Soil Science Society of America Journal, 74(4): 1367-1373

Chen X P, Zhang F S, Römheld V, et al. 2006. Synchronizing N supply from soil and fertilizer and N demand of winter wheat by an improved Nmin method. Nutrient Cycling in Agroecosystems, 74(2): 91-98

Chen Y T, Peng J, Wang J, et al. 2015. Crop management based on multi-split topdressing enhances grain yield and nitrogen use efficiency in irrigated rice in China. Field Crops Research, 184: 50-57

Chivenge P, Vanlauwe B, Six J. 2011. Does the combined application of organic and mineral nutrient sources influence maize productivity? A meta-analysis. Plant Soil, 342(1-2): 1-30

Chuan L M, He P, Jin J Y, et al. 2013a. Estimating nutrient uptake requirements for wheat in China. Field Crops Research, 146(146): 96-104

Chuan L M, He P, Pampolino M F, et al. 2013b. Establishing a scientific basis for fertilizer recommendations for wheat in China: yield response and agronomic efficiency. Field Crops Research, 140(1): 1-8

Cissé L. 2007. Balanced fertilization for sustainable use of plant nutrients. *In:* Krauss A, Isherwood K, Heffer P. Fertilizer Best Management Practices: General Principles, Strategy for their Adoption and Voluntary Initiatives vs Regulations. Paris: IFA International Workshop on Fertilizer Best Management Practices, Brussels, Belgium. 7-9 March 2007, International Fertilizer Industry Association: 33-46

Cruz M R, Moreno O H. 1996. Wheat yield response models to nitrogen and phosphorus fertilizer for rotation experiments in the northwest of Mexico. Cereal Research Communications, 24: 239-245

Cui Z L, Chen X P, Miao Y X, et al. 2008c. On-farm evaluation of the improved soil N_{min}-based nitrogen management for summer maize in North China Plain. Agronomy Journal, 100: 517-525

Cui Z L, Chen X P, Zhang F S. 2010b. Current nitrogen management status and measures to improve the intensive wheat-maize system in China. Ambio, 39(5-6): 376-384

Cui Z L, Yue S C, Wang G L, et al. 2013. Closing the yield gap could reduce projected greenhouse gas emissions: a case study of maize production in China. Global Change Biology, 19(8): 2467-2477

Cui Z L, Zhang F S, Chen X P, et al. 2008a. On-farm estimation of indigenous nitrogen supply for site-specific nitrogen management in the North China Plain. Nutrient Cycling in Agroecosystems, 81(1): 37-47

Cui Z L, Zhang F S, Chen X P, et al. 2010a. In-season nitrogen management strategy for winter wheat: maximizing yields, minimizing environment impact in an over-fertilization context. Field Crops Research, 116(1-2): 140-146

Cui Z L, Zhang F S, Chen X P. 2008b. On-farm estimation of an in-season nitrogen management strategy based on soil N_{min} test. Field Crops Research, 105(1-2): 48-55

Cui Z L, Zhang F S, Mi G H, et al. 2009. Interaction between genotypic difference and nitrogen management strategy in determining nitrogen use efficiency of summer maize. Plant Soil, 317(1-2): 267-276

Dahnke W C, Olson R A. 1990. Soil test correlation, calibration, and recommendation. *In*: Westerman R L. Soil Testing and Plant Analysis. 3rd ed. SSSA Book Ser. 3. SSSA, Madison: 45-71

Das D K, Maiti D, Pathak H. 2009. Site-specific nutrient management in rice in Eastern India using a modeling approach. Nutrient Cycling in Agroecosystems, 83(1): 85-94

de Clercp P, Gertsis A C, Hofman G, et al. 2001. Nutrient management legislation in European countries. The Netherlands: Wageningen Pers: 347

Dobermann A. 2007. Nutrient use efficiency - measurement and management. *In*: Krauss A, Isherwood K, Heffer P. Fertilizer Best Management Practices: General Principles, Strategy for their Adoption and Voluntary Initiatives vs Regulations. Paris: IFA International Workshop on Fertilizer Best Management Practices, Brussels, Belgium. 7-9 March 2007, International Fertilizer Industry Association: 1-28

Dobermann A, Cassman K G, Mamaril C P, et al. 1998. Management of phosphorus, potassium and sulfur in intensive, irrigated lowland rice. Field Crops Research, 56(1-2): 113-138

Dobermann A, Cassman K G. 2002. Plant nutrient management for enhanced productivity in intensive grain production systems of the United States and Asia. Plant Soil, 247(1): 153-175

Dobermann A, Cassman K G. 2004. Environmental dimensions of fertilizer N: what can be done to increase nitrogen use efficiency and ensure global food security? *In*: Mosier A R, Syers K J, Freney J R, et al. Agriculture and the Nitrogen Cycle: Assessing the Impacts of Fertilizer Use on Food Production and the Environment. Washington, D.C.: Island Press

Dobermann A, Cassman K G. 2005. Cereal area and nitrogen use efficiency are drivers of future nitrogen fertilizer consumption. Science in China Series C-Life Sciences, 48(s2): 745-758

Dobermann A, Dave D, Roetter R P, et al. 2000. Reversal of rice yield decline in a long-term continuous cropping experiment. Agronomy Journal, 92: 633-643

Dobermann A, Simbahan G C, Moya P F, et al. 2004. Methodology for socioeconomic and agronomic on-farm research in the RTDP project. *In*: Dobermann A, Witt C, Dawe D. Increasing Productivity of Intensive Rice Systems through Site-Specific Nutrient Management. Enfield, N. H. (USA) and Los Baños (Philippines): Science Publishers, Inc., and International Rice Research Institute(IRRI): 11-27

Dobermann A, White P F. 1999. Strategies for nutrient management in irrigated and rainfed lowland rice systems. Nutrient Cycling in Agroecosystems, 53(1): 1-18

Dobermann A, Witt C. 2004. The evolution of site-specific nutrient management in irrigated rice systems of Asia. *In*: Dobermann A, Witt C, Dawe D. Increasing Productivity of Intensive Rice Systems Through Site-specific Nutrient Management. Enfield, N. H. (USA) and Los Baños (the Philippines): Science Publishers, Inc., and International Rice Research Institute (IRRI): 76-100

Dobermann A, Witt C, Abdulrachman S, et al. 2003a. Fertilizer management, soil fertility and indigenous nutrient supply in irrigated rice domains of Asia. Agronomy Journal, 95: 913-923

Dobermann A, Witt C, Abdulrachman S, et al. 2003b. Estimating indigenous nutrient supplies for site-specific nutrient management in irrigated rice. Agronomy Journal, 95(4): 924-935

Dobermann A, Witt C, Dawe D, et al. 2002. Site-specific nutrient management for intensive rice cropping systems in Asia. Field Crops Research, 74(1): 37-66

Evans L T, Fischer R A. 1999. Yield potential: its definition, measurement and significance. Crop Science, 39: 1544-1551

Feng J F, Chen C Q, Zhang Y, et al. 2013. Impacts of cropping practices on yield-scaled greenhouse gas emissions from rice field in China: a meta-analysis. Agriculture Ecosystems Environment, 164(4): 220-228

Fischer R A, Byerlee D, Edmeades G O. 2009. Can technology deliver on the yield challenge to 2050? *In:* FAO Expert Meeting on How to Feed the World in 2050, 24-26 June 2009. Rome: FAO

Fischer R A, Edmeades G O. 2010. Breeding and cereal yield progress. Crop Science, 50(s1): 85-98

Forster P, Ramaswamy V, Artaxo P, et al. 2007. Changes in atmospheric constituents and in radiative forcing in Climate Change. *In*: Solomon S, Qin D, Manning M, et al. The Physical Science Basis Contribution of Working Group I to the Fourth Assessment Report of the Intergovernmental Panel on Climate Change. Cambridge: Cambridge University Press

Fox R H, Piekilek W P, Macneal K M. 1994. Using a chlorophyll meter to predict nitrogen fertilizer needs of winter wheat. Communications in Soil Science and Plant Analysis, 25(3-4): 171-181

Franzen D W, Cihacek L J, Hofman V L. 1996. Variability of soil nitrate and phosphate under different landscapes. Madison: Proceeding of the 3rd International Conference on Precision Agriculture, June 23-26, ASA/CSSA/SSSA: 521-529

Franzen D W, Hofman V L, Halvorson A D, et al. 1996. Sampling for site-specific farming: topography and nutrient considerations. Better Crop, 80(3): 14-18

Gao Q, Li C L, Feng G Z, et al. 2012. Understanding yield response to nitrogen to achieve high yield and nitrogen use efficiency in rainfed corn. Agronomy Journal, 104(1): 165-168

Gao W, Jin J Y, He P, et al. 2009. Optimum fertilization effect on maize yield, nutrient uptake, and utilization in Northern China. Better Crops, 93: 18-20

Gebbers R, Adamchuk V I. 2010. Precision agriculture and food security. Science, 327(5967): 828-831

Ghosh P C, Misra U K. 1996. Modified mitscherlich-bray equation for calculation of crop response to applied phosphate. Journal of the Indian Society of Soil Science, 44: 786-788

Giller K E, Chalk P M, Dobermann A, et al. 2004. Emerging technologies to increase the efficiency of use of fertilizer nitrogen. *In*: Mosier A R, Syers J K, Freney J R, et al. Agriculture and the Nitrogen Cycle: Assessing the Impacts of Fertilizer Use on Food Production and the Environment. Washington, D.C.: Island Press

Godfray H C J, Beddington J R, Crute I R, et al. 2010. Food security: the challenge of feeding 9 billion people. Science, 327: 812-818

Gransee A, Merbach W. 2000. Phosphorus dynamics in a long-term P fertilization trial on Luvic Phaeozem at Halle. Journal of Plant Nutrition and Soil Science, 163: 353-357

Grassini P, Thorburn J, Burr C, et al. 2011. High-yield irrigated maize in the Western U.S. Corn Belt: Ⅰ. On-farm yield, yield potential, and impact of agronomic practices. Field Crops Research, 120(1): 142-150

Grassini P, Torrion J A, Yang H S, et al. 2015. Soybean yield gaps and water productivity in the western U.S. Corn Belt. Field Crops Research, 179: 150-163

Greenland D J, Watanabe I. 1982. The continuing nitrogen enigma. Trans. 12th Tnter-congr. Soil Science, 5: 123-137

Greenwood D J, Karpinets T V, Stone D A. 2001. Dynamic model for the effects of soil P and fertilizer P on crop growth, P uptake and soil P in arable cropping: model description. Annals of Botany, 88(2): 279-291

Guo J H, Liu X J, Zhang Y, et al. 2010. Significant acidification in major Chinese croplands. Science, 327: 1008-1010

Guo J P, Zhou C D. 2007. Greenhouse gas emissions and mitigation measures in Chinese agroecosystems. Agricultural and Forest Meteorology, 142(2-4): 270-277

Haefele S M, Wopereis M C S, Ndiaye M K, et al. 2003. Internal nutrient efficiencies, fertilizer recovery rates and indigenous nutrient supply of irrigated lowland rice in Sahelian West Africa. Field Crops Research, 80(1): 19-32

Haefele S M, Wopereis M C S. 2005. Spatial variability of indigenous supplies for N, P and K and its impact on fertilizer strategies for irrigated rice in West Africa. Plant Soil, 270(1): 57-72

Haileslassie A, Priess J, Veldkamp E, et al. 2005. Assessment of soil nutrient depletion and its spatial variability on smallholders' mixed farming systems in Ethiopia using partial versus full nutrient balances. Agriculture, Ecosystems and Environment, 108(1): 1-16

Harris R F, Bezdicek D F. 1994. Descriptive aspects of soil quality/health. *In*: Doran J W, Coleman D C, Bezdicek D F, et al. SSSA special publication, Defining soil quality for a sustainable environment: 23-35

Hay R K M. 1995. Harvest index: a review of its use in plant breeding and crop physiology. Applied Biology, 126(1): 197-216

He C E, Liu X J, Fangmeier A, et al. 2007. Quantifying the total airborne nitrogen-input into agro ecosystems in the North China Plain. Agriculture, Ecosystems and Environment, 121(4): 395-400

He P, Li S T, Jin J Y, et al. 2009. Performance of an optimized nutrient management system for double-cropped wheat-maize rotations in North-central China. Agronomy Journal, 101(6): 1489-1496

He P, Sha Z M, Yao D W, et al. 2013. Effect of nitrogen management on productivity, nitrogen use efficiency and nitrogen balance for a wheat-maize system. Journal of Plant Nutrition, 36(8): 1258-1274

He P, Yang L P, Xu X P, et al. 2015. Temporal and spatial variation of soil available potassium in China (1990-2012). Field Crops Research, 173: 49-56

Heffer P. 2009. Assessment of fertilizer use by crop at the global level. Paris: International Fertilizer Industry Association

Heffer P, Prud'homme M. 2008. World agriculture and fertilizer demand, global fertilizer supply and trade 2008-2009 summery report. Vietnam: Ho ChiMinh City

Hilde D. 1994. Fine-tuning sugar beet fertility management in the Red River Valley. Better Crops with Plant Food, 78(4): 26-27

Hillel D. 1991. Research in soil physics: a review. Soil Science, 151(1): 30-34

Hoben J P, Gehl R J, Millar N, et al. 2011. Nonlinear nitrous oxide (N_2O) response to nitrogen fertilizer in on-farm corn crops of the US Midwest. Global Change Biology, 17(2): 1140-1152

Hoel B O, Solhaug K A. 1998. Effect of irradiance on chlorophyll estimation with the Minolta SPAD-502 leaf chlorophyll meter. Annals of Botany, 82(3): 389-392

Huang J L, He F, Cui K H, et al. 2008. Determination of optimal nitrogen rate for rice varieties using a chlorophyll meter. Field Crops Research, 105(1-2): 70-80

Huang M, Zou Y B, Jiang P, et al. 2011. Relationship between grain yield and yield components in super hybrid rice. Agricultural Science of China, 10(10): 1537-1544

Huang S W, Jin J Y, Yang L P, et al. 2006. Spatial variability of soil nutrients and influencing factors in a vegetable production area of Hebei Province in China. Nutrient Cycling in Agroecosystems, 75(1-3): 201-212

Hussain F, Bronson K F, Yadvinder S, et al. 2000. Use of chlorophyll meter sufficiency indices for nitrogen management of irrigated rice in Asia. Agronomy Journal, 92(5): 875-879

Ijgude M B, Kadam J R. 2008. Effect of sulphur and phosphorus on yield and quality of soybean. Asian

Journal of Soil Science, 3: 142-143
IPCC. 2014. Climate Change: Synthesis Report.
Isfan D, Zizka J, Avignon A D, et al. 1995. Relationships between nitrogen rate, plant nitrogen concentration, yield and residual soil nitrate nitrogen in silage corn. Communications in Soil Science and Plant Analysis, 26(15-16): 2531-2557
Islam M A, Islam M R, Sarker A B S. 2008. Effect of phosphorus on nutrient uptake of japonica and indica rice. Journal of Agriculture and Rural Development in the Tropics and Subtropics, 6(1): 7-12
Janssen B H, Guiking F C T, van der Eijk D, et al. 1990. A system for quantitative evaluation of the fertility of tropical soils(QUEFTS). Geoderma, 46(4): 299-318
Jiang D, Hengsdijk H, Dai T B, et al. 2006. Long-term effects of manure and inorganic fertilizers on yield and soil fertility for a winter wheat-maize system in Jiangsu, China. Pedosphere, 16(1): 25-32
Jiang S Y, Ren Z Y, Xue K M, et al. 2008. Application of BPANN for prediction of backward ball spinning of thin-walled tubular with longitudinal inner ribs. Journal of Materials Processing Technology, 196: 190-196
Jiang Y, Wang L L, Yan X J, et al. 2013. Super rice cropping will enhance rice yield and reduce CH_4 emission: a case study in Nanjing, China. Rice Science, 20(6): 427-433
Jin J Y, Jiang C. 2000. Spatial variability of soil nutrients and site-specific nutrient management. *In*: Proceeding of International Conference on Engineering and Technological Sciences. Beijing: New World Press: 137-141
Jin J Y, Jiang C. 2002. Spatial variability of soil nutrients and site-specific nutrient management in the P.R. China. Computers and Electronics in Agriculture, 36(2-3): 165-172
Jing Q, Bouman B A M, Hengsdijk H, et al. 2007. Exploring options to combine high yields with high nitrogen use efficiency in irrigated rice in China. European Journal of Agronomy, 26(2): 166-177
Ju X T, Kou C L, Zhang F S, et al. 2006. Nitrogen balance and groundwater nitrate contamination: Comparison among three intensive cropping systems on the North China Plain. Environmental Pollution, 143(1): 117-125
Ju X T, Xing G X, Chen X P, et al. 2009. Reducing environmental risk by improving N management in intensive Chinese agricultural systems. Proceedings of the National Academy of Sciences of the United States of America, 106(9): 3041-3046
Karlen D L, Stott D E. 1994. A framework for evaluating physical and chemical indicators of soil quality. *In*: Doran J W, Coleman D C, Bezdicek D F, et al. Defining Soil Quality for a Sustainable Environment. Soil Science Society of American Publication, Soil Science Society of American. Madison: 53-72
Katsuyuki K, Osamu I, Joseph J A, et al. 1999. Effects of NPK fertilizer combinations on yield and nitrogen balance in sorhgum or pigeonpea on a vertisol in the semi-arid tropics. Soil Science and Plant Nutrition, 45(1): 143-150
Khosla R, Fleming K, Delgado JA, et al. 2002. Use of site-specific management zones to improve nitrogen management for precision agriculture. Soil Water Conserve, 57(6): 513-518
Khurana H S, Phillips S B, Bijay-Singh, et al. 2007. Performance of site-specific nutrient management for irrigatedtransplanted rice in Northwest India. Agronomy Journal, 99(6): 1436-1447
Khurana H S, Phillips S B, Bijay-Singh, et al. 2008a. Agronomic and economic evaluation of site-specific nutrient management for irrigated wheat in northwest India. Nutrient Cycling in Agroecosystems, 82(1): 15-31
Khurana H S, Singh B, Bovermann A, et al. 2008b. Site-specific nutrient management performance in a rice-wheat cropping system. Better Crops, 92: 26-28
Klein C D, Novoa R S A, Ogle S, et al. 2006. IPCC guidelines for national greenhouse gas inventories chapter 11: N_2O emissions from managed soils, and CO_2 emissions from lime and urea application. Volume 4: Agriculture, Forestry and Other Land Use
Koch B, Khosla R, Frasier W M, et al. 2004. Economic feasibility of variable-rate nitrogen application utilizing site-specific management zones. Agronomy Journal, 96(6): 1572-1580
Koutroubas S D, Ntanos D A. 2003. Genotypic differences for grain yield and nitrogen utilization in indica

and japonica rice under Mediterranean conditions. Field Crops Research, 83(3): 251-260
Laborte A G, de Bie K C A J M, Smaling E M A, et al. 2012. Rice yields and yield gaps in Southeast Asia: Past trends and future outlook. European Journal of Agronomy, 36(1): 9-20
Ladha J K, Pathak H, Krupnik T J, et al. 2005. Efficiency of fertilizer nitrogen in cereal production: retrospects and prospects. Advances Agronomy, 87: 86-156
Lal R. 2006. Enhancing crop yields in the developing countries through restoration of the soil organic carbon pool in agricultural lands. Land Degrad & Development, 17: 197-209
Lauzon J D, O'Halloran I P, Fallow D J, et al. 2005. Spatial variability of soil test phosphorus, potassium, and pH of Ontario soils. Agronomy Journal, 97(2): 524-532
Le C, Zha Y, Li Y, et al. 2010. Eutrophication of lake waters in China: cost, causes, and control. Environmental Management, 45(4): 662-668
Legg J O, Meisinger J J. 1982. Soil nitrogen budgets. *In:* Stevenson F J. Nitrogen in Agricultural Soils.Agronomy Monograph. Madison: American Society of Agronomy: 503-507
Li E D, Xiong W, Ju H, et al. 2005. Climate change impacts on crop yield and quality with CO_2 fertilization in China. Philosophical Transactions of the Royal Society B-Biological Sciences, 360(1463): 2149-2154
Li H, Huang G, Meng Q, et al. 2011. Integrated soil and plant phosphorus management for crop and environment in China.A review. Plant Soil, 349: 157-167
Li X M, Min M, Tan C F. 2005. The functional assessment of agricultural ecosystems in Hubei Province, China. Ecological Modelling, 187(2/3): 352-360
Liang W L, Carberry P, Wang G Y, et al. 2011.Quantifying the yield gap in wheat-maize cropping systems of the Hebei Plain, China. Field Crops Research, 124(2): 180-185
Liang X Q, Li H, Wang S X, et al. 2013. Nitrogen management to reduce yield-scaled global warming potential in rice. Field Crops Research, 146(3): 66-74
Liu H L, Yang J Y, Drury C F, et al. 2011b. Using the DSSAT-CERES-Maize model to simulate crop yield and nitrogen cycling in fields under long-term continuous maize production. Nutrient Cycling in Agroecosystems, 89: 313-328
Liu J G, You L Z, Amini M, et al. 2010. A high-resolution assessment on global nitrogen flows in cropland. Proceeding of the National Academy of Sciences of the United States of America, 107(17): 8035-8040
Liu M J, Lin S, Dannenmann M, et al. 2013. Do water-saving ground cover rice production systems increase grain yields at regional scales. Field Crops Research, 150(15): 19-28
Liu M Q, Yu Z R, Liu Y H, et al. 2006a. Fertilizer requirements for wheat and maize in China: the QUEFTS approach. Nutrient Cycling in Agroecosystems, 74(3): 245-258
Liu X J, Ju X T, Zhang Y, et al. 2006b. Nitrogen deposition in agro ecosystems in the Beijing area. Agriculture, Ecosystems and Environment, 113(1-3): 370-377
Liu X J, Zhang F S. 2011. Nitrogen fertilizer induced greenhouse gas emission in China. Current Opinion in Environmental Sustainability, 3(5): 407-413
Liu X J, Zhang Y, Han W X, et al. 2013. Enhanced nitrogen deposition over China. Nature, 494(7438): 459-463
Liu X Y, He P, Jin J Y, et al. 2011a. Yield gaps, indigenous nutrient supply, and nutrient use efficiency of wheat in China. Agronomy Journal, 103(5): 1-12
Liu Y L, Zhou Z Q, Zhang X X, et al. 2015. Net global warming potential and greenhouse gas intensity from the double rice system with integrated soil-crop system management: a three-year field study. Atmospheric Environment, 116: 92-101
Lobell D B, Cassman K G, Field C B. 2009. Crop yield gaps: their importance, magnitudes, and causes. Annual Review of Environment and Resources, 34(1): 179-204
Lv S, Yang X G, Lin X M, et al. 2015. Yield gap simulations using ten maize cultivars commonly planted in Northeast China during the past five decades. Agricultural and Forest Meteorology, 205: 1-10
Ma Q, Yu W T, Shen S M, et al. 2010. Effects of fertilization on nutrient budget and nitrogen use efficiency of farmland soil under different precipitations in Northeastern China. Nutrient Cycling in Agroecosystems, 88(3): 315-327

Maderia A C, Mendonca A, Ferreira M E, et al. 2000. Relationship between spectroradiometric and chlorophyll measurements in green beans Communication. Communications in Soil Science and Plant Analysis, 31(5-6): 631-643

Maiti D, Das D K, Pathak H. 2006. Simulation of fertilizer requirement for irrigated wheat in eastern India using the QUEFTS model. Archives of Agronomy and Soil Science, 52: 403-418

Mcswiney C P, Robertson G P. 2005. Nonlinear response of N_2O flux to incremental fertilizer addition in a continuous maize (*Zea mays* L.) cropping system. Global Change Biology, 11(10): 1712-1719

Meng Q F, Hou P, Wu L, et al. 2013. Understanding production potential and yield gaps in intensive maize production in China. Field Crops Research, 143(1): 91-97

Mowo J G, Janssen B H, Oenema O, et al. 2006. Soil fertility evaluation and management by smallholder farmer communities in northern Tanzania. Agriculture Ecosystems and Environment, 116(1-2): 47-59

Mueller N D, Gerber J S, Johnston M, et al. 2012. Closing yield gaps through nutrient and water management. Nature, 490(7419): 254-257

Naklang K, Harnpichitvitaya D, Amarante S T, et al. 2006. Internal efficiency, nutrient uptake, and the relation to field water resources in rainfed lowland rice of northeast Thailand. Plant Soil, 286(1-2): 193-208

Neil W C, Mark E M. 2006. Validation and recalibration of a soil test for mineralizable nitrogen. Communications in Soil Science and Plant Analysis, 37(15-20): 2199-2211

Neumann M, Verburg P H, Stehfest E, et al. 2010. The yield gap of global grain production: a spatial analysis. Agricultural System, 103(5): 316-326

Nhamo N, Rodenburg J, Zenna N, et al. 2014. Narrowing the rice yield gap in East and Southern Africa: using and adopting existing technologies. Agricultural System, 131(131): 45-55

Pampolino M F, Manguiat I J, Ramanathan S, et al. 2007. Environmental impact and economic benefits of site-specific nutrient management (SSNM) in irrigated rice systems. Agricultural System, 93(1-3): 1-24

Pampolino M F, Witt C, Pasuquin J M, et al. 2012. Development approach and evaluation of the Nutrient Expert software for nutrient management in cereal crops. Computers and Electronics in Agriculture, 88(4): 103-110

Pasuquin J M, Pampolino M F, Witt C, et al. 2014. Closing yield gaps in maize production in Southeast Asia through site-specific nutrient management. Field Crops Research, 156(2): 219-230

Pasuquin J M, Saenong S, Tan P S, et al. 2012. Evaluating N management strategies for hybrid maize in Southeast Asia. Field Crop Research, 134(3): 153-157

Pathak H, Aggarwal P K, Roetter R, et al. 2003. Modelling the quantitative evaluation of soil nutrient supply, nutrient use efficiency, and fertilizer requirements of wheat in India. Nutrient Cycling in Agroecosystems, 65(2): 105-113

Peng S B, Buresh R J, Huang J L, et al. 2006. Strategies for overcoming low agronomic nitrogen use efficiency in irrigated rice systems in China. Filed Crops Research, 96(1): 37-49

Peng S B, Garcia F V, Laza R C, et al. 1993. Adjustment for specific leaf weight improves chlorophyll meter's estimate of rice leaf nitrogen concentration. Agronomy Journal, 85(5): 987-990

Peng S B, Garcia F V, Laza R C, et al. 1996. Increased N-use efficiency using a chlorophyll meter on high yielding irrigated rice. Field Crops Research, 47(2-3): 243-252

Peng S B, Khush G S, Virk P, et al. 2008. Progress in ideotype breeding to increase rice yield potential. Field Crops Research, 108(1): 32-38

Peng S B, Laza R C, Garcia F V, et al. 1995. Chlorophyll meter estimates leaf area-based nitrogen concentration of rice. Communications in Soil Science and Plant Analysis, 26(5-6): 927-935

Peng X L, Liu Y Y, Luo S G, et al. 2007. Effects of site-specific nitrogen management on yield and dry matter accumulation of rice from cold areas of Northeastern China. Agricultural Science in China, 6(6): 715-723

Pierce F J, Nowak P. 1999. Aspects of precision agriculture. Advances in Agronomy, 67(1): 1-85

Ping J L, Ferguson R B, Dobermann A, et al. 2008. Site-specific nitrogen and plant density management in irrigated maize. Agronomy Journal, 100(4): 1193-1204

Prasad R, Prasad B. 1996. Fertilizer requirements for specific yield targets of soybean based on soil testing in alfisols. Journal of the Indian Society of Soil Science, 44: 332-333

Probert M E. 1985.A conceptual model for initial and residual responses to phosphorus fertilizers. Fertilizer Research, 6(2): 131-138

Qiao J, Yang L, Yan T, et al. 2012. Nitrogen fertilizer reduction in rice production for two consecutive years in the Taihu Lake area. Agriculture, Ecosystems and Environment, 146(1): 103-112

Qin J Q, Impa S M, Tang Q Y, et al. 2013.Integrated nutrient, water and other agronomic options to enhance rice grain yield and N use efficiency in double-season rice crop. Field Crops Research, 148: 15-23

Rahmana M M, Bala B K. 2010. Modelling of jute production using artificial neural networks. Biosystems Engineering, 105(3): 350-356

Reetz H F. 1996. Maintenance+Buildup Nutrient Management for Site-specific Systems. Better Crops with Plant Food, 80(3): 9-11

Reid J B. 2002. Yield response to nutrient supply across a wide range of conditions 1. Model derivation. Field Crops Research, 77(2-3): 161-171

Reidsma P, Feng S, van Loon M, et al. 2012. Integrated assessment of agricultural land use policies on nutrient pollution and sustainable development in Taihu Basin, China. Environmental Science and Policy, 18(4): 66-76

Roberts T L. 2008. Improving nutrient use efficiency. Turk Journal Agriculture and Forest, 32: 177-182

Robertson M J, Lyle G, Bowden J W. 2008.Within-field variability of wheat yield and economic implications for spatially variable nutrient management. Field Crops Research, 105(3): 211-220

Roth G W, Fox R H. 1989. Plant tissue test for predicting nitrogen fertilizer requirement of winter wheat. Agronomy Journal, 81(3): 502-507

Rüth B, Lennartz B. 2008. Spatial variability of soil properties and rice yield along two Catenas in Southeast China. Pedosphere, 18(4): 409-420

Saïdou A, Janssen B H, Temminghoff E J M. 2003. Effects of properties, mulch and NPK fertilizer on maize yields and nutrient budgets on ferralitic soils in southern Benin. Agriculture Ecosystems & Environment, 100(2-3): 265-273

Saleque M A, Naher U A, Choudhury N N, et al. 2004. Variety-specific nitrogen fertilizer recommendation for lowland rice. Communications in Soil Science and Plant Analysis, 35(13-14): 1891-1903

Salvagiotti F, Cassman K G, Specht J E, et al. 2008. Nitrogen uptake fixation and response to fertilizer N in soybeans: a review. Field Crops Research, 108(1): 1-13

Sapkota T B, Majumdar K, Jat M L, et al. 2014. Precision nutrient management in conservation agriculture based wheat production of Northwest India: profitability, nutrient use efficiency and environment footprint. Field Crops Research, 155: 233-244

Sattari S Z, van Ittersum M K, Bouwman A F, et al. 2014. Crop yield response to soil fertility and N, P, K inputs in different environment: testing and improving the QUEFTS model. Field Crops Research, 157(1): 35-46

Satyanarayana T, Majumdar M, Birdar D P. 2011. New approaches and tools for site-specific nutrient management with reference to potassium. Karnataka Journal of Agricultural Sciences, 24(1): 86-90

Schepers J S, Francis D D, Vigil M, et al. 1992. Comparison of corn leaf nitrogen concentration and chlorophyll meter readings. Communications in Soil Science and Plant Analysis, 23(17-20): 2173-2187

Schepers J S, Mosier A R. 1991. Accounting for nitrogen in nonequilibrium soil-crop systems. *In:* Follett R F, Keeney D R, Cruse R M. Managing Nitrogen for Groundwater Quality and Farm profitability. Madison: Soil Science Society of America

Schroder J J, Neeteson J J, Withagen J C M, et al. 1998. Effects of N application on agronomic and environmental parameters in silage maize production on sandy soils. Field Crops Research, 58(1): 55-67

Schulthess U, Timsina J, Herrera J M, et al. 2013. Mapping field-scale yield gaps for maize: an example from Bangladesh. Field Crops Research, 143(1): 151-156

Setiyono T D, Walters D T, Cassman K G, et al. 2010. Estimating maize nutrient uptake requirements. Field Crops Research, 118(2): 158-168

Setiyono T D, Yang H, Watlers D T, et al. 2011. Maize-N: a decision tool for nitrogen management in maize. Agronomy Journal, 103(4): 1276-1283

Shapiro C A. 1999. Using a chlorophyll meter to manage nitrogen applications to corn with high nitrate irrigation water. Communications in Soil Science and Plant Analysis, 30(7-8): 1037-1049

Sileshi G, Akinnifesi F K, Debusho L K, et al. 2010. Variation in maize yield gaps with plant nutrient inputs, soil type and climate across sub-Saharan Africa. Field Crops Research, 116(1): 1-13

Smaling E M A, Janssen B H. 1993. Calibration of QUEFTS: a model predicting nutrient uptake and yields from chemical soil fertility indices. Geoderma, 59(1-4): 21-44

Smith S J, Yong L B, Miller G E. 1977. Evaluation of soil nitrogen mineralization potentials under modified field conditions. Soil Science Society of America Journal, 41: 74-76

Snyder C S, Bruulsema T W. 2007. Nutrient use efficiency and effectiveness in North America: indices of agronomic and environmental benefit. IPNI

Sonar K R, Babhulkar V P. 2002. Application of Mitscherlich-Bray equation for fertilizer use in wheat. Communications in Soil Science and Plant Analysis, 33(15-18): 3241-3249

Sonawane S S, Sonar K R. 1995. Application of mitscherlic-bray equation for fertilizer use in peari millet on vertisol. Journal of the Indian Society of Soil Science, 43: 276-277

Sui B, Feng X M, Tian G L, et al. 2013. Optimizing nitrogen supply increases rice yield and nitrogen use efficiency by regulating yield formation factors. Field Crops Research, 150(15): 99-107

Tabi T O, Diels J, Ogunkunle A O, et al. 2008. Potential nutrient supply, nutrient utilization efficiencies, fertilizer recovery rates and maize yield in northern Nigeria. Nutrient Cycling in Agroecosystems, 80(2): 161-172

Tao F L, Hayashi Y, Zhang Z, et al. 2008. Global warming, rice production, and water use in China: Developing a probabilistic assessment. Agricultural and Forest Meteorology, 148(1): 94-110

Tilman D, Balzer C, Hill J, et al. 2011. Global food demand and sustainable intensification of agriculture. Proceeding of the National Academy of Sciences of the United States of America, 108(50): 20260-20264

Tittonell P, Vanlauwe B, Corbeels M, et al. 2008. Yield gaps, nutrient use efficiencies and response to fertilizers by maize across heterogeneous smallholder farms of western Kenya. Plant Soil, 313(1-2): 19-37

Tollenaar M, Lee E A. 2002. Yield potential, yield stability and stress tolerance in maize. Field Crops Research, 75(2-3): 161-169

Tremblay N, Bélec C. 2006. Adapting nitrogen fertilization to unpredictable seasonal conditions with the least impact on the environment. Horttechnology, 16(3): 408-412

Tsegaye T, Hill R L. 1998. Intensive tillage effects on spatial variability of soil physical properties. Soil Science, 163(2): 143-154

van Nguyen N, Ferrero A. 2006. Meeting the challenges of global rice production. Paddy Water Environment, 4(1): 1-9

van Wart J, Kersebaum K C, Peng S B, et al. 2013. Estimating crop yield potential at regional to national scales. Field Crops Research, 143(1): 34-43

van Duivenbooden N, Wit C T, van Keulen H. 1996. Nitrogen, phosphorus and potassium relations in five major cereals reviewed in respect to fertilizer recommendations using simulation modeling. Fertilizer Res, 44(1): 37-49

van Ittersum M K, Cassman K G, Grassini P, et al. 2013. Yield gap analysis with local to global relevance-A review. Field Crops Research, 143(1): 4-17

van Ittersum M K, Rabbinge R. 1997. Concepts in production ecology for analysis and quantification of agricultural input-output combinations. Field Crops Research, 52(3): 197-208

Varinderpal S, Bijay S, Yadvinder S, et al. 2010. Need based nitrogen management using the chlorophyll meter and leaf colour chart in rice and wheat in South Asia: a review. Nutrient Cycling in Agroecosystems, 88(3): 361-380

Varvel G E, Schepers J S, Francis D D. 1997. Ability for in-season correction of nitrogen deficiency in corn using chlorophyll meters. Soil Science Society of America Journal, 61(4): 1233-1239

Vitousek P M, Naylor R, Crews T, et al. 2009. Nutrient imbalances in agricultural development. Science, 324(5934): 1519-1520

Wang G H, Dobermann A, Witt C, et al. 2001. Performance of site-specific nutrient management for irrigated rice in southeast China. Agronomy Journal, 93(4): 869-878

Wang G H, Zhang Q C, Witt C, et al. 2007. Opportunities for yield increases and environmental benefits through site-specific nutrient management in rice systems of Zhejiang province, China. Agricultural System, 94(3): 801-806

Wang J H, Lu X G, Jiang M, et al. 2009. Fuzzy synthetic evaluation of wetland soil quality degradation: a case study on the Sanjiang Plain, Northeast China. Pedosphere, 19(6): 756-764

Wang J, Wang E, Yin H, et al. 2014. Declining yield potential and shrinking yield gaps maize in the North China Plain. Agricultural and Forest Meteorology, 195-196(2): 89-101

Wang Q, Huang J L, He P, et al. 2012. Head rice yield of "super" hybrid rice Liangyoupeijiu grown under different nitrogen rates. Field Crops Research, 134: 71-79

Weigel A, Russow R, Korschens M. 2000. Quantification of airborne N input in long-term field experiments and its validation through measurements using ^{15}N isotope dilution. Journal of Plant Nutrition and Soil Science, 163: 261-265

Witt C, Buresh R J, Balasubramanian V, et al. 2004. Principles and promotion of site-specific nutrient management. *In*: Increasing productivity of intensive rice systems through site-specific nutrient management. Enfield, N. H. (USA) and Los Baños (the Philippines): Science Publishers, Inc., and International Rice Research Institute (IRRI): 397-410

Witt C, Buresh R J, Peng S, et al. 2007. Nutrient management. *In:* Fairhurst T H, Witt C, Buresh R J, et al. Rice: A Practical Guide to Nutrient Management. International Rice Research Institute (IRRI)/ International Plant Nutrition Institute (IPNI)/International Potash Institute (IPI) Los Baños (the Philippines)/Singapore: 1-45

Witt C, Dobermann A. 2002. A site-specific nutrient management approach of irrigated, lowland rice in Asia. Better Crops, 16: 20-24

Witt C, Dobermann A. 2004. Toward a decision support system for site-specific nutrient management. *In:* Dobermann A, Witt C, Dawe D. Increasing Productivity of Intensive Rice Systems Through Site-Specific Nutrient Management. Enfield, N. H. (USA) and Los Baños (Philippines): Science Publishers, Inc., and International Rice Research Institute (IRRI): 359-395

Witt C, Dobermann A, Abdulrachman S, et al. 1999. Internal nutrient efficiencies of irrigated lowland rice in tropical and subtropical Asia. Field Crops Research, 63(2): 113-113

Witt C, Pasuquin J M C A, Pampolino M F, et al. 2009. A manual for the development and participatory evaluation of site-specific nutrient management for maize in tropical, favorable environments. Penang: International Plant Nutrition Institute

Witt C, Pasuquin J M, Dobermann A. 2006. Towards a site-specific nutrient management approach for maize in Asia. Better Crops, 90: 28-31

Wolf D W, Henderson D W, Hsiao T C, et al. 1988. Interactive water and nitrogen effects on senescence of maize. II. Photosynthetic decline and longevity of individual leaves. Agronomy Journal, 80(6): 865-870

Wood C W, Tracy P W, Reeves D W, et al. 1992. Determination of cotton nitrogen status with a hand-held chlorophyll meter. Journal of Plant Nutrition, 15(9): 1435-1448

Wortmann C S, Dobermann A R, Ferguson R B, et al. 2009. High-yielding corn response to applied phosphorus, potassium, and sulfur in Nebraska. Agronomy Journal, 101(3): 546-555

Wu W, Nie L X, Liao Y C, et al. 2013. Toward yield improvement of early-season rice: other options under double rice-cropping system in central China. European Journal of Agronomy, 45(1): 75-86

Xu X P, He P, Pampolino M F, et al. 2013. Nutrient requirements for maize in China based on QUEFTS analysis. Field Crops Research, 150(15): 115-125

Xu X P, He P, Pampolino M F, et al. 2014a. Fertilizer recommendation for maize in China based on yield response and agronomic efficiency. Field Crops Research, 157(12): 27-34

Xu X P, He P, Pampolino M F, et al. 2016a. Narrowing yield gaps and increasing nutrient use efficiencies using the Nutrient Expert system for maize in Northeast China. Field Crops Research, 194: 75-82

Xu X P, He P, Qiu S J, et al. 2014b. Estimating a new approach of fertilizer recommendation across small-holder farms in China. Field Crops Research, 163(1): 10-17

Xu X P, He P, Yang F Q, et al. 2017a. Methodology of fertilizer recommendation based on yield response and agronomic efficiency for rice in China. Field Crops Research, 206: 33-42

Xu X P, He P, Zhang J J, et al. 2017b. Spatial variation of attainable yield and fertilizer requirements for maize at the regional scale in China. Field Crops Research, 203: 8-15

Xu X P, He P, Zhao S C, et al. 2016b. Quantification of yield gap and nutrient use efficiency of irrigated rice in China. Field Crops Research, 186: 58-65

Xu X P, Liu X Y, He P, et al. 2015a. Yield gap, indigenous nutrient supply and nutrient use efficiency for maize in China. PLoS One, 10(10): e140767

Xu X P, Xie J G, Hou Y P, et al. 2015b. Estimating nutrient uptake requirements for rice in China. Field Crops Research, 180: 37-45

Yadav R L, Dwivedi B S, Prasad K, et al. 2000. Yield trends, and changes in soil organic-C and available NPK in a long-term rice-wheat system under integrated use of manures and fertilizers. Field Crops Research, 68: 219-246

Yang H S, Dobermann A, Lindquist J L, et al. 2004. Hybrid-maize-a maize simulation model that combines two crop modeling approaches. Field Crops Research, 87(2): 131-154

Yao F X, Huang J L, Cui K H, et al. 2012. Agronomic performance of high-yielding rice variety grown under alternate wetting and drying irrigation. Field Crops Research, 126(1): 16-22

Ye Y S, Liang X Q, Chen Y X, et al. 2013. Alternate wetting and drying irrigation and controlled-release nitrogen fertilizer in late-season rice. Effects on dry matter accumulation, yield, water and nitrogen use. Field Crops Research, 144(6): 212-214

Yengoh G T, Ardö J. 2014. Crop yield gaps in Cameroon. Ambio, 43(2): 175-190

Zhang B B, Feng G, Kong X B, et al. 2016. Simulating yield potential by irrigation and yield gap of rainfed soybean using APEX model in a humid region. Agricultural Water Management, 177: 440-453

Zhang B, Zhang Y, Chen D, et al. 2004. A quantitative evaluation system of soil productivity for intensive agriculture in China. Geoderma, 123(3/4): 319-331

Zhang F S, Chen X P, Vitousek P. 2013a. Chinese agriculture: an experiment for the world. Nature, 497(7447): 33-35

Zhang J H. 2011. China's success in increasing per capita food production. J Exp Bot, 62(11): 3707-3711

Zhang Q F. 2007. Strategies for developing Green Super Rice. Proceedings of the National Academy of Sciences of the United States of America, 104(42): 16402-16409

Zhang W F, Chen X P, Li C J, et al. 2009. Potassium nutrition of crops under varied regimes of nitrogen supply. *In*: Brar M S, Mukhopadhyay S S. Potassium Role and Benefits in Improving Nutrient Management for Food Production Quality and Reduced Environmental Damages. Proceedings of The IPI-OUAT-IPNI International Symposium. Ludhiana: Swami Printers

Zhang W F, Dou Z X, He P, et al. 2013b. New technologies reduce greenhouse gas emissions from nitrogenous fertilizer in China. Proceedings of the National Academy of Sciences of the United States of America, 110: 8375-8380

Zhang X Y, Sui Y Y, Zhang X D, et al. 2007. Spatial variability of nutrient properties in black soil of northeast China. Pedosphere, 17(1): 19-29

Zhang Y B, Tang Q Y, Zou Y B, et al. 2009. Yield potential and radiation use efficiency of "super" hybrid rice grown under subtropical conditions. Field Crops Research, 114(1): 91-98

Zhang Y M, Hu C S, Zhang J B, et al. 2005. Nitrate leaching in an irrigated wheat-maize rotation field in the North China Plain. Pedosphere, 15(2): 196-203

Zhang Y, Hou P, Gao Q, et al. 2012. On-farm estimation of nutrient requirements for spring corn in North China. Agronomy Journal, 104(5): 1436-1442

Zhang Y, Liu X J, Fangmeier A, et al. 2008. Nitrogen inputs and isotopes in precipitation in the North China

Plain. Atmospheric Environment, 42(7): 1436-1448

Zhao G M, Miao Y X, Wang H Y, et al. 2013. A preliminary precision rice management system for increasing both grain yield and nitrogen use efficiency. Field Crops Research, 154(3): 23-30

Zhao M, Tian Y H, Ma Y C, et al. 2015. Mitigating gaseous nitrogen emissions from a Chinese rice cropping system through an improved management practice aimed to close the yield gap. Agricultural Ecosystem and Environment, 203: 36-45

Zhao R F, Chen X P, Zhang F S, et al. 2006. Fertilization and nitrogen balance in a wheat-maize rotation system in North China. Agronomy Journal, 98(4): 938-945

Zhen R G, Leigh R A. 1990. Nitrate accumulation by wheat (*Triticum astivum*) in relation to growth and tissue nitrogen concentration. Plant Soil, 124: 157-160

Zheng X H, Han S H, Huang Y, et al. 2004. Re-quantifying the emission factors based on field measurements and estimating the direct N_2O emission from Chinese croplands. Global Biogeochemical Cycles, 18: 1-19

Zhu D W, Huang Y, Jin Z Q, et al. 2008. Nitrogen management evaluated by models combined with GIS: a case study of Jiangsu croplands, China, in 2000. Agricultural Science of China, 7(8): 999-1009

Zhu Z L, Chen D L. 2002. Nitrogen fertilizer use in China-Contributions to food production, impacts on the environment and best management strategies. Nutrient Cycling in Agroecosystems, 63(2-3): 117-127

Zornoza R, Mataix S J, Guerrero C, et al. 2007. Evaluation of soil quality using multiple lineal regression based on physical, chemical and biochemical properties. Science of the Total Environment, 378(1-2): 233-237